XIANDAI KONGZHI LILUN JICHU JI SHIYAN JIAOCHENG

现代控制理论基础及实验教程

周延延 著

西北工业大学出版社

西 安

【内容简介】 本教材内容分两部分，第一部分为现代控制理论基础理论部分，第二部分为现代控制理论基础实验部分。内容阐述循序渐近，富有启发性；理论与实践配合紧密，可读性好。

本教材的第一部分主要介绍现代控制理论基础的基本内容，包括状态空间的有关概念；建立线性控制系统状态空间表达式、传递函数矩阵等数学模型的方法；线性系统的状态空间分析方法；线性控制系统的能控性以及能观测性分析；线性控制系统的李雅普诺夫稳定性分析；控制系统的解耦；状态反馈的应用等。为配合各章内容，每章都给出了较丰富的例题和习题，便于读者自学。

本教材的第二部分为实验教程，内容包括基于状态方程的时间响应测试；多变量解耦控制的仿真；控制系统能控性与能观测性分析；倒立摆控制系统实验；球杆系统的状态反馈；控制系统综合分析等。

本教材可作为高等院校控制类相关专业本科生的教材或教学参考书，也可供有关专业研究生、教师及从事控制方面工作的工程技术人员参考。

图书在版编目(CIP)数据

现代控制理论基础及实验教程/周延延著. —西安：西北工业大学出版社，2017.7（2020.8重印）

ISBN 978-7-5612-5519-3

Ⅰ.①现… Ⅱ.①周… ②王… ③吴… Ⅲ.①现代控制理论—教材 Ⅳ.①O231

中国版本图书馆 CIP 数据核字(2017)第 188465 号

策划编辑： 郭 斌
责任编辑： 李阿盟 王 尧

出版发行： 西北工业大学出版社
通信地址： 西安市友谊西路 127 号 邮编：710072
电 话： (029)88493844 88491757
网 址： www.nwpup.com
印 刷 者： 西安真色彩设计印务有限公司
开 本： 787 mm×1 092 mm 1/16
印 张： 9.5
字 数： 228 千字
版 次： 2017 年 7 月第 1 版 2020 年 8 月第 2 次印刷
定 价： 38.00 元

前　　言

“现代控制理论基础”是一门集理论性、系统性、工程性、实践性和应用性于一体的专业基础课。该课程是研究线性系统共同规律的技术学科，是培养学生抽象思维、逻辑思维，运用数学知识处理控制问题的重要载体。

本教材是根据多年来教学经验与体会，充分吸收和借鉴近年来国内外相关教材的有益经验和先进教学理念，并经过进一步的充实与提炼编写而成的。

本教材内容深入浅出，覆盖面广，重点突出。例题与习题丰富，实用性强，适合学生自学。

本教材在内容编排上有以下特点。

1. 重点突出，循序渐进

本书分为理论和实验 2 个部分理论部分分为 6 章。第 1 章为绪论，主要介绍现代控制理论的发展过程、主要内容及主要学派等，使读者对现代控制理论有一个概略的了解；第 2 章为控制系统的状态空间描述，重点讲解建立数学模型——状态空间表达式、传递函数矩阵的方法，为控制系统分析和综合奠定基础；第 3 章为线性系统的运动分析，重点讲解齐次、非齐次状态方程的解，此部分内容属于控制系统的时域分析内容；第 4 章为控制系统的能控性与能观测性，重点讲解控制系统的能控性、能观测性分析；第 5 章为系统的运动稳定性，重点讲解系统的李雅普诺夫稳定性分析，第 4 章和第 5 章内容均属于对控制系统性能的分析内容，也是该课程的重点内容；第 6 章为线性定常系统的综合，主要介绍状态反馈的应用、状态观测器的设计方法等，属于控制系统综合部分，是该课程的难点内容。

2. 理论与实践相结合

本教材除了理论知识外，还配备了相应的实验内容。实验部分的内容分为验证性、综合性、设计性三类。在学习现代控制理论知识的基础上，利用 MATLAB/Simulink 软件平台对系统进行性能验证、综合分析，依托实验室的实验平台对控制系统进行控制器的设计，内容包括倒立摆的极点配置和球杆系统的状态观测器的设计等。通过虚拟仿真和实验实践，不但培养了学生应用计算机辅助分析和设计控制系统的能力，而且能强化学生对理论知识的理解和消化，能把理论上所描述的系统和各种实际控制系统联系起来，从而提高学生解决实际问题的能力和效率。

由于水平有限，书中难免存在缺点和错误，敬请读者批评指正。

著者

2017 年 4 月

目　　录

第一部分　现代控制理论基础

第二部分 现代控制理论基础实验教程

第一部分

现代控制理论基础

第1章 绪　　论

现代控制理论基础是现代控制理论中最基本、最重要也是最成熟的一个分支，是生产过程控制、信息处理、通信系统、网络系统等多方面的基础理论。其大量的概念、方法原理及结论对于控制理论的许多学科分支，诸如最优控制、非线性控制、随机控制、系统辨识、信号检测和估计等都具有十分重要的作用。

1.1 发展过程

控制理论的发展已经走过近百年的历程，如今在国防军事、工业、农业、经济、社会等方面发挥着越来越重要的作用。控制理论的发展过程包括“经典控制理论”“现代控制理论”和“智能控制理论”三个阶段。

1. 经典控制理论

经典控制理论以拉普拉斯变换为主要工具，在20世纪50年代业已成熟。后来，一些新的数学工具相继得到了运用，先进的计算机技术也被使用起来，这些都推动了线性系统理论的进一步发展和在实际中的广泛运用。

20世纪50年代，经典控制理论已经发展成熟和完备，并在不少工程技术领域中得到了成果卓著的应用。其数学基础是拉普拉斯变换，模型是传递函数，分析和综合方法是频率响应法。但是，它具有明显的局限性，突出的是难于解决多输入多输出系统，并且难以揭示系统的更深刻的特性。

2. 现代控制理论

在20世纪50年代蓬勃兴起的航天技术的推动下，控制理论在1960年前后开始了从经典到现代阶段的过渡，其重要标志之一是卡尔曼(R. E. Kalman)系统地把状态空间法引入系统和控制理论中来。并在此基础之上，卡尔曼进一步提出了能控性和能观测性这两个表征系统结构特性的重要概念，已经证明这是线性系统理论中的两个最基本的概念。建立在状态空间法基础上的线性系统的分析和综合方法通常称为线性系统理论，它是现代控制理论中最为成熟和最为基础的一个组成分支。

自20世纪60年代中期以来，线性系统理论不论是在研究内容还是在研究方法上，又有了一系列新的发展，出现了这种从几何方法角度来研究线性系统的结构和特性的几何理论，出现了以抽象代数为工具的代数理论，以及在推广经典频率法基础上发展起来的多变量频域理论。与此同时，随着计算机技术的发展和普及，线性系统分析和综合中的计算问题，特别是其中的病态问题和数值稳定性问题，以及利用计算机对线性系统进行辅助分析和辅助设计的问题，也都得到了广泛和充分的研究。现代控制理论的其他分支，如最优控制理论、最优估计理论、自适应控制理论、非线性系统理论、鲁棒控制理论等，都不同程度地受到线性系统理论的概念、方法和结果的影响和推动。

3. 智能控制理论

自20世纪80年代末期以来，随着人工神经网络的理论研究与应用研究的深入，将人工智能方法用于系统的控制逐渐成为控制理论研究的新热点。所谓人工智能方法，就是基于人类对于新知识的学习能力，修正决策输出，使之实现基于知识的决策。

将人工智能方法应用于系统控制完全不同于经典控制理论的控制器设计方法，也不同于现代控制理论中许多系统的综合方法。首先，它不依赖于确定性的传递函数模型或者状态空间模型来构造控制器，而是在机器学习条件下基于知识的控制决策。如果控制对象是灰箱系统或者是黑箱系统，也可以通过智能系统的学习功能实现控制目的。其次，对于难以使用数学模型来描述的系统也能够通过构建学习机器来实现基于学习的控制。

将智能控制方法应用到控制工程中，标志着控制理论发展的一个新的阶段。智能控制理论的分支有神经网络控制、模糊控制、专家系统等。

1.2 主要内容

现代控制理论基础主要研究线性系统状态的运动规律和改变这种运动规律的方法，建立揭示系统结构、参数、行为和性能间确定的和定量的关系。通常，研究系统运动规律的问题称为分析问题，研究改变运动规律和方法的问题则称为综合问题或设计问题。

1. 系统数学模型的建立

无论是对系统进行分析还是综合，一个首要的前提是建立系统的数学模型。在建立模型时，最重要的是要确定什么是需要反映和研究的主要系统属性，并在此基础上定出其定量关系。随着所考察的问题的性质不同，一个系统可以有不同类型的模型，它们代表了系统不同侧面的属性。数学模型中最基本的要素是变量、参量、常量及它们之间的关系。

经典控制论中用微分方程、传递函数和频率特性来描述，而现代控制理论则是用状态方程来描述。状态方程不但描述了系统的输入输出关系，而且描述了系统内部一些状态变量随时间变化的关系。

2. 系统分析

系统分析包含两大方面——定量分析和定性分析。

定量分析就是对于一个已知系统，根据其输入量求其输出量的过程，它可以解析出系统在某种信号作用下的运动轨线，其分析过程中常常涉及繁杂的计算，需要借助计算机来完成。

由于其分析方法都是建立在对系统状态方程的分析上的，所以这些方法也称为状态空间分析方法。状态空间法的基本特点是采用状态空间描述这种系统内部以取代经典控制理论中通常采用的传递函数形式的外部输入输出描述，并将对系统的分析和综合直接置于时间域进行。状态空间法可同时适用于单输入单输出系统(SISO)和多输入多输出(MIMO)系统、线性定常系统(LTI)和线性时变系统，并且大大拓宽了所能处理问题的领域。

定性分析一般包括系统的运动稳定性分析问题和能控、能观性分析问题。在状态空间描述基础上所揭示的能控性和能观测性概念，已被证明是现代控制理论基础中两个最为基本的特性。能控性和能观测性的引入，导致了线性系统的分析和综合在指导原则上发生了根本性的变化。

3. 系统设计

任何一个实际的系统都有特定的任务或性能要求。当一个系统不能满足希望的性能或不能完成所规定的任务时就需要对系统进行干预、调节或控制来改变原有系统，使改变后的系统满足所规定的任务或性能要求。这样一个完整的过程称为控制系统的设计或控制系统的综合。

如何实现对系统的控制呢？每个系统都有一定的输入变量和输出变量，它们分别代表了系统受外界作用和系统作用于外界环境的窗口。通过调整控制变量可以达到改变原有系统结构及性能的目的，其调整规律即控制律。对于一个闭环控制系统的设计问题，即要设计给定系统的一个适当的反馈控制律，使得闭环系统具有希望的性能或可实现希望的任务要求。

1.3 主要学派

基于所采用的分析工具和所采用的系统描述的不同，线性系统理论研究中已经形成了以下四个平行的分支。

1. 线性系统的状态空间法

状态空间法是线性系统理论中一个最重要和影响最广的分支。在状态空间法中，用以表征系统动力学特性的数学模型，是反映输入变量、状态变量和输出变量间关系的一对向量方程，称为状态方程和输出方程。状态空间法是一种时间域方法，其主要的数学基础是线性代数，在系统的分析和综合中所涉及的计算主要为矩阵运算和矩阵变换，并且这类计算很适合在计算机上进行。无论是系统分析还是系统设计，状态空间法已发展了一整套完整的和成熟的理论和方法。线性系统理论的其他分支，也都是在状态空间的影响和推动下形成并发展起来的。本课程所介绍的即是建立在这种方法之上的线性系统理论。

2. 线性系统的几何理论

几何理论的特点是把对线性系统的研究化为状态空间中的几何问题，主要的数学工具是几何形式的线性代数，基本思想是把能控性和能观测性等系统结构特性表述为不同的状态子空间的几何性质。在几何理论中，具有关键意义的新概念是$[\boldsymbol{A}\quad \boldsymbol{B}]$不变子空间和$[\boldsymbol{A}\quad \boldsymbol{B}]$能控子空间，它们在用几何方法解决主要的综合问题中起了决定性的作用。几何方法的优点是简捷明了，避免了状态空间法中大量的矩阵演算，而在一定要进行计算时，几何方法的结果都能比较容易地化成相应的矩阵运算。几何理论是由加拿大著名学者 W. M. Wonham 在 20 世纪 70 年代初创立的，线性系统的几何理论的代表作是由 Wonham 所著的《线性多变量控制——一种几何方法》。

3. 线性系统的代数理论

线性系统的代数理论是用抽象代数工具研究线性系统的一种方法。代数理论的主要特点是，把系统各组变量间的关系看作代数结构之间的映射关系，从而可以对线性系统的描述和分析实现完全的形式化和抽象化，变为纯粹的代数问题。

4. 多变量频域法

这种方法的实质是以状态空间法为基础、采用频率域的系统描述和频率域的计算方法来分析和综合线性定常系统。在多变量领域方法中，平行和独立地发展了两类综合方法：一是频率域设计方法，它的特点是把多输入多输出(MIMO)系统化为一系列单输入单输出(SISO)系统来处理，并把经典频率法的许多行之有效的设计技术和方法推广到多变量系统中来，由此导出的综合理论和方法将可以通过计算机辅助设计而方便地用于系统设计。这类综合技术主要是罗森布罗克(H. H. Rosenbrock)、麦克法兰(A. G. J. MacFarlane)等英国学者提出的，习惯称之为英国学派；另一类是多项式矩阵设计方法，它的特点是采用传递函数矩阵的矩阵分式描述作为系统的数学模型，并在多项式矩阵计算和变换的基础上，建立了一整套分析和综合线性定常系统的理论和方法。多项式矩阵设计方法是由罗森布罗克、沃罗维奇(W. A. Wolovich)等在20世纪70年代初提出的，并在随后的发展中得到不断完备和广泛应用。与状态空间法相比多变量频域方法具有物理直观性强、便于设计调整等优点。

第 2 章　控制系统的状态空间描述

控制系统的数学模型，是用于描述系统动态行为的数学表达式。在经典控制理论中，通常是用高阶微分方程或传递函数加以描述的，这种输入/输出描述的数学模型称为系统的外部描述，它不能完全揭示系统内部的所有运动状态。

现代控制理论是建立在状态变量基础上的理论，采用状态空间分析法。系统的动态特性是由状态变量构成的一阶微分方程组来描述的，其中包含了系统的全部内部运动状态，因此，状态空间法弥补了经典控制理论的局限，可以进一步揭示动态系统内部状态的运动规律。与经典控制理论相比，现代控制理论还具有更为广阔的适用领域，既适用于单输入单输出系统，也适用于多输入多输出系统；既可处理定常系统，也可处理时变系统；既能用于系统的分析，也能用于系统的综合。

2.1　状态及状态空间表达式

状态空间表达式是以状态、状态变量、状态空间等基本概念为基础建立起来的。因此，深刻理解这些概念的含义非常重要。

从“状态”这个词的字面意思上看，就是指系统过去、现在和将来的运动状况。

1. 状态

状态是指完全描述系统时域行为的一个最小变量组。该变量组中的每个变量称为状态变量。

说明：(1) 完全描述是指如果给定了 $t=t_0$ 时刻这组变量的值和 $t\geqslant t_0$ 时输入的时间函数，那么系统在 $t\geqslant t_0$ 的任何瞬时的行为就完全确定；

(2) 最小是指这个变量组中的每个变量相互间是线性独立的；

(3) 系统的状态实质上指系统的储能状态。只耗能而不储能的系统如一纯电阻网络，无状态而言。

2. 状态变量

上述最小变量组中的每个变量称为状态变量，一般以 $x_i(t)(i=1,2,\cdots,n)(t\geqslant t_0)$($t_0$ 为初始时刻)表示。

说明：(1) 同一系统中的状态变量具有非唯一性，同一个系统可能有多种不同的状态变量选取方法。

(2)状态变量不一定在物理上可量测,有时只具有数学意义而无任何物理意义。但在具体工程问题中,应尽可能选取容易量测的量作为状态变量,以便实现状态的前馈和反馈等设计要求。

3. 状态向量

若一个系统有 n 个状态变量 $x_i(t)$ $(i=1,2,\cdots,n)$,用这 n 个状态变量作为分量所构成的向量 $\boldsymbol{x}(t)$,就称为该系统的状态向量,即

$$\boldsymbol{x}(t)=\begin{bmatrix} x_1(t) \\ x_2(t) \\ \vdots \\ x_n(t) \end{bmatrix} \tag{2-1}$$

4. 状态空间

状态空间指状态向量的所有可能值的集合,或者说以状态变量 $x_1,x_2,\cdots,x_n$ 为坐标轴所组成的 n 维空间。状态空间中的每一点,代表了状态变量特定的一组值,即系统的某个特定的状态。如随着状态不断地变化,那么 $t>t_j$ 各瞬间的状态在状态空间构成一条轨迹,称为状态轨线。显然,这条轨线的形状完全由系统在 t_0 时刻的初始状态和 $t>t_0$ 时的输入以及系统的动力学特性所唯一确定。在经典控制理论中所讨论的相平面,就是一个特殊的二维状态空间。

5. 状态方程

作为描述动力学系统的数学模型,既要有能够描述动力学行为的状态方程,又要有表示指定输出变量与状态变量之间关系的输出方程。状态方程是一组一阶微分方程,输出方程是一组代数变换方程。

连续时间系统的状态方程是描述系统每个状态变量对时间的一阶导数与状态变量和输入变量之间的关系,其关系式为

$$\frac{\mathrm{d}x_i(t)}{\mathrm{d}t}=f_i(x_1(t),x_2(t),\cdots,x_n(t),u_1(t),u_2(t),\cdots u_p(t))(i=1,2,\cdots n) \tag{2-2}$$

或者

$$\dot{\boldsymbol{x}}(t)=\boldsymbol{f}(\boldsymbol{x}(t),\boldsymbol{u}(t),t)$$

式中,x_i 为第 i 个状态变量;u_j 为第 j 个输入变量;n 为状态变量数;p 为输入变量数。

一旦建立了此一阶微分方程,所有状态变量的时间响应便可通过求解这个一阶微分方程获得。

6. 输出方程

输出方程是在指定变量的情况下,该输出变量与输入变量及状态变量之间的函数关系式为

$$y_j(t)=g_j(x_1(t),x_2(t),\cdots x_n(t),u_1(t),u_2(t),\cdots u_p(t))\ (j=1,2,\cdots q) \tag{2-3}$$

或者

$$\boldsymbol{y}(t)=\boldsymbol{g}(\boldsymbol{x}(t),\boldsymbol{u}(t),t)$$

式中,y_j 表示所指定的第 j 个输出变量;q 为输出变量数。

7. 状态空间表达式

将状态方程式(2-2)和输出方程式(2-3)合写在一起,构成了系统的动力学行为的完整

描述——状态空间表达式：

$$\left.\begin{aligned}\dot{\boldsymbol{x}}(t)&=\boldsymbol{f}(\boldsymbol{x}(t),\boldsymbol{u}(t),t)\\\boldsymbol{y}(t)&=\boldsymbol{g}(\boldsymbol{x}(t),\boldsymbol{u}(t),t)\end{aligned}\right\}\tag{2-4}$$

若式(2-4)中函数 $\boldsymbol{f}$ 和 $\boldsymbol{g}$ 均不显含时间 t，则称此时的系统为自治系统，此时的状态空间表达式

$$\left.\begin{aligned}\dot{\boldsymbol{x}}(t)&=\boldsymbol{f}(\boldsymbol{x}(t),\boldsymbol{u}(t))\\\boldsymbol{y}(t)&=\boldsymbol{g}(\boldsymbol{x}(t),\boldsymbol{u}(t))\end{aligned}\right\}\tag{2-5}$$

式中

$$\boldsymbol{x}(t)=\begin{bmatrix}x_1\\x_2\\\vdots\\x_n\end{bmatrix};\quad \boldsymbol{u}(t)=\begin{bmatrix}u_1(t)\\u_2(t)\\\vdots\\u_p(t)\end{bmatrix};\quad \boldsymbol{y}(t)=\begin{bmatrix}y_1(t)\\y_2(t)\\\vdots\\y_q(t)\end{bmatrix}$$

$$\boldsymbol{f}(\boldsymbol{x},\boldsymbol{u})=\begin{bmatrix}f_1(x_1,x_2,\cdots,x_n,u_1,u_2,\cdots u_p)\\f_2(x_1,x_2,\cdots,x_n,u_1,u_2,\cdots u_p)\\\vdots\\f_n(x_1,x_2,\cdots,x_n,u_1,u_2,\cdots u_p)\end{bmatrix}$$

$$\boldsymbol{g}(\boldsymbol{x},\boldsymbol{u})=\begin{bmatrix}g_1(x_1,x_2,\cdots,x_n,u_1,u_2,\cdots u_p)\\g_2(x_1,x_2,\cdots,x_n,u_1,u_2,\cdots u_p)\\\vdots\\g_q(x_1,x_2,\cdots,x_n,u_1,u_2,\cdots u_p)\end{bmatrix}$$

从式(2-5)可以看出，这种以状态为表示形式的描述系统动力学行为的方法和经典控制理论中的传递函数不同，它把输入到输出之间的信息传递分为两段来描述：第一段是输入引起系统内部状态发生变化，第二段是系统内部的状态变化引起系统输出的变化。前者用状态方程描述，后者用输出方程描述。由于这种描述可以深入到系统的内部，故称之为内部描述，而传递函数只能从外部描述系统输入到输出之间的传递关系，并不能反映内部状态变化，故称之为外部描述。如图 2-1 所示是说明这两种描述方法特点的示意图。

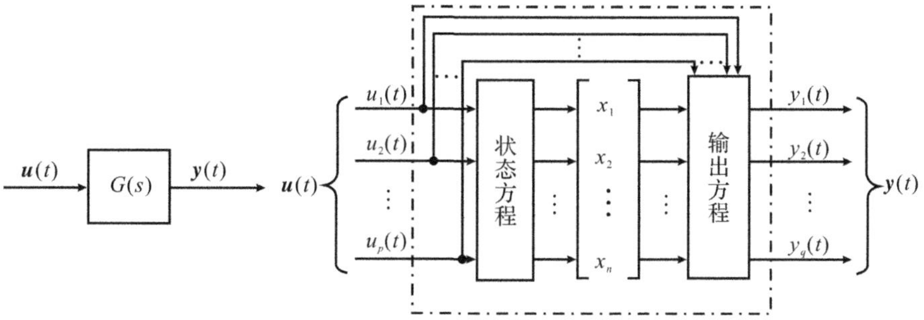

图 2-1　线性系统两种描述方法示意图

8. 线性系统的状态空间表达式

线性时变系统的状态空间表达式为

$$\dot{\boldsymbol{x}}(t)=\boldsymbol{A}(t)\boldsymbol{x}(t)+\boldsymbol{B}(t)\boldsymbol{u}(t)$$

$$\boldsymbol{y}(t)=\boldsymbol{C}(t)\boldsymbol{x}(t)+\boldsymbol{D}(t)\boldsymbol{u}(t)$$

并且

$$\boldsymbol{A}(t)=\begin{bmatrix} a_{11}(t) & a_{12}(t) & \cdots \\ a_{21}(t) & a_{22}(t) & \cdots \\ \cdots & \cdots & \\ a_{n1}(t) & a_{n2}(t) & \cdots \end{bmatrix}$$

$$\boldsymbol{B}(t)=\begin{bmatrix} b_{11}(t) & b_{12}(t) & \cdots \\ b_{21}(t) & b_{22}(t) & \cdots \\ \cdots & \cdots & \\ b_{n1}(t) & b_{n2}(t) & \cdots \end{bmatrix}$$

$$\boldsymbol{C}(t)=\begin{bmatrix} c_{11}(t) & c_{12}(t) & \cdots \\ c_{21}(t) & c_{22}(t) & \cdots \\ \cdots & \cdots & \\ c_{q1}(t) & c_{q2}(t) & \cdots \end{bmatrix}$$

$$\boldsymbol{D}(t)=\begin{bmatrix} d_{11}(t) & d_{12}(t) & \cdots \\ d_{21}(t) & d_{22}(t) & \cdots \\ \cdots & \cdots & \\ d_{q1}(t) & d_{q2}(t) & \cdots \end{bmatrix}$$

9.线性定常系统的状态空间表达式

对于线性定常系统，其状态方程组中的 $f_i(x_1,x_2,\cdots,x_n,u_1,u_2,\cdots,u_p)$ 以及输出方程组中的 $g_i(x_1,x_2,\cdots,x_n,u_1,u_2,\cdots,u_p)$ 都是关于 $x_1,x_2,\cdots,x_n,u_1,u_2,\cdots,u_p$ 的一次线性函数，即

$$\begin{cases} \dot{x}_1=a_{11}x_1+a_{12}x_2+\cdots+a_{1n}x_n+b_{11}u_1+b_{12}u_2+\cdots+b_{1p}u_p \\ \dot{x}_2=a_{21}x_1+a_{22}x_2+\cdots+a_{2n}x_n+b_{21}u_1+b_{22}u_2+\cdots+b_{2p}u_p \\ \cdots\cdots \\ \dot{x}_n=a_{n1}x_1+a_{n2}x_2+\cdots+a_{nn}x_n+b_{n1}u_1+b_{n2}u_2+\cdots+b_{np}u_p \end{cases}$$

$$\begin{cases} y_1=c_{11}x_1+c_{12}x_2+\cdots+c_{1n}x_n+d_{11}u_1+d_{12}u_2+\cdots+d_{1p}u_p \\ y_2=c_{21}x_1+c_{22}x_2+\cdots+c_{2n}x_n+d_{21}u_1+d_{22}u_2+\cdots+d_{2p}u_p \\ \cdots\cdots \\ y_q=c_{q1}x_1+c_{q2}x_2+\cdots+c_{qn}x_n+d_{q1}u_1+d_{q2}u_2+\cdots+d_{qp}u_p \end{cases}$$

写成矩阵形式

$$\begin{bmatrix} \dot{x}_1 \\ \dot{x}_2 \\ \vdots \\ \dot{x}_n \end{bmatrix}=\begin{bmatrix} a_{11} & a_{12} & \cdots & a_{1n} \\ a_{21} & a_{22} & \cdots & a_{2n} \\ \vdots & \vdots & & \vdots \\ a_{n1} & a_{n2} & \cdots & a_{nn} \end{bmatrix}\begin{bmatrix} x_1 \\ x_2 \\ \vdots \\ x_n \end{bmatrix}+\begin{bmatrix} b_{11} & b_{12} & \cdots & b_{1p} \\ b_{21} & b_{22} & \cdots & b_{2p} \\ \vdots & \vdots & \vdots & \vdots \\ b_{n1} & b_{n2} & \cdots & b_{np} \end{bmatrix}\begin{bmatrix} u_1 \\ u_2 \\ \vdots \\ u_p \end{bmatrix}$$

$$\begin{bmatrix} y_1 \\ y_2 \\ \vdots \\ y_q \end{bmatrix} = \begin{bmatrix} c_{11} & c_{12} & \cdots & c_{1n} \\ c_{21} & c_{22} & \cdots & c_{2n} \\ \vdots & \vdots & \vdots & \vdots \\ c_{q1} & c_{q2} & \cdots & c_{qn} \end{bmatrix} \begin{bmatrix} x_1 \\ x_2 \\ \vdots \\ x_n \end{bmatrix} + \begin{bmatrix} d_{11} & d_{12} & \cdots & d_{1p} \\ d_{21} & d_{22} & \cdots & d_{2p} \\ \vdots & \vdots & \vdots & \vdots \\ d_{q1} & d_{q2} & \cdots & d_{qp} \end{bmatrix} \begin{bmatrix} u_1 \\ u_2 \\ \vdots \\ u_p \end{bmatrix}$$

或简写成为

$$\dot{\boldsymbol{x}} = \boldsymbol{A}\boldsymbol{x} + \boldsymbol{B}\boldsymbol{u}$$

$$\boldsymbol{y} = \boldsymbol{C}\boldsymbol{x} + \boldsymbol{D}\boldsymbol{u}$$

式中

$$\boldsymbol{x}(t) = \begin{bmatrix} x_1(t) \\ x_2(t) \\ \vdots \\ x_n(t) \end{bmatrix}_{(n\times 1)}$$ ——系统的状态向量

$$\boldsymbol{u}(t) = \begin{bmatrix} u_1(t) \\ u_2(t) \\ \vdots \\ u_p(t) \end{bmatrix}_{(p\times 1)}$$ ——系统的输入向量

$$\boldsymbol{y}(t) = \begin{bmatrix} y_1(t) \\ y_2(t) \\ \vdots \\ y_q(t) \end{bmatrix}_{(q\times 1)}$$ ——系统的输出向量

并且

$$\boldsymbol{A} = \begin{bmatrix} a_{11} & a_{12} & \cdots & a_{1n} \\ a_{21} & a_{22} & \cdots & a_{2n} \\ \vdots & \vdots & \vdots & \vdots \\ a_{n1} & a_{n2} & \cdots & a_{nn} \end{bmatrix}_{(n\times n)}$$ ——状态矩阵(系统矩阵或系数矩阵)

$$\boldsymbol{B} = \begin{bmatrix} b_{11} & b_{12} & \cdots & b_{1p} \\ b_{21} & b_{22} & \cdots & b_{2p} \\ \vdots & \vdots & \vdots & \vdots \\ b_{n1} & b_{n2} & \cdots & b_{np} \end{bmatrix}_{(n\times p)}$$ ——输入矩阵(控制矩阵)

$$\boldsymbol{C} = \begin{bmatrix} c_{11} & c_{12} & \cdots & c_{1n} \\ c_{21} & c_{22} & \cdots & c_{2n} \\ \vdots & \vdots & \vdots & \vdots \\ c_{q1} & c_{q2} & \cdots & c_{qn} \end{bmatrix}_{(q\times n)}$$ ——输出矩阵(观测矩阵)

$$\boldsymbol{D} = \begin{bmatrix} d_{11} & d_{12} & \cdots & d_{1p} \\ d_{21} & d_{22} & \cdots & d_{2p} \\ \vdots & \vdots & \vdots & \vdots \\ d_{q1} & d_{q2} & \cdots & d_{qp} \end{bmatrix}_{(q\times p)}$$ ——前馈矩阵(输入输出矩阵)

这里，系统矩阵 $\boldsymbol{A}$ 表示系统内部各状态变量之间的关联情况；输入矩阵 $\boldsymbol{B}$ 表示输入对每个状态变量的作用情况；输出矩阵 $\boldsymbol{C}$ 表示输出与每个状态变量间的组成关系；输入输出矩阵 $\boldsymbol{D}$ 表示输入对输出的直接传递关系。称输出方程中 $\boldsymbol{D}\equiv\boldsymbol{O}$ 时的系统为绝对固有系统，否则为固有系统。

由于 $\boldsymbol{A},\boldsymbol{B},\boldsymbol{C},\boldsymbol{D}$ 这四个矩阵描述了线性系统状态空间表达式的全部内容，一般将其简记为系统（$\boldsymbol{A},\boldsymbol{B},\boldsymbol{C},\boldsymbol{D}$），当 $\boldsymbol{D}\equiv\boldsymbol{O}$ 时，将其简记为系统（$\boldsymbol{A},\boldsymbol{B},\boldsymbol{C}$）。

多输入多输出系统的结构图如图 2-2 所示。

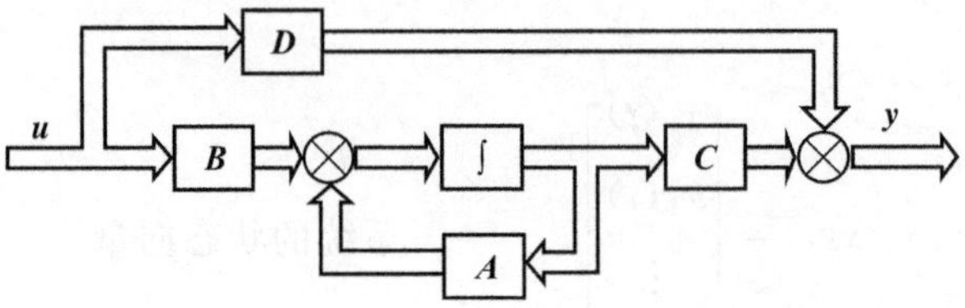

图 2-2　多输入多输出系统的结构图

同样，由于动力学系统状态变量的选取不是唯一的，因此，描述系统动力学行为的上述四个矩阵 $\boldsymbol{A},\boldsymbol{B},\boldsymbol{C},\boldsymbol{D}$ 也将随着状态变量选取的不同而各异。

10. 线性离散时间系统的状态空间表达式

线性离散时间系统状态空间表达式的一般形式为

$$\begin{aligned}\boldsymbol{x}(k+1)&=\boldsymbol{G}(k)\boldsymbol{x}(k)+\boldsymbol{H}(k)\boldsymbol{u}(k)\\ \boldsymbol{y}(k)&=\boldsymbol{C}(k)\boldsymbol{x}(k)+\boldsymbol{D}(k)\boldsymbol{u}(k)\end{aligned}\qquad (k=0,1,\cdots,n-1)$$

其中，$\boldsymbol{x}$ 为 n 维状态变量；$\boldsymbol{u}$ 为 p 维输入变量；$\boldsymbol{y}$ 为 q 维输出变量；$\boldsymbol{G}(k),\boldsymbol{H}(k),\boldsymbol{C}(k),\boldsymbol{D}(k)$ 分别为 $n\times n,n\times p,q\times n,q\times p$ 维时变矩阵。

11. 线性定常离散时间系统的状态空间表达式

与线性定常连续时间系统类似，线性定常离散时间系统的状态空间表达式为

$$\begin{aligned}\boldsymbol{x}(k+1)&=\boldsymbol{G}\boldsymbol{x}(k)+\boldsymbol{H}\boldsymbol{u}(k)\\ \boldsymbol{y}(k)&=\boldsymbol{C}\boldsymbol{x}(k)+\boldsymbol{D}\boldsymbol{u}(k)\end{aligned}\qquad (k=0,1,\cdots,n-1)$$

12. 状态空间分析法

在状态空间中以状态向量或状态变量描述系统的方法称为状态空间分析法或状态变量法。其优点是便于采用向量、矩阵记号简化数学描述，便于在数字机上求解，容易考虑初始条件，能够了解系统内部状态的变化特性，适用于描述时变、非线性、连续、离散、随机、多变量等各类系统，便于应用现代设计方法实现最优控制、自适应控制等。

2.2 状态空间表达式的建立

2.2.1　根据系统的物理机理建立状态空间表达式

采用状态空间分析法对系统进行分析时，首先要有状态空间表达式所描述的数学模型。这是分析和综合问题的依据，而要建立状态空间表达式首先必须选取状态变量。选取状态变量有三种途径：

(1)首先选择系统中储能元件的输出物理量作为状态变量，然后按照物理定律列写状态方程；

(2)选择系统的输出及其各阶导数作为状态变量；

(3)选择能使状态方程成为某种标准形式的变量作为状态变量。

首先介绍第一种方法，即从系统的物理机理出发建立状态空间表达式。

一般情况下，可根据系统中的储能元件及其相应的能量方程就能很方便地写出状态方程。常见的控制系统，按其能量属性可分为电气、机械、机电、液压、热力学等。根据其物理定律如基尔霍夫定律、牛顿定律、能量守恒定律等即可建立系统的状态方程。在指定系统的输出后，也很容易写出系统的输出方程。

例 2－1　试列写如图 2－3 所示 RLC 电网络以流过电阻 R_2 的电流 i_2 为输出的状态空间表达式。

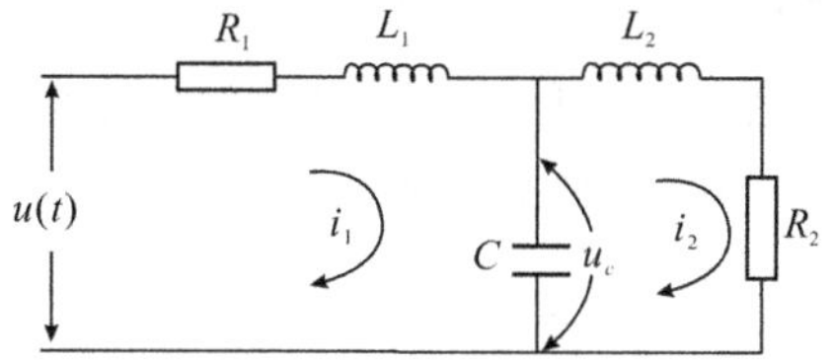

图 2－3　RLC 电网络

分析此网络系统的储能元件有电感 L_1，L_2 和电容 C，因此将 i_1，i_2 和 u_c 等物理变量选择为状态变量。

解　根据基尔霍夫第一定律和第二定律列写网络回路和节点方程

$$\left.\begin{aligned} & R_1 i_1 + L_1 \frac{\mathrm{d}i_1}{\mathrm{d}t} + u_c = u \\ & -u_c + L_2 \frac{\mathrm{d}i_2}{\mathrm{d}t} + R_2 i_2 = 0 \\ & -i_1 + i_2 + C\frac{\mathrm{d}u_c}{\mathrm{d}t} = 0 \end{aligned}\right\} \tag{2-6}$$

考虑到 i_1，i_2，u_c 这三个变量相互之间是线性独立的，故可以选定为系统的状态变量，即令

$$x_1 = i_1,\ x_2 = i_2,\ x_3 = u_c$$

把 x_1，x_2，x_3 代入式(2－6)，整理后得

$$\begin{bmatrix} \dot{x}_1 \\ \dot{x}_2 \\ \dot{x}_3 \end{bmatrix} = \begin{bmatrix} -\dfrac{R_1}{L_1} & 0 & -\dfrac{1}{L_1} \\ 0 & -\dfrac{R_2}{L_2} & \dfrac{1}{L_2} \\ \dfrac{1}{C} & -\dfrac{1}{C} & 0 \end{bmatrix} \begin{bmatrix} x_1 \\ x_2 \\ x_3 \end{bmatrix} + \begin{bmatrix} \dfrac{1}{L_1} \\ 0 \\ 0 \end{bmatrix} u$$

因指定 i_2 输出，故输出方程为

$$\boldsymbol{y} = \begin{bmatrix} 0 & 1 & 0 \end{bmatrix} \begin{bmatrix} x_1 \\ x_2 \\ x_3 \end{bmatrix}$$

从上面的例子可以看出，对于结构和参数已知的系统，建立状态空间表达式的问题归结为

把依据物理定律得到的微分方程，化为状态变量的一阶微分方程组。对于电气网络系统和机械运动系统，选择独立的储能元件的物理变量，如电容端电压 u_c，电感中的电流 i，惯性元件的速度 v 以及弹性元件的变形 l 等物理变量作为状态变量是较方便的，也可以基于经验法确定其状态变量，然后确定其状态空间表达式。

2.2.2 根据系统的输入输出关系建立状态空间表达式

由输入/输出描述确定状态空间表达式的问题称为实现问题。通常有三种途径：基于微分方程、基于传递函数和基于结构图的状态空间表达式。

1. 基于微分方程列写状态空间表达式

若系统的动态过程可以归结为一个线性微分方程

$$y^{(n)}+a_{n-1}y^{(n-1)}+\cdots+a_1\dot{y}+a_0y=b_{n-1}u^{(n-1)}+b_{n-2}u^{(n-2)}+\cdots+b_0u \tag{2-7}$$

根据线性系统微分方程理论，它是满足线性叠加原理的。因此线性微分方程所描述的动态过程必定是一个线性系统。其状态方程的列写分两种情况来讨论。

(1)微分方程右边输入函数中不含导数项的情况。设系统的运动方程式是

$$\begin{array}{ccccccc} y^{(n)}+a_{n-1}y^{(n-1)}+\cdots+a_1 & \dot{y} & + & a_0 & y & = & b_0u \\ \updownarrow & \updownarrow & & & \updownarrow & & \\ x_n & x_2 & & & x_1 & & \end{array}$$

对于这种情况，若给定初始条件 $y(0),\dot{y}(0),\cdots y^{(n-1)}(0)$ 及 $t\geqslant 0$ 的输入 $u(t)$，则上述微分方程的解是唯一的。或者说，该系统的时域行为是完全确定的。于是，可以取 $y(t),\dot{y}(t),\cdots,y^{(n+1)}(t)$ 等 n 个变量为状态变量，记为

$$\left.\begin{aligned} x_1&=y\\ x_2&=\dot{y}\\ &\vdots\\ x_n&=y^{(n-1)} \end{aligned}\right\} \tag{2-8}$$

为了得到每个状态变量的一阶导数表达式，将式(2-8)两边对时间 t 求导，有

$$\left.\begin{aligned} \dot{x}_1&=\dot{y}\\ \dot{x}_2&=\ddot{y}\\ &\vdots\\ \dot{x}_n&=y^{(n)} \end{aligned}\right\} \tag{2-9}$$

把式(2-8)代入式(2-9)，即得状态方程为

$$\left.\begin{aligned} \dot{x}_1&=x_2\\ \dot{x}_2&=x_3\\ &\vdots\\ \dot{x}_n&=-a_0x_1-a_1x_2\cdots-a_{n-1}x_n+b_0u \end{aligned}\right\}$$

指定 y 为输出，输出方程为

$$y=x_1$$

或将上式写成矩阵形式

$$\dot{\boldsymbol{x}}=\boldsymbol{A}\boldsymbol{x}+\boldsymbol{b}u$$

$$y=Cx$$

式中，
$$x=[x_1 \quad x_2 \quad \cdots \quad x_n]^T$$

$$A=\begin{bmatrix} 0 & 1 & 0 & \cdots & 0 \\ 0 & 0 & 1 & \cdots & 0 \\ \vdots & \vdots & \vdots & & \vdots \\ 0 & 0 & 0 & \cdots & 1 \\ -a_0 & -a_1 & -a_2 & \cdots & -a_{n-1} \end{bmatrix},\ b=\begin{bmatrix} 0 \\ \vdots \\ 0 \\ b_0 \end{bmatrix},\ C=[1 \quad 0 \quad \cdots \quad 0]$$

例 2-2　设系统的输出输入微分方程为$\dddot{y}+6\ddot{y}+41\dot{y}+7y=6u$，试列写其状态方程和输出方程。

解　选取 $y,\dot{y},\ddot{y}$ 为状态变量，即 $x_1=y,x_2=\dot{y},x_3=\ddot{y}$；

由 $x_1=y$，有 $\dot{x}_1=\dot{y}=x_2$；

由 $x_2=\dot{y}$，有 $\dot{x}_2=\ddot{y}=x_3$；

由 $x_3=\ddot{y}$，有 $\dot{x}_3=\dddot{y}$；

因此 $\dot{x}_3=-7x_1-41x_2-6x_3+6u$

最后写成矩阵方程

$$\begin{bmatrix} \dot{x}_1 \\ \dot{x}_2 \\ \dot{x}_3 \end{bmatrix}=\begin{bmatrix} 0 & 1 & 0 \\ 0 & 0 & 1 \\ -7 & -41 & -6 \end{bmatrix}\begin{bmatrix} x_1 \\ x_2 \\ x_3 \end{bmatrix}+\begin{bmatrix} 0 \\ 0 \\ 6 \end{bmatrix}u$$

$$y=[1 \quad 0 \quad 0]\begin{bmatrix} x_1 \\ x_2 \\ x_3 \end{bmatrix}$$

(2)微分方程右边输入函数含有导数项的情况。对于这种情况，其微分方程为

$$y^{(n)}+a_{n-1}y^{(n-1)}+\cdots+a_1\dot{y}+a_0y=b_nu^{(n)}+b_{n-1}u^{(n-1)}+\cdots+b_1\dot{u}+b_0u \quad (2-10)$$

这种形式的微分方程，通常不能像前面那样取 $y,\dot{y},\cdots,y^{(n-1)}$ 作为状态变量。这是因为若把 $y,\dot{y},\cdots,y^{(n-1)}$ 取为状态变量，则 $x_1,x_2,\cdots,x_n$ 所表达的状态方程将为

$$\begin{bmatrix} \dot{x}_1 \\ \dot{x}_2 \\ \vdots \\ \dot{x}_{n-1} \\ \dot{x}_n \end{bmatrix}=\begin{bmatrix} 0 & 1 & 0 & \cdots & 0 \\ 0 & 0 & 1 & \cdots & 0 \\ \vdots & \vdots & \vdots & & \vdots \\ 0 & 0 & 0 & \cdots & 1 \\ -a_0 & -a_1 & -a_2 & \cdots & -a_{n-1} \end{bmatrix}\begin{bmatrix} x_1 \\ x_2 \\ \vdots \\ x_{n-1} \\ x_n \end{bmatrix}+\begin{bmatrix} 0 & 0 & \cdots & 0 \\ 0 & 0 & \cdots & 0 \\ \vdots & \vdots & \ddots & \vdots \\ b_n & b_{n-1} & \cdots & b_0 \end{bmatrix}\begin{bmatrix} u^{(n)} \\ u^{(n-1)} \\ \vdots \\ u \end{bmatrix}$$

显然，此时的状态方程中包含输入函数的导数项，不符合状态空间表达式的条件，为此，对于式(2-10)所示微分方程的情况，为了避免在状态方程中出现输入导数项，可以按照如下规则选择状态变量：

$$\left.\begin{aligned} & x_1=y-\beta_0u \\ & x_2=\dot{x}_1-\beta_1u=\dot{y}-\beta_0\dot{u}-\beta_1u \\ & \vdots \\ & x_n=\dot{x}_{n-1}-\beta_{n-1}u=y^{(n-1)}-\beta_0u^{(n-1)}-\beta_1u^{(n-2)}-\cdots-\beta_{n-1}u \end{aligned}\right\}$$

将上面各式两边对时间求导，有

$$\left.\begin{aligned}
\dot{x}_1 &= \dot{y}-\beta_0\dot{u}=x_2+\beta_1 u \\
\dot{x}_2 &= \ddot{y}-\beta_0\ddot{u}-\beta_1\dot{u}=x_3+\beta_2 u \\
&\vdots \\
\dot{x}_n &= y^{(n)}-\beta_0 u^{(n)}-\beta_1 u^{(n-1)}\cdots-\beta_{n-1}\dot{u}=-a_0x_1-a_1x_2-\cdots-a_{n-1}x_n+\beta_n u
\end{aligned}\right\} \quad (2-11)$$

且输出方程 $y=x_1+\beta_0 u$

写成矩阵形式为

$$\begin{bmatrix}\dot{x}_1\\ \dot{x}_2\\ \vdots\\ \dot{x}_{n-1}\\ \dot{x}_n\end{bmatrix}=\begin{bmatrix}0 & 1 & 0 & \cdots & 0\\ 0 & 0 & 1 & \cdots & 0\\ \vdots & \vdots & \vdots & & \vdots\\ 0 & 0 & 0 & & 1\\ -a_0 & -a_1 & -a_2 & \cdots & -a_{n-1}\end{bmatrix}\begin{bmatrix}x_1\\ x_2\\ \vdots\\ x_{n-1}\\ x_n\end{bmatrix}+\begin{bmatrix}\beta_1\\ \beta_2\\ \vdots\\ \beta_{n-1}\\ \beta_n\end{bmatrix}\boldsymbol{u}$$

$$\boldsymbol{y}=\begin{bmatrix}1 & 0 & 0 & \cdots & 0\end{bmatrix}\begin{bmatrix}x_1\\ x_2\\ \vdots\\ x_{n-1}\\ x_n\end{bmatrix}+\boldsymbol{\beta}_0\boldsymbol{u}$$

未定系数 $\beta_i(i=0,1,\cdots,n)$ 的推导过程如下：

由式(2-11)有

$$\begin{cases}
y=x_1+\beta_0 u \\
\dot{y}=x_2+\beta_0\dot{u}+\beta_1 u \\
\ddot{y}=x_3+\beta_0\ddot{u}+\beta_1\dot{u}+\beta_2 u \\
\vdots \\
y^{(n-1)}=x_n+\beta_0 u^{(n-1)}+\beta_1 u^{(n-2)}+\cdots+\beta_{n-2}\dot{u}+\beta_{n-1}u
\end{cases}$$

引入中间变量

$$x_{n+1}=\dot{x}_n-\beta_n u=y^{(n)}-\beta_0 u^{(n)}-\beta_1 u^{(n-1)}-\cdots-\beta_{n-1}\dot{u}-\beta_n u$$

从而有

$$y^{(n)}=x_{n+1}+\beta_0 u^{(n)}+\beta_1 u^{(n-1)}+\cdots+\beta_{n-1}\dot{u}+\beta_n u$$

把 $y,\dot{y},\cdots,y^{(n-1)}$ 及 $y^{(n)}$ 代入原始微分方程式(2-10)，经整理得

$$\{x_{n+1}+a_{n-1}x_n+\cdots+a_1x_2+a_0x_1\}+\beta_0 u^{(n)}+(\beta_1+a_{n-1}\beta_0)u^{(n-1)}+$$
$$(\beta_2+a_{n-1}\beta_1+a_{n-2}\beta_0)u^{(n-2)}+\cdots+(\beta_n+a_{n-1}\beta_{n-1}+\cdots+a_1\beta_1+a_0\beta_0)u=$$
$$b_n u^{(n)}+b_{n-1}u^{(n-1)}+\cdots+b_1\dot{u}+b_0 u$$

比较上式左右两边 u 的同次幂的系数，有

$$\left.\begin{aligned}
&x_{n+1}+a_{n-1}x_n+\cdots+a_1x_2+a_0x_1=0\\
&\beta_0=b_n\\
&\beta_1=b_{n-1}-a_{n-1}\beta_0\\
&\beta_2=b_{n-2}-a_{n-1}\beta_1-a_{n-2}\beta_0\\
&\cdots\\
&\beta_n=b_0-a_{n-1}\beta_{n-1}-\cdots-a_1\beta_1-a_0\beta_0
\end{aligned}\right\}$$

为了便于记忆，将它写成如下矩阵形式

$$\begin{bmatrix} b_n \\ b_{n-1} \\ \vdots \\ b_1 \\ b_0 \end{bmatrix}=\begin{bmatrix} 1 & & & & 0 & \\ a_{n-1} & 1 & & & & \\ \vdots & \vdots & \ddots & & & \\ a_1 & a_2 & a_3 & \cdots & 1 & \\ a_0 & a_1 & a_2 & \cdots & a_{n-1} & 1 \end{bmatrix}\begin{bmatrix} \beta_0 \\ \beta_1 \\ \vdots \\ \beta_{n-1} \\ \beta_n \end{bmatrix}$$

例 2-3　已知系统的输出微分方程式为

$$\dddot{y}+28\ddot{y}+196\dot{y}+740y=360\dot{u}+440u$$

试列写出其状态空间表达式。

解　将 $a_2=28, a_1=196, a_0=740, b_3=0, b_2=0, b_1=360, b_0=440$ 代入 $\beta_i(i=0,1,2)$ 的计算公式，有

$$\beta_0=b_3=0$$

$$\beta_1=b_2-a_2\beta_0=0$$

$$\beta_2=b_1-a_2\beta_1-a_1\beta_0=360$$

$$\beta_3=b_0-a_2\beta_2-a_1\beta_1-a_0\beta_0=-9\ 640$$

故状态方程和输出方程分别为

$$\begin{bmatrix} \dot{x}_1 \\ \dot{x}_2 \\ \dot{x}_3 \end{bmatrix}=\begin{bmatrix} 0 & 1 & 0 \\ 0 & 0 & 1 \\ -a_0 & -a_1 & -a_2 \end{bmatrix}\begin{bmatrix} x_1 \\ x_2 \\ x_3 \end{bmatrix}+\begin{bmatrix} \beta_1 \\ \beta_2 \\ \beta_3 \end{bmatrix}\boldsymbol{u}=$$

$$\begin{bmatrix} 0 & 1 & 0 \\ 0 & 0 & 1 \\ -740 & -196 & -28 \end{bmatrix}\begin{bmatrix} x_1 \\ x_2 \\ x_3 \end{bmatrix}+\begin{bmatrix} 0 \\ 360 \\ -9\ 640 \end{bmatrix}\boldsymbol{u}$$

$$\boldsymbol{y}=\begin{bmatrix} 1 & 0 & 0 \end{bmatrix}\begin{bmatrix} x_1 \\ x_2 \\ x_3 \end{bmatrix}$$

2. 基于系统的传递函数建立状态空间表达式

传递函数的分解有四种方法，直接分解、串联分解、并联分解和繁分式分解。本节通过一个二阶系统的分析，以便了解其计算步骤，其结论可推广到 n 阶系统。

(1)直接分解。对于传递函数的分母和分子多项式没有分解成因式的形式，即

$$G(s)=\frac{Y(s)}{U(s)}=\frac{b_2s^2+b_1s+b_0}{a_2s^2+a_1s+a_0} \tag{2-12}$$

首先用分母多项式的 s 最高次项(如本例的 s^2)同除分式上下两部分，于是式(2-12)变为

$$G(s)=\frac{Y(s)}{U(s)}=\frac{b_2+b_1s^{-1}+b_0s^{-2}}{a_2+a_1s^{-1}+a_0s^{-2}}$$

然后将传递函数的分子和分母同乘一中间变量 $M(s)$：

$$G(s)=\frac{Y(s)}{U(s)}=\frac{(b_2+b_1s^{-1}+b_0s^{-2})M(s)}{(a_2+a_1s^{-1}+a_0s^{-2})M(s)}$$

即

$$U(s)=(a_2+a_1s^{-1}+a_0s^{-2})M(s)$$

$$Y(s)=(b_2+b_1s^{-1}+b_0s^{-2})M(s)$$

进一步写成

$$M(s)=\frac{1}{a_2}U(s)-\frac{a_1}{a_2}s^{-1}M(s)-\frac{a_0}{a_2}s^{-2}M(s)$$

$$Y(s)=b_2M(s)+b_1s^{-1}M(s)+b_0s^{-2}M(s) \tag{2-13}$$

对于式(2-13)的模拟结构图如图2-4所示。

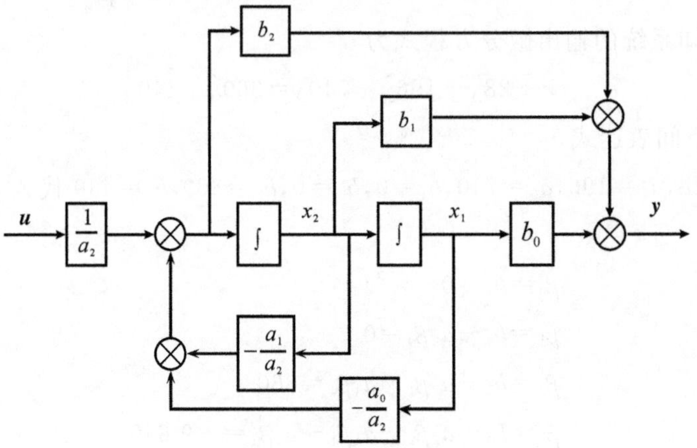

图2-4　模拟结构图

指定每个积分器的输出为状态变量：

$$x_1=\mathscr{L}^{-1}(s^{-2}M(s))$$

$$x_2=\mathscr{L}^{-1}(s^{-1}M(s))$$

根据模拟结构图写出状态方程

$$\begin{bmatrix}\dot{x}_1\\ \dot{x}_2\end{bmatrix}=\begin{bmatrix}0 & 1\\ -\frac{a_0}{a_2} & -\frac{a_1}{a_2}\end{bmatrix}\begin{bmatrix}x_1\\ x_2\end{bmatrix}+\begin{bmatrix}0\\ \frac{1}{a_2}\end{bmatrix}\boldsymbol{u}$$

$$\boldsymbol{y}=b_2\left(\frac{1}{a_2}u-\frac{a_1}{a_2}x_2-\frac{a_0}{a_2}x_1\right)+b_1x_2+b_0x_1=$$

$$\left(b_0-b_2\frac{a_0}{a_2}\right)x_1+\left(b_1-b_2\frac{a_1}{a_2}\right)x_2+\frac{b_2}{a_2}\boldsymbol{u}$$

即

$$\boldsymbol{y}=\left[\left(b_0-b_2\frac{a_0}{a_2}\right)\left(b_1-b_2\frac{a_1}{a_2}\right)\right]\begin{bmatrix}x_1\\ x_2\end{bmatrix}+\left[\frac{b_2}{a_2}\right]\boldsymbol{u}$$

将上述结果推广到n阶系统

$$G(s)=\frac{b_ns^n+b_{n-1}s^{n-1}+\cdots+b_1s+b_0}{a_ns^n+a_{n-1}s^{n-1}+\cdots+a_1s+a_0}$$

有

$$\begin{bmatrix}\dot{x}_1\\ \dot{x}_2\\ \vdots\\ \dot{x}_n\end{bmatrix}=\begin{bmatrix}0 & 1 & 0 & \cdots & 0\\ 0 & 0 & 1 & \cdots & 0\\ \vdots & & & & \vdots\\ -\frac{a_0}{a_n} & -\frac{a_1}{a_n} & -\frac{a_2}{a_n} & \cdots & -\frac{a_{n-1}}{a_n}\end{bmatrix}\begin{bmatrix}x_1\\ x_2\\ \vdots\\ x_n\end{bmatrix}+\begin{bmatrix}0\\ 0\\ \vdots\\ \frac{1}{a_n}\end{bmatrix}\boldsymbol{u}$$

$$\boldsymbol{y}=\left[\left(b_0-b_n\frac{a_0}{a_n}\right)\left(b_1-b_n\frac{a_1}{a_n}\right)\cdots\left(b_{n-1}-b_n\frac{a_{n-1}}{a_n}\right)\right]\begin{bmatrix}x_1\\x_2\\\vdots\\x_n\end{bmatrix}+\frac{b_n}{a_n}\boldsymbol{u}$$

对于下列一阶系统

$$G(s)=\frac{Y(s)}{U(s)}=\frac{s+z}{s+p}=1+\frac{z-p}{s+p}$$

其模拟结构图如图 2 - 5 所示。

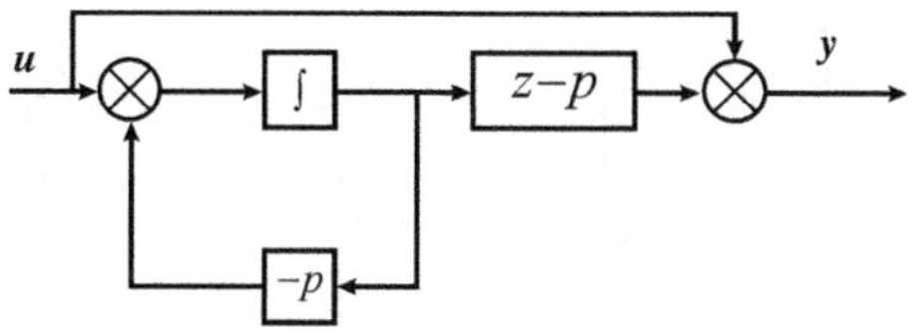

图 2 - 5　模拟结构图

于是其状态方程和输出方程为

$$\dot{\boldsymbol{x}}=-p\boldsymbol{x}+\boldsymbol{u}$$

$$\boldsymbol{y}=(z-p)\boldsymbol{x}+\boldsymbol{u}$$

这个表达式很有用，下面所讨论的串联分解和并联分解都是以它为基础的。

(2)串联分解。对于传递函数被分解为如下因式的形式：

$$G_1(s)=\frac{s+z_1}{s+p_1}=1+\frac{z_1-p_1}{s+p_1}$$

$$G_2(s)=\frac{s+z_2}{s+p_2}=1+\frac{z_2-p_2}{s+p_2}$$

其结构图如图 2 - 6 所示。

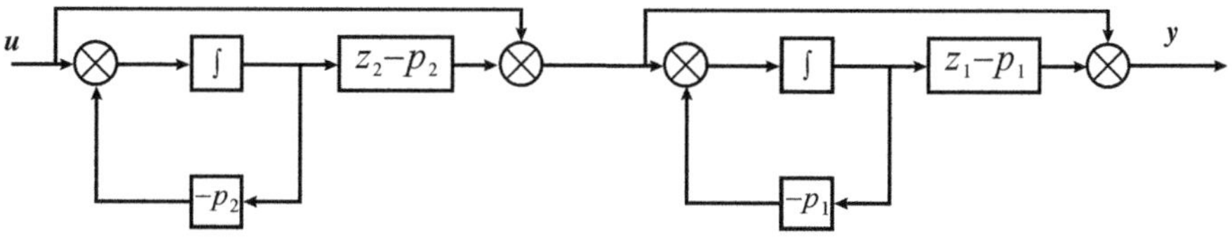

图 2 - 6　结构图

指定每个积分器的输出为状态变量，于是系统的状态方程和输出方程为

$$\begin{bmatrix}\dot{x}_1\\\dot{x}_2\end{bmatrix}=\begin{bmatrix}-p_1 & z_2-p_2\\0 & -p_2\end{bmatrix}\begin{bmatrix}x_1\\x_2\end{bmatrix}+\begin{bmatrix}1\\1\end{bmatrix}\boldsymbol{u}$$

$$\boldsymbol{y}=[(z_1-p_1)\quad(z_2-p_2)]\begin{bmatrix}x_1\\x_2\end{bmatrix}+\boldsymbol{u}$$

由于实际系统常常是由一些系统串联组合起来的，所以采用串联分解所确定的状态变量比之其他两种方法所确定的状态变量有着明显的物理含义。另外，传递函数的每个极点(零点)在状态方程 **A** 阵中相互之间没有牵连。这对于研究零极点对系统品质的影响也是方便的。

(3)并联分解。对传递函数的分母多项式可以分解成因式形式

$$G(s)=\frac{Y(s)}{U(s)}=\frac{Q(s)}{(s+p_1)(s+p_2)}\tag{2-14}$$

将式(2-14)展开成部分分式,即可得到传递函数的并联分解形式。现分 p_1, p_2 为互异根和 p_1, p_2 为重根两种情况来讨论。

1) p_1, p_2 互异的情况,此时式(2-14)可写成

$$G(s)=\frac{Q(s)}{(s+p_1)(s+p_2)}=\frac{k_1}{s+p_1}+\frac{k_2}{s+p_2} \tag{2-15}$$

式中,k_1, k_2 为待定系数

$$k_i=\lim_{s\to p_i}G(s)(s+p_i)\ (i=1,2) \tag{2-16}$$

由式(2-15)可以作出系统的状态变量图,如图 2-7(a)或(b)所示。

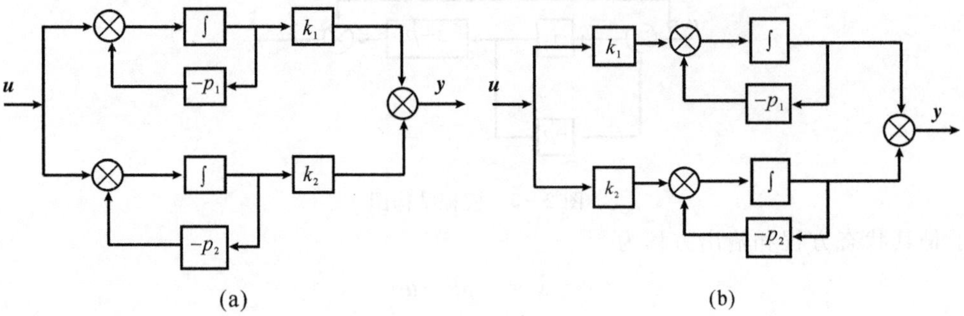

图 2-7　状态变量图

根据图 2-7(a)可写出状态方程和输出方程为

$$\begin{bmatrix}\dot{x}_1\\ \dot{x}_2\end{bmatrix}=\begin{bmatrix}-p_1 & 0\\ 0 & -p_2\end{bmatrix}\begin{bmatrix}x_1\\ x_2\end{bmatrix}+\begin{bmatrix}1\\ 1\end{bmatrix}\boldsymbol{u}$$

$$\boldsymbol{y}=\begin{bmatrix}k_1 & k_2\end{bmatrix}\begin{bmatrix}x_1\\ x_2\end{bmatrix}$$

根据图 2-7(b)可写出其状态方程和输出方程为

$$\begin{bmatrix}\dot{x}_1\\ \dot{x}_2\end{bmatrix}=\begin{bmatrix}-p_1 & 0\\ 0 & -p_2\end{bmatrix}\begin{bmatrix}x_1\\ x_2\end{bmatrix}+\begin{bmatrix}k_1\\ k_2\end{bmatrix}u$$

$$y=\begin{bmatrix}1 & 1\end{bmatrix}\begin{bmatrix}x_1\\ x_2\end{bmatrix}$$

2) p_1, p_2 是重根的情况,此时式(2-14)可写为

$$G(s)=\frac{Q(s)}{(s+p_1)^2}=\frac{k_{11}}{(s+p_1)^2}+\frac{k_{12}}{s+p_1} \tag{2-17}$$

式中,k_{11}, k_{12} 为待定系数,可按下列计算公式计算,为考虑一般情况,设 $G(s)$ 具有 n 重极点 p,则

$$G(s)=\frac{Y(s)}{U(s)}=\frac{k_{11}}{(s+p)^n}+\frac{k_{12}}{(s+p)^{n-1}}+\cdots+\frac{k_{1n}}{s+p}$$

$$k_{1i}=\lim_{s\to -p}\frac{1}{(i-1)!}\frac{\mathrm{d}^{i-1}}{\mathrm{d}s^{i-1}}[G(s)(s+p)^n] \tag{2-18}$$

对于式(2-17)的状态变量图如图 2-8 所示。

对于图 2-8 的模拟结构图的状态方程和输出方程为

$$\begin{bmatrix}\dot{x}_1\\ \dot{x}_2\end{bmatrix}=\begin{bmatrix}-p_1\\ 0\end{bmatrix}\begin{bmatrix}x_1\\ x_2\end{bmatrix}+\begin{bmatrix}0\\ 1\end{bmatrix}\boldsymbol{u}$$

$$\boldsymbol{y}=[k_{11}]\begin{bmatrix}x_1\\x_2\end{bmatrix}$$

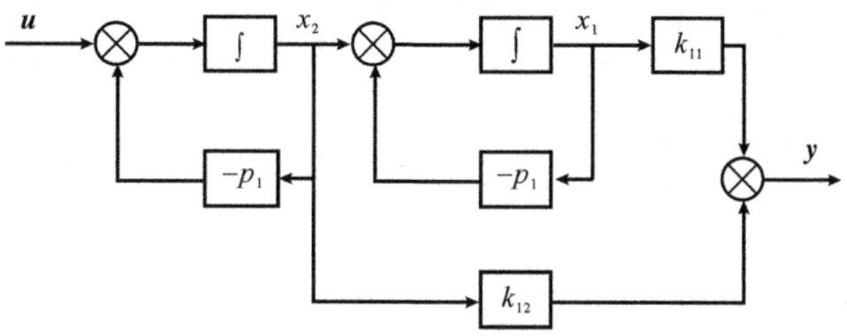

图 2-8　状态变量图

与极点互异的情况相比，此时 **A** 阵不再是对角形而是另外一种形式——约当标准形。

例 2-4　设系统的传递函数为

$$G(s)=\frac{2s^2+5s+1}{(s+2)^3}$$

试列写出其状态空间表达式。

解　极点 $s=-2$ 为三重极点，其部分分式为

$$G(s)=\frac{k_{11}}{(s+2)^3}+\frac{k_{12}}{(s+2)^2}+\frac{k_{13}}{(s+2)}$$

并且

$$k_{11}=\lim_{s\to-2}[G(s)(s+2)^3]=\lim_{s\to-2}[2s^2+5s+1]=-1$$

$$k_{12}=\lim_{x\to-2}\frac{\mathrm{d}}{\mathrm{d}t}[G(s)(s+2)^3]=\lim_{s\to-2}[4s+5]=-3$$

$$k_{13}=\frac{1}{2}\lim_{s\to-2}\frac{\mathrm{d}^2}{\mathrm{d}t^2}[G(s)(s+2)^3]=2$$

于是，可直接写出状态方程和输出方程为

$$\begin{bmatrix}\dot{x}_1\\\dot{x}_2\\\dot{x}_3\end{bmatrix}=\begin{bmatrix}-2&1&0\\0&-2&1\\0&0&-2\end{bmatrix}\begin{bmatrix}x_1\\x_2\\x_3\end{bmatrix}+\begin{bmatrix}0\\0\\1\end{bmatrix}\boldsymbol{u}$$

$$\boldsymbol{y}=[-1\quad -3\quad 2]\begin{bmatrix}x_1\\x_2\\x_3\end{bmatrix}$$

2.2.3 由结构图列写状态空间表达式

动态结构图是一种比较直观形象的数学模型，由经典控制理论可知，动态结构图可以分解为典型环节的组合。这里以图 2-9 为例讨论根据结构图描述得到系统的状态空间表达式的方法和步骤。

(1)化给定结构图为规范化结构图(各组成环节的传递函数均为一阶惯性环节 $k_i/s+s_i$ 和比例环节 k_p)。对图 2-9(a)所示结构图，通过将二阶惯性环节的传递函数转化为两个一阶惯性环节之和，即

$$\frac{7s+13}{s^2+5s+4}=\frac{5}{s+4}+\frac{2}{s+1}$$

从而得出图 2-9(b)所示的对应规范化结构图。

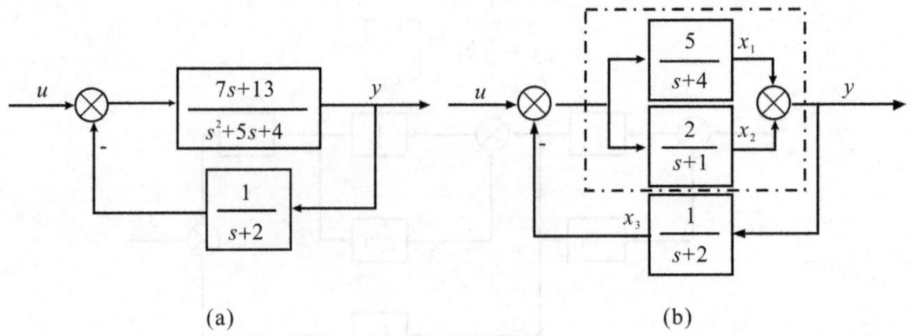

图 2-9　结构图

(2)对规范化结构图指定状态变量组。基本原则是当且仅当一阶惯性环节的输出有资格取为状态变量。状态变量的序号除有特别规定外可自行指定。

(3)列写变量间的关系。基于规范化结构图，围绕一阶惯性环节及求和环节，根据输出输入关系列写出相应关系方程。对于图 2-9(b)所示的规范化结构图，从三个一阶惯性环节和一个求和环节的输出输入关系，可容易列出其关系方程组为

$$x_1=\frac{5}{s+4}(u-x_3)$$

$$x_2=\frac{2}{s+1}(u-x_3)$$

$$x_3=\frac{1}{s+2}(x_1+x_3)$$

$$y=x_1+x_2$$

(4)导出变换域状态变量方程和输出变量方程。

变换域状态变量方程

$$sx_1=-4x_1-5x_3+5u$$
$$sx_2=-x_2-2x_3+2u$$
$$sx_3=x_1+x_2-2x_3$$

变换域输出变量方程

$$y=x_1+x_2$$

(5)导出状态空间描述。

$$\dot{x}_1=-4x_1-5x_3+5u$$
$$\dot{x}_2=-x_2-2x_3+2u$$
$$\dot{x}_3=x_1+x_2-2x_3$$
$$y=x_1+x_2$$

最后，整理得到

$$\begin{bmatrix}\dot{x}_1\\ \dot{x}_2\\ \dot{x}_3\end{bmatrix}=\begin{bmatrix}-4 & 0 & -5\\ 0 & -1 & -2\\ 1 & 1 & -2\end{bmatrix}\begin{bmatrix}x_1\\ x_2\\ x_3\end{bmatrix}+\begin{bmatrix}5\\ 2\\ 0\end{bmatrix}\boldsymbol{u}$$

$$\boldsymbol{y}=\begin{bmatrix}1 & 1 & 0\end{bmatrix}\begin{bmatrix}x_1\\ x_2\\ x_3\end{bmatrix}$$

2.3 线性变换及特征值标准形

选取不同的状态变量就会有不同形式的状态空间表达式。为了便于对系统进行分析和综合设计，经常需要对系统进行各种非奇异变换。若传递函数的极点是互异的，则可通过并联分解获得对角线标准形，若传递函数的极点中有重极点，通过并联分解所获得的是一种近似于对角线标准形的约当标准形。一旦建立了这种标准形，无疑对于状态方程的求解和分析系统的各种性质是方便的，于是自然会提出下列问题：如何把某一种形式的状态空间表达式化成对角线标准形或约当标准形。从线性代数的基本知识可以知道，选择适当的坐标变换阵 $\boldsymbol{P}$，借助相似变换（similarity transformation，也称为线性变换、坐标变换等）$\bar{\boldsymbol{A}}=\boldsymbol{P}^{-1}\boldsymbol{A}\boldsymbol{P}$，可以把系统矩阵 $\boldsymbol{A}$ 化为以特征值为其元素的标准形 $\bar{\boldsymbol{A}}$，若 $\boldsymbol{A}$ 的特征值互异，$\bar{\boldsymbol{A}}$ 为对角线标准形；若特征值具有重根，$\bar{\boldsymbol{A}}$ 为约当标准形；若特征值为共轭复根，$\bar{\boldsymbol{A}}$ 为共扼模态标准形。

2.3.1　状态空间的线性变换

对于状态向量 $\boldsymbol{x}=[x_1 \quad x_2 \quad \cdots \quad x_n]^{\mathrm{T}}$，若给定某非奇异变换矩阵 $\boldsymbol{P}$，则可通过如下变换，亦即

$$\boldsymbol{x}=\boldsymbol{P}\bar{\boldsymbol{x}} \tag{2-19}$$

将 $\boldsymbol{x}$ 变换为 $\bar{\boldsymbol{x}}=[\bar{x}_1 \quad \bar{x}_2 \quad \cdots \quad \bar{x}_n]^{\mathrm{T}}$。

一旦状态向量由 $\boldsymbol{x}$ 变换为 $\bar{\boldsymbol{x}}$，其相应状态空间表达式中的 $\boldsymbol{A},\boldsymbol{B},\boldsymbol{C},\boldsymbol{D}$ 也将随着基底的变换而变换为 $\bar{\boldsymbol{A}},\bar{\boldsymbol{B}},\bar{\boldsymbol{C}},\bar{\boldsymbol{D}}$。

设状态向量为 $\boldsymbol{x}$ 时系统的状态空间表达式为

$$\left.\begin{aligned}\dot{\boldsymbol{x}}&=\boldsymbol{A}\boldsymbol{x}+\boldsymbol{B}\boldsymbol{u}\\ \boldsymbol{y}&=\boldsymbol{C}\boldsymbol{x}+\boldsymbol{D}\boldsymbol{u}\end{aligned}\right\} \tag{2-20}$$

为获得在状态向量为 $\bar{\boldsymbol{x}}$ 时新的状态空间表达式，只需把式(2-19)代入式(2-20)，得到

$$\left.\begin{aligned}\dot{\bar{\boldsymbol{x}}}&=\boldsymbol{P}^{-1}\boldsymbol{A}\boldsymbol{P}\bar{\boldsymbol{x}}+\boldsymbol{P}^{-1}\boldsymbol{B}\boldsymbol{u}\\ \boldsymbol{y}&=\boldsymbol{C}\boldsymbol{P}\bar{\boldsymbol{x}}+\boldsymbol{D}\boldsymbol{u}\end{aligned}\right\} \tag{2-21}$$

或者写成

$$\left.\begin{aligned}\dot{\bar{\boldsymbol{x}}}&=\bar{\boldsymbol{A}}\bar{\boldsymbol{x}}+\bar{\boldsymbol{B}}\boldsymbol{u}\\ \boldsymbol{y}&=\bar{\boldsymbol{C}}\bar{\boldsymbol{x}}+\boldsymbol{D}\boldsymbol{u}\end{aligned}\right\} \tag{2-22}$$

式中

$$\left.\begin{aligned}\bar{\boldsymbol{A}}&=\boldsymbol{P}^{-1}\boldsymbol{A}\boldsymbol{P}\\ \bar{\boldsymbol{B}}&=\boldsymbol{P}^{-1}\boldsymbol{B}\\ \bar{\boldsymbol{C}}&=\boldsymbol{C}\boldsymbol{P}\end{aligned}\right\} \tag{2-23}$$

对状态空间作某种坐标变换将引起系统状态空间表达式的 $\boldsymbol{A}$ 阵作相似变换，$\boldsymbol{B}$ 阵和 $\boldsymbol{C}$ 阵分别作相应的行变换和列变换。经过这种变换所得到系统与原系统等价。这是线性系统分析和综合问题的基本手段。

2.3.2　状态空间表达式变换为对角线标准形(Diagonal Canonical Form，DCF)

定理 2-1　对于线性定常连续系统

$$\left.\begin{aligned}\dot{\boldsymbol{x}}&=\boldsymbol{A}\boldsymbol{x}+\boldsymbol{B}u\\ \boldsymbol{y}&=\boldsymbol{C}\boldsymbol{x}\end{aligned}\right\}\tag{2-24}$$

若 $\boldsymbol{A}$ 的特征值是互异的，则必存在非奇异变换阵 $\boldsymbol{P}$

$$\boldsymbol{x}=\boldsymbol{P}\bar{\boldsymbol{x}}$$

使之将原状态空间表达式(2-20)表换为对角线标准形

$$\dot{\bar{\boldsymbol{x}}}=\bar{\boldsymbol{A}}\bar{\boldsymbol{x}}+\bar{\boldsymbol{B}}u$$

$$\boldsymbol{y}=\bar{\boldsymbol{C}}\bar{\boldsymbol{x}}$$

其中

$$\bar{\boldsymbol{A}}=\boldsymbol{P}^{-1}\boldsymbol{A}\boldsymbol{P}=\begin{bmatrix}\lambda_1 & & & 0\\ & \lambda_2 & & \\ & & \ddots & \\ 0 & & & \lambda_n\end{bmatrix}$$

$$\bar{\boldsymbol{B}}=\boldsymbol{P}^{-1}\boldsymbol{B}$$

$$\bar{\boldsymbol{C}}=\boldsymbol{C}\boldsymbol{P}$$

式中，$\lambda_i=(i=1,2,\cdots,n)$是矩阵 $\boldsymbol{A}$ 的特征值；变换矩阵 $\boldsymbol{P}$ 由 $\boldsymbol{A}$ 的特征向量 $v_1,v_2,\cdots,v_n$ 构造，即

$$\boldsymbol{P}=[v_1\quad v_2\quad \cdots\quad v_n]$$

$v_1,v_2,\cdots,v_n$ 分别为对应于特征值 $\lambda_1,\lambda_2,\cdots,\lambda_n$ 的特征向量。证明（略）。

2.3.3 状态空间表达式变换为约当标准形(Jordan Canonical Form,JCF)

1.**A** 阵为任意形式时

系统的 $\boldsymbol{A}$ 阵若具有重特征值，能否化为对角阵，对于这个问题分为两种情况来讨论。

(1)$\boldsymbol{A}$ 阵虽有重特征值，但矩阵 $\boldsymbol{A}$ 仍然有 n 个独立的特征向量，对于这种情况就同特征值互异时一样，仍可把矩阵 $\boldsymbol{A}$ 化为对角线标准形。如

$$\boldsymbol{A}=\begin{bmatrix}1 & 0 & -1\\ 0 & 1 & 0\\ 0 & 0 & 2\end{bmatrix}$$

其特征值为 $\lambda_1=1,\lambda_2=1,\lambda_3=2$。对应于 λ_1 的特征向量由下列方程求得：

$$(\lambda_1\boldsymbol{I}-\boldsymbol{A})\boldsymbol{v}=\begin{bmatrix}0 & 0 & 1\\ 0 & 0 & 0\\ 0 & 0 & -1\end{bmatrix}\begin{bmatrix}v_{11}\\ v_{21}\\ v_{31}\end{bmatrix}=0$$

由此可见，$(\lambda_1\boldsymbol{I}-\boldsymbol{A})$的秩是 1，$\boldsymbol{v}$ 有两个独立解。因此对应于 $\lambda_1=\lambda_2=1$ 的独立特征向量有两个，即

$$\boldsymbol{v}_1=\begin{bmatrix}1\\ 0\\ 0\end{bmatrix},\qquad \boldsymbol{v}_2=\begin{bmatrix}0\\ 1\\ 0\end{bmatrix}$$

加上对应于 $\lambda_3=2$ 的特征值向量

$$\boldsymbol{v}_3=\begin{bmatrix}-1\\ 0\\ 1\end{bmatrix}$$

故可构成变换矩阵

$$P=[v_1 \quad v_2 \quad v_3]=\begin{bmatrix}1 & 0 & -1\\ 0 & 1 & 0\\ 0 & 0 & 1\end{bmatrix}$$

变换后的矩阵

$$\bar{A}=P^{-1}AP=\begin{bmatrix}1 & 0 & 0\\ 0 & 1 & 0\\ 0 & 0 & 2\end{bmatrix}$$

显然，对于这种情况，**A** 虽有重特征值，但仍能变换为对角线标准形。

(2)**A** 阵具有 m 重实数特征值 λ_1，其余为 $(n-m)$ 个互异实数特征值，重特征值所对应的独立特征向量的个数小于 m，对于这种情况，**A** 阵虽不能变换为对角线标准形，但是可以证明，它能变换为约当标准形。

$$J=P^{-1}AP=\begin{bmatrix}\lambda_1 & 1 & & & & \\ & \lambda_1 & \ddots & & & \\ & & \ddots & 1 & & \\ & & & \lambda_1 & & \\ & & & & \lambda_{(m+1)} & \\ & & & & & \lambda_n\end{bmatrix}$$

$$P=[p_1 \quad p_2 \quad \cdots \quad p_m \mid p_{m+1} \quad \cdots \quad p_n]$$

例 2-5　已知

$$A=\begin{bmatrix}0 & 1 & 0\\ 0 & 0 & 1\\ 2 & -5 & 4\end{bmatrix}$$

试化 **A** 阵为约当标准形，并求出 **P** 阵。

解　其特征值 $\lambda_1=\lambda_2=1$，$\lambda_3=2$。

由于　　$\mathrm{rank}[\lambda_1 I-A]=2$

所以对应于 $\lambda=1$ 的独立解的个数为 $n-\mathrm{rank}=1$，只有一个。

对于这种情况：

首先，求出特征向量 P_1

$$(\lambda_1 I-A)P_1=0=\begin{bmatrix}1 & -1 & 0\\ 0 & 1 & -1\\ -2 & 5 & -3\end{bmatrix}\begin{bmatrix}P_{11}\\ P_{21}\\ P_{31}\end{bmatrix}$$

$$P_1=\begin{bmatrix}1\\ 1\\ 1\end{bmatrix}$$

然后，构造“广义特征向量(Generalized Eigenvector)”得到特征向量 P_2，

$$(\lambda_1 I-A)P_2=-P_1$$

$$P_2=\begin{bmatrix}-1\\ 0\\ 1\end{bmatrix}$$

同理，可得到

$$\boldsymbol{P}_3=\begin{bmatrix}1\\2\\4\end{bmatrix}$$

则

$$\boldsymbol{P}=\begin{bmatrix}1 & -1 & 1\\1 & 0 & 2\\1 & 1 & 4\end{bmatrix},\quad \bar{\boldsymbol{A}}=\begin{bmatrix}1 & 1 & 0\\0 & 1 & 0\\0 & 0 & 2\end{bmatrix}$$

显然，用这个变换矩阵进行变换，所得到的矩阵不会再是一个对角线矩阵，而是一种和对角线矩阵十分相近似的矩阵——约当矩阵。

2. **A** 阵为友矩阵时

$$\boldsymbol{A}=\begin{bmatrix}0 & 1 & 0 & \cdots & 0\\0 & 0 & 1 & \cdots & 0\\\vdots & \vdots & \vdots & & \vdots\\0 & 0 & 0 & \cdots & 1\\-a_0 & -a_1 & -a_2 & \cdots & -a_{n-1}\end{bmatrix}$$

(1)**A** 阵的特征根无重根时，变换矩阵 **P** 是一个范德蒙(Vanermonde)矩阵，则

$$\boldsymbol{P}=\begin{bmatrix}1 & 1 & \cdots & 1\\\lambda_1 & \lambda_2 & \cdots & \lambda_n\\\lambda_1^2 & \lambda_2^2 & \cdots & \lambda_n^2\\\vdots & \vdots & & \vdots\\\lambda_1^{n-1} & \lambda_2^{n-1} & \cdots & \lambda_n^{n-1}\end{bmatrix} \tag{2-25}$$

式中，$\lambda_1,\lambda_2,\cdots\lambda_n$ 是矩阵 **A** 的互异特征值。

(2)**A** 阵的特征根有重根时，设 λ_1 为三重根，则

$$\boldsymbol{P}=\begin{bmatrix}1 & 0 & 0 & 1 & \cdots & 1\\\lambda_1 & 1 & 0 & \lambda_4 & \cdots & \lambda_n\\\lambda_1^2 & 2\lambda_1 & 1 & \lambda_4^2 & \cdots & \lambda_n^2\\\vdots & \vdots & \vdots & \vdots & & \vdots\\\lambda_1^{n-1} & \frac{\mathrm{d}}{\mathrm{d}\lambda_1}(\lambda_1^{n-1}) & \frac{1}{2}\frac{\mathrm{d}^2}{\mathrm{d}\lambda_1^2}(\lambda_1^{n-1}) & \lambda_4^{n-1} & \cdots & \lambda_n^{n-1}\end{bmatrix} \tag{2-26}$$

(3)**A** 阵的特征根包含有共轭复根，设四阶系统其中有一对共轭复根，$\lambda_{1,2}=\sigma\pm\mathrm{j}\omega$，$\lambda_3\neq\lambda_4$，则

$$\boldsymbol{P}=\begin{bmatrix}1 & 0 & 1 & 1\\\sigma & \omega & \lambda_3 & \lambda_4\\\sigma^2-\omega^2 & 2\sigma\omega & \lambda_3^2 & \lambda_4^2\\\sigma^3-3\sigma\omega^2 & 3\sigma^2\omega-\omega^3 & \lambda_3^3 & \lambda_4^3\end{bmatrix} \tag{2-27}$$

此时

$$P^{-1}AP=\begin{bmatrix}\sigma & \omega & 0 & 0\\ -\omega & \sigma & 0 & 0\\ 0 & 0 & \lambda_3 & 0\\ 0 & 0 & 0 & \lambda_4\end{bmatrix} \tag{2-28}$$

2.3.4　非奇异线性变换的不变特性

控制系统的固有特性包括特征值、传递矩阵、可控性、可观测性。

(1)变换后系统特征值不变。

$$|\lambda I-\bar{A}|=|\lambda I-A|$$

(2)非奇异线性变换后系统传递矩阵不变。

$$\bar{G}(s)=G(s)$$

(3)非奇异线性变换后系统能控性不变。

(4)非奇异线性变换后系统能观测性不变。

2.4 组合系统的状态空间表达式

由一些子系统按一定规律联结构成的系统称之为组合系统。实际上，一个真实的控制系统往往就是一个组合系统，或者可以表示为组合系统。对于一个组合系统，其状态空间表达式可以按照前面所介绍的方法列写，本节将介绍另一种方法，即从子系统的状态空间表达式出发，按照子系统的联结特点直接建立整个系统的状态空间表达式。

2.4.1　并联联结

设子系统 S_1，S_2 分别为 n_1 维和 n_2 维，其状态空间表达式分别为

$$\left.\begin{aligned}\dot{x}_1&=A_1x_1+B_1u_1\\ y_1&=C_1x_1+D_1u_1\end{aligned}\right\} \tag{2-29}$$

$$\left.\begin{aligned}\dot{x}_2&=A_2x_2+B_2u_2\\ y_2&=C_2x_2+D_2u_2\end{aligned}\right\} \tag{2-30}$$

经并联联结构成的组合系统 S，如图 2-10 所示。

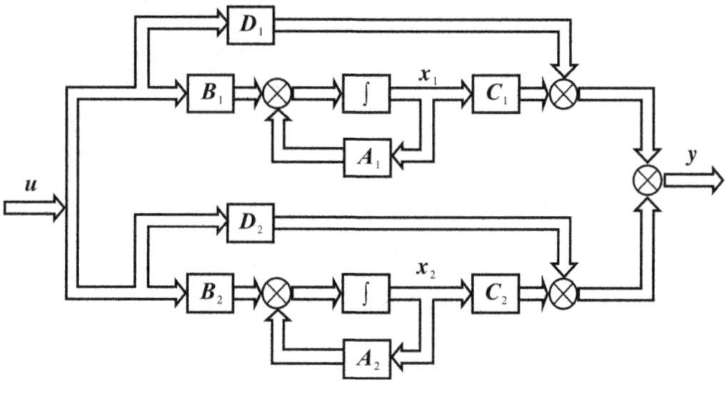

图 2-10　并联组合系统示意图

从图 2-10 可知，$u_1=u_2=u$，$y=y_1+y_2$，于是组合系统的状态方程可导出为

$$\begin{bmatrix}\dot{\boldsymbol{x}}_1\\ \dot{\boldsymbol{x}}_2\end{bmatrix}=\begin{bmatrix}\boldsymbol{A}_1 & \boldsymbol{O}\\ \boldsymbol{O} & \boldsymbol{A}_2\end{bmatrix}\begin{bmatrix}\boldsymbol{x}_1\\ \boldsymbol{x}_2\end{bmatrix}+\begin{bmatrix}\boldsymbol{B}_1\\ \boldsymbol{B}_2\end{bmatrix}\boldsymbol{u}$$

$$\boldsymbol{y}=\boldsymbol{C}_1\boldsymbol{x}_1+\boldsymbol{D}_1\boldsymbol{u}_1+\boldsymbol{C}_2\boldsymbol{x}_2+\boldsymbol{D}_2\boldsymbol{u}_2=[\boldsymbol{C}_1\quad \boldsymbol{C}_2]\begin{bmatrix}\boldsymbol{x}_1\\ \boldsymbol{x}_2\end{bmatrix}+[\boldsymbol{D}_1\quad \boldsymbol{D}_2]\boldsymbol{u}$$

例 2-6 设子系统 S_1,S_2 的状态空间表达式分别为

$$\begin{bmatrix}\dot{x}_1\\ \dot{x}_2\end{bmatrix}=\begin{bmatrix}0 & 1\\ -2 & -3\end{bmatrix}\begin{bmatrix}x_1\\ x_2\end{bmatrix}+\begin{bmatrix}0\\ 1\end{bmatrix}\boldsymbol{u}$$

$$\boldsymbol{y}=[1\quad 0]\begin{bmatrix}x_1\\ x_2\end{bmatrix}$$

$$\begin{bmatrix}\dot{x}_3\\ \dot{x}_4\end{bmatrix}=\begin{bmatrix}0 & 1\\ -12 & -7\end{bmatrix}\begin{bmatrix}x_3\\ x_4\end{bmatrix}+\begin{bmatrix}0\\ 1\end{bmatrix}u$$

$$\boldsymbol{y}=[2\quad 1]\begin{bmatrix}x_3\\ x_4\end{bmatrix}$$

则组合系统为

$$\begin{bmatrix}\dot{x}_1\\ \dot{x}_2\\ \hdashline \dot{x}_3\\ \dot{x}_4\end{bmatrix}=\left[\begin{array}{cc:cc}0 & 1 & 0 & 0\\ -2 & -3 & 0 & 0\\ \hdashline 0 & 0 & 0 & 1\\ 0 & 0 & -12 & -7\end{array}\right]\begin{bmatrix}x_1\\ x_2\\ x_3\\ x_4\end{bmatrix}+\begin{bmatrix}0\\ 1\\ \hdashline 0\\ 1\end{bmatrix}\boldsymbol{u}$$

$$\boldsymbol{y}=\left[\begin{array}{cc:cc}1 & 0 & 2 & 1\end{array}\right]\begin{bmatrix}x_1\\ x_2\\ x_3\\ x_4\end{bmatrix}$$

2.4.2 串联联结

设子系统 S_1,S_2,其状态空间表达式为(2-29)和(2-30),经串联联结构成组合系统 Σ,如图 2-11 所示。

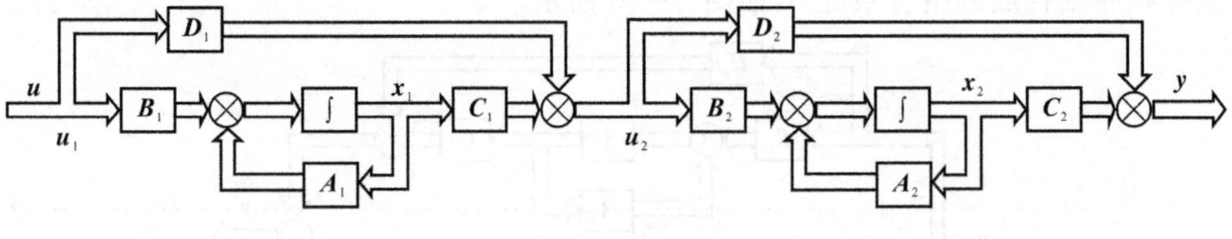

图 2-11 串连组合系统的示意图

从图 2-11 中可知,$\boldsymbol{u}_1=\boldsymbol{u}$,$\boldsymbol{u}_2=\boldsymbol{y}_1$,$\boldsymbol{y}_2=\boldsymbol{y}$,因此,组合系统 S 的状态空间表达式为

$$\dot{\boldsymbol{x}}_1=\boldsymbol{A}_1\boldsymbol{x}_1+\boldsymbol{B}_1\boldsymbol{u}_1=\boldsymbol{A}_1\boldsymbol{x}_1+\boldsymbol{B}_1\boldsymbol{u}$$

$$\dot{\boldsymbol{x}}_2=\boldsymbol{A}_2\boldsymbol{x}_2+\boldsymbol{B}_2\boldsymbol{u}_2=\boldsymbol{A}_2\boldsymbol{x}_2+\boldsymbol{B}_2\boldsymbol{y}_1=$$

$$\boldsymbol{A}_2\boldsymbol{x}_2+\boldsymbol{B}_2(\boldsymbol{C}_1\boldsymbol{x}_1+\boldsymbol{D}_1\boldsymbol{u})=$$

$$\boldsymbol{B}_2\boldsymbol{C}_1\boldsymbol{x}_1+\boldsymbol{A}_2\boldsymbol{x}_2+\boldsymbol{B}_2\boldsymbol{D}_1\boldsymbol{u}$$

$$\boldsymbol{y}=\boldsymbol{y}_2=\boldsymbol{C}_2\boldsymbol{x}_2+\boldsymbol{D}_2\boldsymbol{u}_2=$$

$$C_2x_2+D_2y_1=C_2x_2+D_2(C_1x_1+D_1u)=$$
$$D_2C_1x_1+C_2x_2+D_2D_1u$$

或写成

$$\begin{bmatrix}\dot{x}_1\\ \dot{x}_2\end{bmatrix}=\begin{bmatrix}A_1 & O\\ B_2C_1 & A_2\end{bmatrix}\begin{bmatrix}x_1\\ x_2\end{bmatrix}+\begin{bmatrix}B_1\\ B_2D_1\end{bmatrix}u$$

$$y=[D_2C_1\quad C_2]\begin{bmatrix}x_1\\ x_2\end{bmatrix}+D_2D_1u$$

2.4.3　反馈联结

反馈联结的结构图如图 2-12 所示。

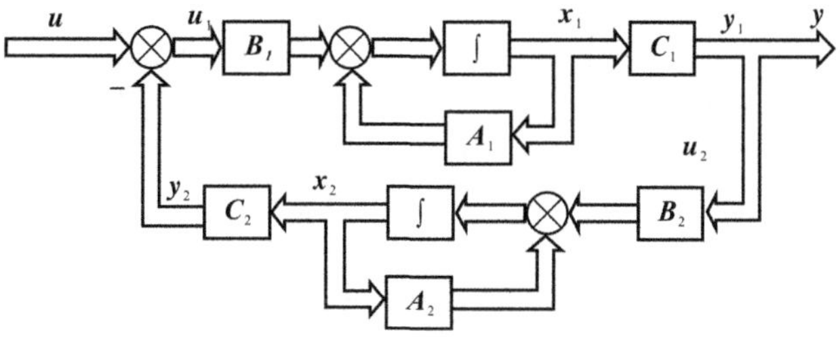

图 2-12　反馈联结的组合系统示意图

为简化起见，假定子系统 S_1，S_2 的状态空间表达式分别为

$$S_1:\dot{x}_1=A_1x_1+B_1u_1$$
$$y_1=C_1x_1$$
$$S_2:\dot{x}_2=A_2x_2+B_2u_2$$
$$y_2=C_2x_2$$

由图 2-12 知，$u_1=u-y_2$，$u_2=y$，$y=y_1$，由此导出反馈联结组合系统的状态空间表达式为

$$\dot{x}_1=A_1x_1+B_1(u-y_2)=$$
$$A_1x_1-B_1C_2x_2+B_1u$$
$$\dot{x}_2=A_2x_2+B_2u_2=$$
$$A_2x_2+B_2y=$$
$$B_2C_1x_1+A_2x_2$$
$$y=C_1x_1$$

或写成

$$\begin{bmatrix}\dot{x}_1\\ \dot{x}_2\end{bmatrix}=\begin{bmatrix}A_1 & -B_1C_2\\ B_2C_1 & A_2\end{bmatrix}\begin{bmatrix}x_1\\ x_2\end{bmatrix}+\begin{bmatrix}B_1\\ O\end{bmatrix}u$$

$$y=[C_1\quad O]\begin{bmatrix}x_1\\ x_2\end{bmatrix}$$

例 2-7　试建立如图 2-13 所示反馈系统的状态空间表达式。

解：对于子系统 S_1，其状态方程和输出方程为

$$\begin{bmatrix}\dot{x}_1\\ \dot{x}_2\end{bmatrix}=\begin{bmatrix}0 & 1\\ -2 & -3\end{bmatrix}\begin{bmatrix}x_1\\ x_2\end{bmatrix}+\begin{bmatrix}0\\ 1\end{bmatrix}u_1$$

$$y_1=x_1=\begin{bmatrix}1 & 0\end{bmatrix}\begin{bmatrix}x_1\\x_2\end{bmatrix}$$

对于子系统 S_2,其状态空间方程和输出方程为

$$\dot{x}_3=-3x_3+u_2$$
$$y_2=x_3$$

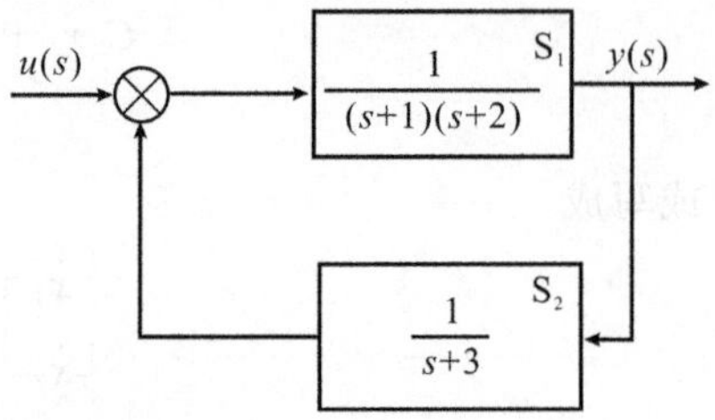

图 2-13　反馈系统

由前述,得

$$-B_1C_2=-\begin{bmatrix}0\\1\end{bmatrix}=\begin{bmatrix}0\\-1\end{bmatrix}$$

$$B_2C_1=\begin{bmatrix}1 & 0\end{bmatrix}$$

整个反馈系统的状态空间表达式为

$$\begin{bmatrix}\dot{x}_1\\\dot{x}_2\\\dot{x}_3\end{bmatrix}=\begin{bmatrix}0 & 1 & 0\\-2 & -3 & -1\\1 & 0 & -3\end{bmatrix}\begin{bmatrix}x_1\\x_2\\x_3\end{bmatrix}+\begin{bmatrix}0\\1\\0\end{bmatrix}u$$

$$y=\begin{bmatrix}1 & 0 & 0\end{bmatrix}\begin{bmatrix}x_1\\x_2\\x_3\end{bmatrix}$$

2.5 传递函数矩阵

系统状态空间表达式和系统传递函数阵都是控制系统经常使用的两种数学模型。状态空间表达式不但体现了系统输入/输出的关系,而且还清楚地表达了系统内部状态变量的关系。从传递函数矩阵到状态空间表达式是实现问题,过程复杂而非唯一,但从状态空间表达式到传递函数阵却是一个唯一而简单的过程。

2.5.1 定义及表达式

设多输入输出线性定常系统的状态空间表达式为

$$\dot{x}=Ax+Bu$$
$$y=Cx+Du$$

式中,x 为 n 维状态向量;y 为 q 维输出向量;u 为 p 维输入向量;相应地,A,B,C,D 分别为 $n\times n,n\times p,q\times n$ 及 $q\times p$ 阶矩阵。

对上式作拉氏变换,且假定系统的初始状态为零,有

$$sX(s)=AX(s)+BU(s)$$
$$Y(s)=CX(s)+DU(s)$$

式中,$X(s),U(s),Y(s)$分别是 x,u,y 的拉氏变换式。

解上式得

$$Y(s)=[C(sI-A)^{-1}B+D]U(s) \tag{2-31}$$

显然,$[C(sI-A)^{-1}B+D]$是一个 $q\times p$ 阶维矩阵,用符号 $G(s)$表示,且称之为系统的传递函数阵

$$G(s)=C(sI-A)^{-1}B+D=$$

$$\begin{bmatrix} G_{11}(s) & G_{12}(s) & \cdots & G_{1p}(s) \\ G_{21}(s) & G_{22}(s) & \cdots & G_{2p}(s) \\ \vdots & \vdots & & \vdots \\ G_{q1}(s) & G_{q2}(s) & \cdots & G_{qp}(s) \end{bmatrix} \tag{2-32}$$

顺便指出，传递函数阵中，第 i 行第 k 列的元素

$$G_{ik}(s)=\frac{Y_i(s)}{U_k(s)} \tag{2-33}$$

在物理上表示第 i 个输出变量中由第 k 个输入所引起的分量，也是它对第 k 个输入变量间的传递函数。

例 2-8 已知系统的状态空间表达式为

$$\dot{x}=Ax+Bu$$
$$y=Cx+Du$$

其中

$$A=\begin{bmatrix} -1 & 0 \\ 0 & -2 \end{bmatrix},\quad B=\begin{bmatrix} 1 & 0 \\ 0 & 1 \end{bmatrix},\quad C=\begin{bmatrix} 1 & 0 \\ 0 & 1 \end{bmatrix},\quad D=O$$

求系统的传递函数阵。

解：$[sI-A]=\begin{bmatrix} s+1 & 0 \\ 0 & s+2 \end{bmatrix}$

$$[sI-A]^{-1}=\frac{1}{|sI-A|}[sI-A]^{*}=\frac{1}{\begin{vmatrix} s+1 & 0 \\ 0 & s+2 \end{vmatrix}}\begin{bmatrix} s+2 & 0 \\ 0 & s+1 \end{bmatrix}=\begin{bmatrix} \frac{1}{s+1} & 0 \\ 0 & \frac{1}{s+2} \end{bmatrix}$$

$$W(s)=C[sI-A]^{-1}B+D=$$

$$\begin{bmatrix} 1 & 0 \\ 0 & 1 \end{bmatrix}\begin{bmatrix} \frac{1}{s+1} & 0 \\ 0 & \frac{1}{s+2} \end{bmatrix}\begin{bmatrix} 1 & 0 \\ 0 & 1 \end{bmatrix}=\begin{bmatrix} \frac{1}{s+1} & 0 \\ 0 & \frac{1}{s+2} \end{bmatrix}$$

2.5.2 传递函数(阵)的不变性

对于一个系统，尽管其状态空间表达式不是唯一的，但其传递函数阵是不变的。

证明：设系统的状态空间表达式为

$$\dot{x}=Ax+Bu$$
$$y=Cx+Du$$

导出的传递函数阵 $G(s)=C(sI-A)^{-1}B+D$。

若对此系统作线性变换 $x=P\bar{x}$，则可导出

$$\dot{\bar{x}}=\bar{A}\bar{x}+\bar{B}\bar{u}$$
$$y=\bar{C}\bar{x}+\bar{D}\bar{u}$$
$$\bar{A}=P^{-1}AP,\ \bar{B}=P^{-1}B,\ \bar{C}=CP,\ \bar{D}=D$$

此时得传递函数阵 $\bar{G}(s)$ 为

$$\bar{G}(s)=\bar{C}(sI-\bar{A})^{-1}\bar{B}+\bar{D}=$$

$$CP(sI-A)^{-1}P^{-1}B+D$$

根据矩阵求逆法则，将上式进一步写成

$$\begin{aligned}\bar{G}(s)=&C[P(sI-P^{-1}AP)P^{-1}]^{-1}B+D=\\&C[PsIP^{-1}-PP^{-1}APP^{-1}]^{-1}B+D=\\&C[sI-A]^{-1}B+D=G(s)\end{aligned}$$

习　题

2.1　RLC 无源网络如图 2-14 所示。已知 $R_1=R_2=1\ \Omega$，$L_1=L_2=1\ \mathrm{H}$，$C=1\ \mu\mathrm{F}$，若以电压 $u(t)$ 为输入，流过电阻 R_2 的电流 i_2 为输出，并选取状态变量为 $x_1=i_1$，$x_2=i_2$，$x_3=u_c$，试建立系统的状态方程和输出方程。

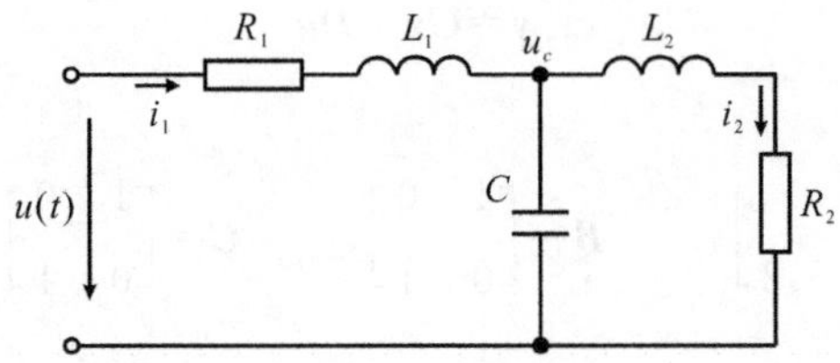

图 2-14　RLC 无源网络

2.2　考虑如图 2-15 所示的质量弹簧系统。其中，m 为运动物体的质量，k 为弹簧的弹性系数，h 为阻尼器的阻尼系数，f 为系统所受外力。取物体的位移为状态变量 x_1，速度为状态变量 x_2，并取位移为系统输出 y，外力为系统输入 u，试建立系统状态空间表达式。

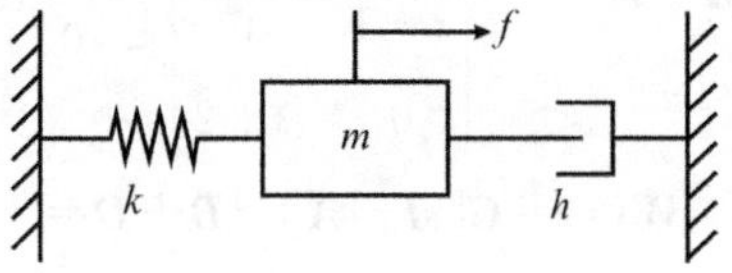

图 2-15　质量弹簧系统

2.3　已知系统的输入输出表达式为

$$\dddot{y}+16\ddot{y}+194\dot{y}+640y=4\ddot{u}+160\dot{u}+720u$$

试列写系统的状态空间表达式。

2.4　已知系统的输入输出表达式为

$$G(s)=\frac{3(s+5)}{(s+3)^2(s+1)}$$

试列写系统的状态空间表达式。

2.5　已知系统 S_1 的状态空间表达式

$$\dot{x}=\begin{bmatrix}0 & 1\\-3 & -5\end{bmatrix}x+\begin{bmatrix}0\\1\end{bmatrix}u,\quad y=[5\quad 2]x+u$$

试求与 S_1 互为对偶系统的状态空间表达式。

2.6　已知系统状态空间描述中的各矩阵为

$$A=\begin{bmatrix}0 & 1\\-2 & -3\end{bmatrix},\quad B=\begin{bmatrix}1 & 0\\1 & 1\end{bmatrix},C=\begin{bmatrix}2 & 1\\1 & 1\\-2 & -1\end{bmatrix},\quad D=\begin{bmatrix}3 & 0\\0 & 0\\0 & 1\end{bmatrix}$$

求系统的传递函数矩阵 $\boldsymbol{G}(s)$。

2.7　控制系统结构图如图 2－16 所示，试根据图中标出的状态变量，建立系统(a)(b)(c)的状态空间表达式。

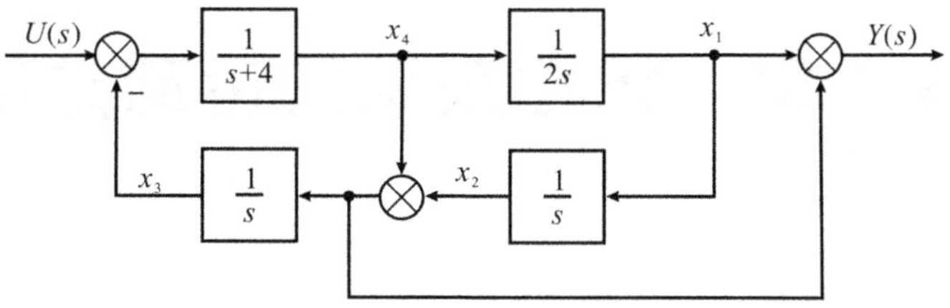

(a)

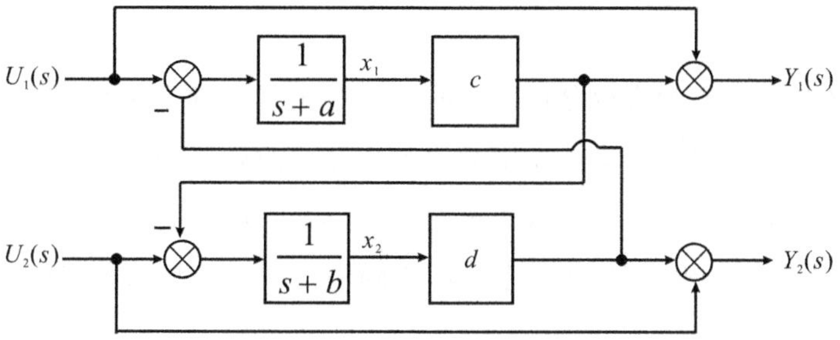

(b)

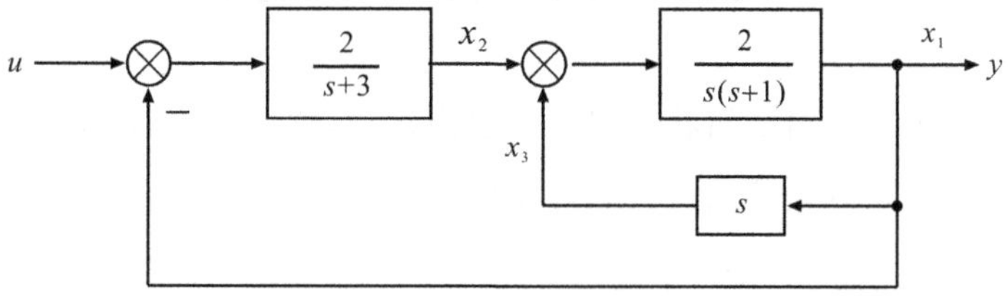

(c)

图 2－16　各系统的结构图

2.8　两个子系统串联，它们的状态空间表达式为

$$\Sigma_1: \dot{\boldsymbol{x}}_1 = \begin{bmatrix} 1 & -2 \\ 0 & -1 \end{bmatrix} \boldsymbol{x}_1 + \begin{bmatrix} 1 \\ 1 \end{bmatrix} \boldsymbol{u}_1, \quad \boldsymbol{y}_1 = \begin{bmatrix} 1 & 0 \end{bmatrix} \boldsymbol{x}_1$$

$$\Sigma_2: \dot{\boldsymbol{x}}_2 = \begin{bmatrix} -1 & 1 \\ 0 & -1 \end{bmatrix} \boldsymbol{x}_2 + \begin{bmatrix} 0 \\ 1 \end{bmatrix} \boldsymbol{u}_2, \quad \boldsymbol{y}_2 = \begin{bmatrix} 0 & 1 \end{bmatrix} \boldsymbol{x}_2$$

试求出串联后系统的状态空间表达式和传递函数。

第 3 章　线性系统的运动分析

状态空间表达式的建立为定量分析系统的运动奠定了基础。对系统运动的分析，实质上就是从状态空间描述出发研究由输入作用对初始状态的激励所引起的状态或输出响应，从而分析系统的运动形态和性能行为。从数学角度而言，运动分析的实质就是求解系统的状态方程，以解析解形式或数值分析形式，建立系统状态随输入和初始状态的演化规律。

3.1　线性定常系统齐次状态方程的解

齐次状态方程的解就是由初始状态引起的自由运动，称为自由解，又称为零输入响应。求解系统自由解的方法有矩阵指数函数法和反拉氏变换法。

1. 矩阵指数函数法（幂级数法）

(1)奇次标量微分方程的解。齐次标量微分方程

$$\dot{x}=ax$$

$$x(t)\big|_{t=0}=x_0 \tag{3-1}$$

其解一般可设为

$$x(t)=b_0+b_1t+b_2t^2+\cdots+b_kt^k+\cdots \tag{3-2}$$

式中，$b_0,b_1,\cdots,b_k,\cdots$为未定系数，为确定这些未定系数，将式(3-2)代入式(3-1)，有

$$b_1+2b_2t+\cdots+kb_kt^{k-1}+\cdots=ab_0+ab_1t+ab_2t^2+\cdots+ab_kt^k+\cdots \tag{3-3}$$

使 t 的同幂次项的系数相等

$$b_1=ab_0$$

$$b_2=\frac{1}{2}ab_1=\frac{1}{2}a^2b_0$$

$$b_3=\frac{1}{3}ab_2=\frac{1}{3\times 2}a^3b_0$$

$$\vdots$$

$$b_k=\frac{1}{k_1}a^kb_0$$

为求得 b_0，将 $t=0$ 代入式(3-3)，有 $x_0=b_0$

因此

$$x(t)=\left(1+at+\frac{1}{2!}a^2t^2+\cdots+\frac{1}{k!}a^kt^k+\cdots\right)x_0=e^{at}x_0 \tag{3-4}$$

(2)矩阵微分方程的解。设矩阵微分方程及初始条件分别为

$$\dot{\boldsymbol{x}}(t)=\boldsymbol{A}\boldsymbol{x}(t) \tag{3-5}$$

$$\boldsymbol{x}(t)\big|_{t=0}=\boldsymbol{x}_0 \tag{3-6}$$

仿照标量微分方程的解法,设方程式(3-5)的解为

$$\boldsymbol{x}(t)=b_0+b_1t+b_2t^2+\cdots+b_kt^k+\cdots \tag{3-7}$$

代入方程式(3-5),有

$$b_1+2b_2t+3b_3t^2+\cdots+kb_kt^{k-1}+\cdots=\boldsymbol{A}(b_0+b_1t+b_2t^2+\cdots+b_kt^k+\cdots)$$

从而有

$$\left.\begin{aligned} &b_1=\boldsymbol{A}b_0\\ &b_2=\frac{1}{2}\boldsymbol{A}b_1=\frac{1}{2}\boldsymbol{A}^2b_0\\ &\cdots\\ &b_k=\frac{1}{k!}\boldsymbol{A}^kb_0 \end{aligned}\right\} \tag{3-8}$$

在式(3-7)中令 $t=0$,有

$$\boldsymbol{x}_0=b_0$$

将 b_0 代入,最后的方程(3-5)的解就为

$$\boldsymbol{x}(t)=\left(\boldsymbol{I}+\boldsymbol{A}t+\frac{1}{2!}\boldsymbol{A}^2t^2+\cdots+\frac{1}{k!}\boldsymbol{A}^kt^k+\cdots\right)x_0=\sum_{k=0}^{\infty}\frac{1}{k!}\boldsymbol{A}^kt^kx_0 \tag{3-9}$$

式(3-9)右边括号内的展开式是一个 $n\times n$ 阶矩阵,它类似于标量指数函数的级数展开式,因此称此展开式为矩阵指数函数,记为 $e^{\boldsymbol{A}t}$,即

$$e^{\boldsymbol{A}t}=\boldsymbol{I}+\boldsymbol{A}t+\frac{1}{2!}\boldsymbol{A}^2t^2+\cdots+\frac{1}{k!}\boldsymbol{A}^kt^k+\cdots=\sum_{k=0}^{\infty}\frac{1}{k!}\boldsymbol{A}^kt^k \tag{3-10}$$

于是式(3-9)可表示为

$$\boldsymbol{x}(t)=e^{\boldsymbol{A}t}\boldsymbol{x}_0\ (t\geqslant 0) \tag{3-11}$$

2. 反拉氏变换法

对式(3-5)两边取拉氏变换,有

$$s\boldsymbol{X}(s)-\boldsymbol{x}_0=\boldsymbol{A}\boldsymbol{X}(s)$$

$$(s\boldsymbol{I}-\boldsymbol{A})\boldsymbol{X}(s)=\boldsymbol{x}_0$$

$$\boldsymbol{X}(s)=(s\boldsymbol{I}-\boldsymbol{A})^{-1}\boldsymbol{x}_0 \tag{3-12}$$

有

$$\boldsymbol{x}(t)=\mathscr{L}^{-1}(s\boldsymbol{I}-\boldsymbol{A})^{-1}\boldsymbol{x}_0 \tag{3-13}$$

因此式(3-11)和式(3-13)都是状态方程式(3-5)的自由解。且有

$$e^{\boldsymbol{A}t}=\mathscr{L}^{-1}\left[(s\boldsymbol{I}-\boldsymbol{A})^{-1}\right] \tag{3-14}$$

3.2 矩阵指数函数

1.定义

设 $\boldsymbol{A}$ 为 $n\times n$ 阶的常数阵。则下列无穷幂级数

$$e^{\boldsymbol{A}t}=\boldsymbol{I}+\boldsymbol{A}t+\frac{1}{2!}\boldsymbol{A}^2t^2+\cdots=\sum_{k=0}^{\infty}\frac{1}{k!}\boldsymbol{A}^kt^k \tag{3-15}$$

称为矩阵指数函数,用符号 $e^{\boldsymbol{A}t}$ 表示。

显然,$e^{\boldsymbol{A}t}$ 和矩阵 $\boldsymbol{A}$ 一样,也是一个 $n\times n$ 阶的方阵,并且该幂级数对所有有限时间 t 是绝对收敛的,因此,$e^{\boldsymbol{A}t}$ 的每一个元素很容易用计算机算出。

2.矩阵指数函数的基本性质

(1)设 $\boldsymbol{A}$ 为 $n\times n$ 阶矩阵,t 和 s 为两个独立的变量,则有

$$e^{\boldsymbol{A}(t+s)}=e^{\boldsymbol{A}t}\cdot e^{\boldsymbol{A}s} \tag{3-16}$$

证明 根据定义

$$\begin{aligned}e^{\boldsymbol{A}t}\cdot e^{\boldsymbol{A}s}=&\left(\boldsymbol{I}+\boldsymbol{A}t+\frac{1}{2!}\boldsymbol{A}^2t^2+\cdots\right)\left(\boldsymbol{I}+\boldsymbol{A}s+\frac{1}{2!}\boldsymbol{A}^2s^2+\cdots\right)=\\&\boldsymbol{I}+\boldsymbol{A}(s+t)+\boldsymbol{A}^2\left(\frac{t^2}{2!}+ts+\frac{s^2}{2!}\right)+\\&\boldsymbol{A}^3\left(\frac{t^3}{3!}+\frac{1}{2!}t^2s+\frac{1}{2!}ts^2+\frac{s^3}{3!}\right)+\cdots=\\&\boldsymbol{I}+\boldsymbol{A}(t+s)+\boldsymbol{A}^2\ \frac{(t+s)^2}{2!}+\boldsymbol{A}^3\ \frac{(t+s)^3}{3!}+\cdots=e^{\boldsymbol{A}(t+s)}\end{aligned}$$

(2)

$$e^{\boldsymbol{A}0}=\boldsymbol{I} \tag{3-17}$$

只需要对定义式(3-15)的 t 令 $t=0$,即可得证。

(3)$e^{\boldsymbol{A}t}$ 总是非奇异的,必有逆存在,且逆为 $e^{-\boldsymbol{A}t}$,即

$$(e^{\boldsymbol{A}t})^{-1}=e^{-\boldsymbol{A}t} \tag{3-18}$$

证明 由性质(1)有
$$e^{\boldsymbol{A}(t+s)}=e^{\boldsymbol{A}t}\cdot e^{\boldsymbol{A}s}$$

对上式,令 $s=-t$,得

$$\boldsymbol{I}=e^{\boldsymbol{A}(t+s)}=e^{\boldsymbol{A}t}\cdot e^{\boldsymbol{A}s} \tag{3-19}$$

因 t,s 是标量,故有

$$e^{\boldsymbol{A}(t+s)}=e^{\boldsymbol{A}(s+t)}=e^{\boldsymbol{A}t}e^{\boldsymbol{A}s}$$

令 $s=-t$,得

$$e^{-\boldsymbol{A}t}\cdot e^{\boldsymbol{A}t}=e^{\boldsymbol{A}(-t+t)}=e^{\boldsymbol{A}0}=\boldsymbol{I} \tag{3-20}$$

(4)对于 $n\times n$ 阶方阵 $\boldsymbol{A}$ 和 $\boldsymbol{B}$,如果 $\boldsymbol{A}$ 和 $\boldsymbol{B}$ 是可交换的,即

$$\boldsymbol{AB}=\boldsymbol{BA}$$

则必成立

$$e^{(\boldsymbol{A}+\boldsymbol{B})t}=e^{\boldsymbol{A}t}\cdot e^{\boldsymbol{B}t} \tag{3-21}$$

证明 根据定义式

$$e^{(\boldsymbol{A}+\boldsymbol{B})t}=\boldsymbol{I}+(\boldsymbol{A}+\boldsymbol{B})t+\frac{1}{2!}(\boldsymbol{A}+\boldsymbol{B})^2t^2+\frac{1}{3!}(\boldsymbol{A}+\boldsymbol{B})^3t^3+\cdots=$$

$$\boldsymbol{I}+(\boldsymbol{A}+\boldsymbol{B})t+\frac{1}{2!}(\boldsymbol{A}+\boldsymbol{B})(\boldsymbol{A}+\boldsymbol{B})t^2+\frac{1}{3!}(\boldsymbol{A}+\boldsymbol{B})(\boldsymbol{A}+\boldsymbol{B})(\boldsymbol{A}+\boldsymbol{B})t^3+\cdots=$$

$$\boldsymbol{I}+(\boldsymbol{A}+\boldsymbol{B})t+\frac{1}{2!}(\boldsymbol{A}^2+\boldsymbol{AB}+\boldsymbol{BA}+\boldsymbol{B}^2)t^2+$$

$$\frac{1}{3!}(\boldsymbol{A}^3+\boldsymbol{A}^2\boldsymbol{B}+\boldsymbol{ABA}+\boldsymbol{AB}^2+\boldsymbol{BAB}+\boldsymbol{B}^2\boldsymbol{A}+\boldsymbol{B}^3)t^3+\cdots \qquad ①$$

$$\mathrm{e}^{\boldsymbol{A}t}\cdot\mathrm{e}^{\boldsymbol{B}t}=\left(\boldsymbol{I}+\boldsymbol{A}t+\frac{1}{2!}\boldsymbol{A}^2t^2+\frac{1}{3!}\boldsymbol{A}^3t^3+\cdots\right)\left(\boldsymbol{I}+\boldsymbol{B}t+\frac{1}{2!}\boldsymbol{B}^2t^2+\frac{1}{3!}\boldsymbol{B}^3t^3+\cdots\right)=$$

$$\boldsymbol{I}+(\boldsymbol{A}+\boldsymbol{B})t+\frac{1}{2!}(\boldsymbol{A}^2+2\boldsymbol{AB}+\boldsymbol{B}^2)t^2+$$

$$\left(\frac{1}{3!}\boldsymbol{A}^3+\frac{1}{2!}\boldsymbol{A}^2\boldsymbol{B}+\frac{1}{2!}\boldsymbol{AB}^2+\frac{1}{3!}\boldsymbol{B}^3\right)t^3+\cdots \qquad ②$$

将①②两式相减，得

$$\mathrm{e}^{(\boldsymbol{A}+\boldsymbol{B})t}-\mathrm{e}^{\boldsymbol{A}t}\cdot\mathrm{e}^{\boldsymbol{B}t}=$$

$$\frac{1}{2!}(\boldsymbol{BA}-\boldsymbol{AB})t^2+\frac{1}{3!}(\boldsymbol{BA}^2+\boldsymbol{ABA}+\boldsymbol{B}^2\boldsymbol{A}+\boldsymbol{BAB}-2\boldsymbol{A}^2\boldsymbol{B}-2\boldsymbol{AB}^2)t^3+\cdots$$

显然，只有 $\boldsymbol{AB}=\boldsymbol{BA}$，才有

$$\mathrm{e}^{(\boldsymbol{A}+\boldsymbol{B})t}-\mathrm{e}^{\boldsymbol{A}t}\cdot\mathrm{e}^{\boldsymbol{B}t}=\boldsymbol{O}$$

即

$$\mathrm{e}^{(\boldsymbol{A}+\boldsymbol{B})t}=\mathrm{e}^{\boldsymbol{A}t}\cdot\mathrm{e}^{\boldsymbol{B}t}$$

否则

$$\mathrm{e}^{(\boldsymbol{A}+\boldsymbol{B})t}-\mathrm{e}^{\boldsymbol{A}t}\cdot\mathrm{e}^{\boldsymbol{B}t}\neq\boldsymbol{O}$$

$$\mathrm{e}^{(\boldsymbol{A}+\boldsymbol{B})t}\neq\mathrm{e}^{\boldsymbol{A}t}\cdot\mathrm{e}^{\boldsymbol{B}t}$$

(5)对矩阵指数函数 $\mathrm{e}^{\boldsymbol{A}t}$，有

$$\frac{\mathrm{d}}{\mathrm{d}t}\mathrm{e}^{\boldsymbol{A}t}=\boldsymbol{A}\mathrm{e}^{\boldsymbol{A}t}=\mathrm{e}^{\boldsymbol{A}t}\cdot\boldsymbol{A} \qquad (3-22)$$

证明　根据定义式 $\mathrm{e}^{\boldsymbol{A}t}=\boldsymbol{I}+\boldsymbol{A}t+\frac{1}{2!}\boldsymbol{A}^2t^2+\frac{1}{3!}\boldsymbol{A}^3t^3+\cdots$，由于此无穷级数对有限值 t 是绝对均匀收敛的，所以可将上式逐项对 t 求导，有

$$\frac{\mathrm{d}}{\mathrm{d}t}\mathrm{e}^{\boldsymbol{A}t}=\boldsymbol{A}+\boldsymbol{A}^2t+\frac{1}{2!}\boldsymbol{A}^3t^2+\cdots=\boldsymbol{A}\left(\boldsymbol{I}+\boldsymbol{A}t+\frac{1}{2!}\boldsymbol{A}^2t^2+\cdots\right)=$$

$$\left(\boldsymbol{I}+\boldsymbol{A}t+\frac{1}{2!}\boldsymbol{A}^2t^2+\cdots\right)\boldsymbol{A}=\mathrm{e}^{\boldsymbol{A}t}\cdot\boldsymbol{A}$$

3. 特征值标准形的矩阵指数函数

(1)若 $\boldsymbol{A}$ 为 $n\times n$ 阶对角线矩阵，即

$$\boldsymbol{A}=\begin{bmatrix}\lambda_1 & & & 0\\ & \lambda_2 & & \\ & & \ddots & \\ 0 & & & \lambda_n\end{bmatrix} \qquad (3-23)$$

则 $\mathrm{e}^{\boldsymbol{A}t}$ 也为对角线矩阵，且

$$e^{\boldsymbol{A}t}=\begin{bmatrix} e^{\lambda_1 t} & & & 0 \\ & e^{\lambda_2 t} & & \\ & & \ddots & \\ 0 & & & e^{\lambda_n t} \end{bmatrix} \tag{3-24}$$

(2)若 $\boldsymbol{A}_i$ 是一个 $m\times m$ 的约当块，即

$$\boldsymbol{A}_i=\underbrace{\begin{bmatrix} \lambda_i & 1 & 0 & \cdots & 0 & 0 \\ 0 & \lambda_i & 1 & \cdots & 0 & 0 \\ \vdots & \vdots & \vdots & & \vdots & \vdots \\ 0 & 0 & 0 & \cdots & \lambda_i & 1 \\ 0 & 0 & 0 & \cdots & 0 & \lambda_i \end{bmatrix}}_{m}\Bigg\} m \tag{3-25}$$

则

$$e^{\boldsymbol{A}_i t}=e^{\lambda_i t}\begin{bmatrix} 1 & t & \frac{1}{2!}t^2 & \cdots & \frac{1}{(m-2)!}t^{(m-2)} & \frac{1}{(m-1)!}t^{(m-1)} \\ 0 & 1 & t & \cdots & \frac{1}{(m-3)!}t^{(m-3)} & \frac{1}{(m-2)!}t^{(m-2)} \\ \vdots & \vdots & & & \vdots & \vdots \\ \vdots & \vdots & & & t & \vdots \\ 0 & 0 & \cdots & \cdots & 1 & t \\ 0 & 0 & \cdots & \cdots & 0 & 1 \end{bmatrix} \tag{3-26}$$

(3)约当矩阵的指数函数。设矩阵 $\boldsymbol{A}$ 是一个约当矩阵

$$\boldsymbol{A}=\begin{bmatrix} \boldsymbol{A}_1 & 0 & \cdots & 0 \\ 0 & \boldsymbol{A}_2 & \cdots & 0 \\ \vdots & \vdots & & \vdots \\ 0 & 0 & \cdots & \boldsymbol{A}_l \end{bmatrix} \tag{3-27}$$

其中 $\boldsymbol{A}_1,\boldsymbol{A}_2,\cdots,\boldsymbol{A}_l$ 代表约当块，则

$$e^{\boldsymbol{A}t}=\begin{bmatrix} e^{\boldsymbol{A}_1 t} & & & 0 \\ & e^{\boldsymbol{A}_2 t} & & \\ & & \ddots & \\ 0 & & & e^{\boldsymbol{A}_l t} \end{bmatrix} \tag{3-28}$$

其中 $e^{\boldsymbol{A}_1 t},e^{\boldsymbol{A}_2 t},\cdots,e^{\boldsymbol{A}_l t}$ 是由式(3-26)所表示的矩阵。

例如

$$\boldsymbol{A}=\left[\begin{array}{c:ccc} 3 & 0 & 0 & 0 \\ \hdashline 0 & -2 & 1 & 0 \\ 0 & 0 & -2 & 1 \\ 0 & 0 & 0 & -2 \end{array}\right]$$

根据式(3-28)，可以很方便地写出

$$e^{At}=\left[\begin{array}{c:ccc} e^{3t} & 0 & 0 & 0 \\ \hdashline 0 & e^{-2t} & te^{-2t} & \frac{t^2}{2}e^{-2t} \\ 0 & 0 & e^{-2t} & te^{-2t} \\ 0 & 0 & 0 & e^{-2t} \end{array}\right]$$

4. 矩阵指数函数的计算方法

(1) 按照 e^{At} 的定义计算

$$e^{At}=\boldsymbol{I}+\boldsymbol{A}t+\frac{1}{2!}\boldsymbol{A}^2t^2+\frac{1}{3!}\boldsymbol{A}^3t^3+\cdots \tag{3-29}$$

例3-1　设

$$\boldsymbol{A}=\begin{bmatrix} 0 & 1 \\ -2 & -3 \end{bmatrix}$$

则

$$e^{At}=\begin{bmatrix} 1 & 0 \\ 0 & 1 \end{bmatrix}+\begin{bmatrix} 0 & 1 \\ -2 & -3 \end{bmatrix}t+\begin{bmatrix} -2 & -3 \\ 6 & 7 \end{bmatrix}\frac{t^2}{2!}+\cdots=$$

$$\begin{bmatrix} 1-t^2+\cdots & t-\frac{3}{2}t^2+\cdots \\ -2t+3t^2+\cdots & 1-3t+\cdots \end{bmatrix}$$

此法通常难获得解析形式的结果，但由于计算步骤简单，程序容易编制，适合于计算机计算。

(2) 按照 $(s\boldsymbol{I}-\boldsymbol{A})^{-1}$ 的拉氏反变换计算

$$e^{At}=\mathscr{L}^{-1}[(s\boldsymbol{I}-\boldsymbol{A})^{-1}] \tag{3-30}$$

若用此法计算例3-1，则有

$$(s\boldsymbol{I}-\boldsymbol{A})=\begin{bmatrix} s & -1 \\ 2 & s+3 \end{bmatrix}$$

$$|s\boldsymbol{I}-\boldsymbol{A}|=s^2+3s+2=(s+1)(s+2)$$

$$(s\boldsymbol{I}-\boldsymbol{A})^{-1}=\begin{bmatrix} \frac{s+3}{(s+1)(s+2)} & \frac{1}{(s+1)(s+2)} \\ \frac{-2}{(s+1)(s+2)} & \frac{s}{(s+1)(s+2)} \end{bmatrix}$$

$$e^{At}=\mathscr{L}^{-1}[(s\boldsymbol{I}-\boldsymbol{A})^{-1}]=\mathscr{L}^{-1}\begin{bmatrix} \frac{s+3}{(s+1)(s+2)} & \frac{1}{(s+1)(s+2)} \\ \frac{-2}{(s+1)(s+2)} & \frac{s}{(s+1)(s+2)} \end{bmatrix}=$$

$$\begin{bmatrix} 2e^{-t}-e^{-2t} & e^{-t}-e^{-2t} \\ -2e^{-t}+2e^{-2t} & -e+2e^{-2t} \end{bmatrix}$$

(3) 特征值法。若 $\boldsymbol{A}$ 的特征值互异，$\lambda=\lambda_i$，$i=1,2,\cdots,n$，且 $\boldsymbol{P}$ 是使 $\boldsymbol{A}$ 变换为对角线标准形的变换阵，则

$$e^{At}=P\begin{bmatrix} e^{\lambda_1 t} & & & 0 \\ & e^{\lambda_2 t} & & \\ & & \ddots & \\ 0 & & & e^{\lambda_n t} \end{bmatrix}P^{-1} \tag{3-31}$$

证明　因为 $\boldsymbol{A}$ 的特征值互异，故可经线性变换化为对角线标准形 $\overline{\boldsymbol{A}}$。

由对角线标准形 $\overline{\boldsymbol{A}}$ 的矩阵指数函数可知

$$e^{\overline{A}t}=\begin{bmatrix} e^{\lambda_1 t} & & & 0 \\ & e^{\lambda_2 t} & & \\ & & \ddots & \\ 0 & & & e^{\lambda_n t} \end{bmatrix}$$

且

$$\begin{aligned} e^{\overline{A}t} &= I+\overline{A}t+\frac{1}{2!}\overline{A}^2t^2+\cdots= \\ & I+P^{-1}APt+\frac{1}{2!}P^{-1}A^2Pt^2+\cdots= \\ & P^{-1}\left(I+At+\frac{1}{2!}A^2t^2+\cdots\right)P=P^{-1}e^{At}P \end{aligned}$$

于是

$$P^{-1}e^{At}P=\begin{bmatrix} e^{\lambda_1 t} & & & 0 \\ & e^{\lambda_2 t} & & \\ & & \ddots & \\ 0 & & & e^{\lambda_n t} \end{bmatrix}$$

即

$$e^{At}=P\begin{bmatrix} e^{\lambda_1 t} & & & 0 \\ & e^{\lambda_2 t} & & \\ & & \ddots & \\ 0 & & & e^{\lambda_n t} \end{bmatrix}P^{-1}$$

仍以例 3-1 为例。$\boldsymbol{A}$ 的特征值分别为 $\lambda_1=-1,\lambda_2=-2$，且可以确定出将 $\boldsymbol{A}$ 阵化为对角线型的变换矩阵 $\boldsymbol{P}$ 及 $\boldsymbol{P}^{-1}$ 分别为

$$P=\begin{bmatrix} 1 & 1 \\ -1 & -2 \end{bmatrix},P^{-1}=\begin{bmatrix} 2 & 1 \\ -1 & -1 \end{bmatrix}$$

故有

$$\begin{aligned} e^{At} &= P\begin{bmatrix} e^{\lambda_1 t} & 0 \\ 0 & e^{\lambda_2 t} \end{bmatrix}P^{-1}= \\ & \begin{bmatrix} 1 & 1 \\ -1 & -2 \end{bmatrix}\begin{bmatrix} e^{-t} & 0 \\ 0 & e^{-2t} \end{bmatrix}\begin{bmatrix} 2 & 1 \\ -1 & -1 \end{bmatrix}= \\ & \begin{bmatrix} 2e^{-t}-e^{-2t} & e^{-t}-e^{-2t} \\ -2e^{-t}+2e^{-2t} & -e^{-t}+2e^{-2t} \end{bmatrix} \end{aligned}$$

若矩阵 $\boldsymbol{A}_i$ 具有 n 重特征值 λ_i，则

$$e^{A_i t}=P\begin{bmatrix} e^{\lambda_i t} & te^{\lambda_i t} & \cdots & \frac{1}{(n-1)!}t^{(n-1)}e^{\lambda_i t} \\ & e^{\lambda_i t} & \ddots & \vdots \\ & & \ddots & te^{\lambda_i t} \\ 0 & & & e^{\lambda_i t} \end{bmatrix}P^{-1} \tag{3-32}$$

其中，P 是化 A 为约当标准形的变换阵。

例 3-2　求矩阵

$$A=\begin{bmatrix} 0 & 1 & 0 \\ 0 & 0 & 1 \\ 2 & 3 & 0 \end{bmatrix}$$

的矩阵指数函数。

解　矩阵 A 的特征方程为

$$|\lambda I-A|=\lambda^3-3\lambda-2=(\lambda+1)^2(\lambda-2)=0$$

解之得，$\lambda_1=2$，$\lambda_2=\lambda_3=-1$。

同时化 A 为约当标准形的变换阵 P 为

$$P=\begin{bmatrix} 1 & 1 & 1 \\ 2 & -1 & 0 \\ 4 & 1 & -1 \end{bmatrix}$$

$$P^{-1}=\frac{1}{9}\begin{bmatrix} 1 & 2 & 1 \\ 2 & -5 & 2 \\ 6 & 3 & -3 \end{bmatrix}$$

于是

$$e^{At}=\frac{1}{9}\begin{bmatrix} 1 & 1 & 1 \\ 2 & -1 & 0 \\ 4 & 1 & -1 \end{bmatrix}\begin{bmatrix} e^{-2t} & 0 & 0 \\ 0 & e^{-t} & te^{-t} \\ 0 & 0 & e^{-t} \end{bmatrix}\begin{bmatrix} 1 & 2 & 1 \\ 2 & -5 & 2 \\ 6 & 3 & -3 \end{bmatrix}=$$

$$\frac{1}{9}\begin{bmatrix} e^{2t}+(8+6t)e^{-t} & 2e^{2t}+(-2+3t)e^{-t} & e^{2t}-(1+3t)e^{-t} \\ 2e^{2t}-(2+6t)e^{-t} & 4e^{2t}+(5-3t)e^{-t} & 2e^{2t}+(-2+3t)e^{-t} \\ 4e^{2t}+(-4+6t)e^{-t} & 8e^{2t}+(-8+3t)e^{-t} & 4e^{2t}+(5-3t)e^{-t} \end{bmatrix}$$

3.3　状态转移矩阵

状态转移矩阵是一个十分重要的概念，它可以给线性系统的运动以一个清晰的描述。更重要的是，只有采用状态转移矩阵才能使时变系统状态方程的解得以写成解析形式，从而有可能建立一种对定常系统和时变系统都适用的统一的求解公式。

1. 定义

已知齐次线性定常状态方程 $\dot{x}=Ax$ 的解为

$$x(t)=e^{At}x_0 \text{ 或者 } x(t)=e^{A(t-t_0)}x(t_0) \tag{3-33}$$

前已分析，e^{At} 是一个与矩阵 A 同阶的矩阵，且满足 $e^{A(t-t_0)}|_{t=t_0}=e^{A_0}=I$，故 e^{At} 就是一个

变换矩阵，它把初始状态向量 $\boldsymbol{x}_0$ 变换为另一状态向量 $\boldsymbol{x}(t)$。由于 e^{At} 是一个时间函数矩阵，于是随着时间的推移，将不断地把初始状态变换为一系列的状态向量，其矢端在状态空间形成一条轨迹。从这个意义上说，矩阵指数函数 e^{At} 起着一种状态转移的作用，因此把它称为状态转移矩阵(State Transition Matrix)，用符号 $\boldsymbol{\Phi}(t)$ 表示。

应当指出，矩阵指数函数 e^{At} 和状态转移矩阵 $\boldsymbol{\Phi}(t)$ 是从两个不同的角度所提出来的概念。矩阵指数函数 e^{At} 是一个数学函数的名称，而状态转移矩阵表征了初始状态 $\boldsymbol{x}_0$ 对某个 t 时刻的状态转移关系。当然，对于线性定常系统 $\dot{\boldsymbol{x}}=\boldsymbol{A}\boldsymbol{x}$，其状态转移矩阵 $\boldsymbol{\Phi}(t)$ 的数学表达式就是矩阵指数函数 e^{At}。

2. 状态转移矩阵的性质

(1) $\boldsymbol{\Phi}(0)\big|=\boldsymbol{I}$ (3-34)

(2) $\dot{\boldsymbol{\Phi}}(t)=\boldsymbol{A}\boldsymbol{\Phi}(t)=\boldsymbol{\Phi}(t)\boldsymbol{A}$ (3-35)

(3) $\boldsymbol{\Phi}(t_1+t_2)=\boldsymbol{\Phi}(t_1)\boldsymbol{\Phi}(t_2)=\boldsymbol{\Phi}(t_2)\boldsymbol{\Phi}(t_1)$ (3-36)

证明 由状态转移矩阵的定义有

$$\begin{aligned}\boldsymbol{\Phi}(t_1+t_2)&=e^{A(t_1+t_2)}=e^{At_1}e^{At_2}=\boldsymbol{\Phi}(t_1)\boldsymbol{\Phi}(t_2)\\ \boldsymbol{\Phi}(t_1+t_2)&=e^{A(t_2+t_1)}=e^{At_2}e^{At_1}=\boldsymbol{\Phi}(t_2)\boldsymbol{\Phi}(t_1)\end{aligned} \qquad (3-37)$$

(4) $\boldsymbol{\Phi}(t)$ 必有逆，且逆为 $\boldsymbol{\Phi}(-t)$，即

$$\boldsymbol{\Phi}^{-1}(t)=\boldsymbol{\Phi}(-t) \qquad (3-38)$$

证明 $\boldsymbol{\Phi}(t)$ 右乘 $\boldsymbol{\Phi}(-t)$，并应用性质(1)和性质(3)，有

$$\boldsymbol{\Phi}(t)\boldsymbol{\Phi}(-t)=\boldsymbol{\Phi}(t-t)=\boldsymbol{\Phi}(0)=\boldsymbol{I}$$

于是式(3-38)得证。

根据这个性质，可以进一步导出

$$\boldsymbol{x}(0)=\boldsymbol{\Phi}^{-1}(t)\boldsymbol{x}(t) \text{ 或 } \boldsymbol{x}(t_0)=\boldsymbol{\Phi}(t_0-t)\boldsymbol{x}(t) \qquad (3-39)$$

这意味着可以把状态转移过程看作在时间上是可以逆转的。

(5) $\boldsymbol{\Phi}(t_2-t_0)=\boldsymbol{\Phi}(t_2-t_1)\boldsymbol{\Phi}(t_1-t_0)$ (3-40)

证明

因为 $\boldsymbol{x}(t_2)=\boldsymbol{\Phi}(t_2-t_0)\boldsymbol{x}(t_0)$，$\boldsymbol{\Phi}\boldsymbol{x}(t_1)=\boldsymbol{\Phi}(t_1-t_0)\boldsymbol{x}(t_0)$

所以有 $\boldsymbol{x}(t_2)=\boldsymbol{\Phi}(t_2-t_1)\boldsymbol{x}(t_1)=\underbrace{\boldsymbol{\Phi}(t_2-t_1)\boldsymbol{\Phi}(t_1-t_0)}_{\boldsymbol{\Phi}(t_2-t_0)}\boldsymbol{x}(t_0)=\boldsymbol{\Phi}(t_2-t_0)\boldsymbol{x}(t_0)$

根据这一性质，可把一个转移过程分为若干个小的转移过程来完成，也就是说，状态转移矩阵具有传递性，如图 3-1 所示。

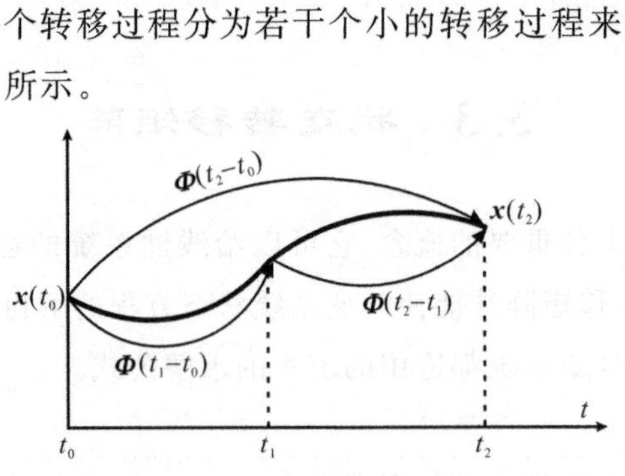

图 3-1 状态转移过程示意图

由这个性质可以很自然地推出下面一个性质。

(6) $[\boldsymbol{\Phi}(t)]^n=\boldsymbol{\Phi}(nt)$ (3-41)

(7) $\frac{d}{dt}\boldsymbol{\Phi}^{-1}(t-t_0)=-\boldsymbol{\Phi}(t_0-t)\boldsymbol{A}=-\boldsymbol{A}\boldsymbol{\Phi}(t_0-t)$　　(3-42)

例 3-3　已知系统的状态转移矩阵为 $\boldsymbol{\Phi}(t)=\begin{bmatrix}2e^{-t}-e^{-2t} & 2(e^{-2t}-e^{-t})\\ e^{-t}-e^{-2t} & 2e^{-2t}-e^{-t}\end{bmatrix}$，求系统矩阵 $\boldsymbol{A}$。

解　由式(3-35)，有

$$\dot{\boldsymbol{\Phi}}(t)=\boldsymbol{A}\boldsymbol{\Phi}(t)$$

令 $t=0$，$\boldsymbol{\Phi}(0)=\boldsymbol{I}$，从而有

$$\boldsymbol{A}=\dot{\boldsymbol{\Phi}}(t)\big|_{t=0}=$$

$$\frac{d}{dt}\begin{bmatrix}2e^{-t}-e^{-2t} & 2(e^{-2t}-e^{-t})\\ e^{-t}-e^{-2t} & 2e^{-2t}-e^{-t}\end{bmatrix}_{t=0}=$$

$$\begin{bmatrix}-2e^{-t}+2e^{-2t} & 2(-2e^{-2t}+e^{-t})\\ -e^{-t}+2e^{-2t} & -4e^{-2t}+e^{-t}\end{bmatrix}_{t=0}=\begin{bmatrix}0 & -2\\ 1 & -3\end{bmatrix}$$

例 3-3　已知齐次状态方程 $\dot{\boldsymbol{x}}=\boldsymbol{A}\boldsymbol{x}$ 的状态转移矩阵为 $\boldsymbol{\Phi}(t)=\begin{bmatrix}2e^{-t}-e^{-2t} & e^{-t}-e^{-2t}\\ -2e^{-t}+2e^{-2t} & -e^{-t}+2e^{-2t}\end{bmatrix}$，试求其逆矩阵 $\boldsymbol{\Phi}^{-1}(t)$。

解　由性质(3)，得

$$\boldsymbol{\Phi}^{-1}(t)=\boldsymbol{\Phi}(-t)=\boldsymbol{\Phi}(t)\big|_{t=-t}=\begin{bmatrix}2e^{t}-e^{2t} & e^{t}-e^{2t}\\ -2e^{t}+2e^{2t} & -e^{t}+2e^{2t}\end{bmatrix}$$

3. 特征值标准形的状态转移矩阵

(1)若 $\boldsymbol{A}$ 为 $n\times n$ 阶对角矩阵且具有互异元素，即

$$\boldsymbol{A}=\begin{bmatrix}\lambda_1 & & & 0\\ & \lambda_2 & & \\ & & \ddots & \\ 0 & & & \lambda_n\end{bmatrix}$$

则 $\boldsymbol{\Phi}(t)$ 也为对角线矩阵，且

$$\boldsymbol{\Phi}(t)=\begin{bmatrix}e^{\lambda_1 t} & & & 0\\ & e^{\lambda_2 t} & & \\ & & \ddots & \\ 0 & & & e^{\lambda_n t}\end{bmatrix}\qquad(3-43)$$

(2)若 $\boldsymbol{A}_i$ 是一个 $m\times m$ 的约当块，即

$$\boldsymbol{A}_i=\underbrace{\begin{bmatrix}\lambda_i & 1 & 0 & \cdots & 0 & 0\\ 0 & \lambda_i & 1 & \cdots & 0 & 0\\ \vdots & \vdots & \vdots & & \vdots & \vdots\\ 0 & 0 & 0 & \cdots & \lambda_i & 1\\ 0 & 0 & 0 & \cdots & 0 & \lambda_i\end{bmatrix}}_{m}\left.\vphantom{\begin{bmatrix}1\\1\\1\\1\\1\end{bmatrix}}\right\}m$$

则

$$\boldsymbol{\Phi}_i(t)=\mathrm{e}^{\lambda_i t}\begin{bmatrix}1 & t & \frac{1}{2!}t^2 & \cdots & \frac{1}{(m-2)!}t^{(m-2)} & \frac{1}{(m-1)!}t^{(m-1)}\\ 0 & 1 & t & \cdots & \frac{1}{(m-3)!}t^{(m-3)} & \frac{1}{(m-2)!}t^{(m-2)}\\ \vdots & \vdots & & & \vdots & \vdots\\ \vdots & \vdots & & & t & \vdots\\ 0 & 0 & \cdots & \cdots & 1 & t\\ 0 & 0 & \cdots & \cdots & 0 & 1\end{bmatrix} \tag{3-44}$$

(3)约当矩阵的指数函数。设矩阵 $\boldsymbol{A}$ 是一个约当矩阵

$$\boldsymbol{A}=\begin{bmatrix}\boldsymbol{A}_1 & 0 & \cdots & 0\\ 0 & \boldsymbol{A}_2 & \cdots & 0\\ \vdots & \vdots & & \vdots\\ 0 & 0 & \cdots & \boldsymbol{A}_l\end{bmatrix}$$

其中 $\boldsymbol{A}_1,\boldsymbol{A}_2,\cdots,\boldsymbol{A}_l$ 代表约当块，则

$$\boldsymbol{\Phi}(t)=\begin{bmatrix}\boldsymbol{\Phi}_1(t) & & & 0\\ & \boldsymbol{\Phi}_2(t) & & \\ & & \ddots & \\ 0 & & & \boldsymbol{\Phi}_l(t)\end{bmatrix} \tag{3-45}$$

其中 $\boldsymbol{\Phi}_1(t),\boldsymbol{\Phi}_2(t),\cdots,\boldsymbol{\Phi}_l(t)$ 是由式(3-44)表示的矩阵。

3.4 线性定常非齐次状态方程的解

当系统具有输入控制作用 $\boldsymbol{u}(t)$ 时，必须用非齐次状态方程对系统进行描述。

线性定常系统

$$\dot{\boldsymbol{x}}=\boldsymbol{A}\boldsymbol{x}+\boldsymbol{B}\boldsymbol{u}(t\geqslant 0) \tag{3-46}$$

称为非齐次状态方程，通常采用积分因子法和反拉氏变换法求解。

1. 积分因子法

首先将非齐次方程(3-46)写成

$$\dot{\boldsymbol{x}}-\boldsymbol{A}\boldsymbol{x}=\boldsymbol{B}\boldsymbol{u}$$

将上式两边左乘 $\mathrm{e}^{-\boldsymbol{A}t}$，得

$$\mathrm{e}^{-\boldsymbol{A}t}(\dot{\boldsymbol{x}}-\boldsymbol{A}\boldsymbol{x})=\mathrm{e}^{-\boldsymbol{A}t}\boldsymbol{B}\boldsymbol{u}$$

即

$$\frac{\mathrm{d}}{\mathrm{d}t}[\mathrm{e}^{-\boldsymbol{A}t}\boldsymbol{x}]=\mathrm{e}^{-\boldsymbol{A}t}\boldsymbol{B}\boldsymbol{u} \tag{3-47}$$

将式(3-47)在$[t_0, t]$区间内积分

$$\int_{t_0}^{t}\frac{\mathrm{d}}{\mathrm{d}\tau}\mathrm{e}^{-\boldsymbol{A}\tau}\boldsymbol{x}(\tau)\mathrm{d}\tau=\int_{t_0}^{t}\mathrm{e}^{-\boldsymbol{A}\tau}\boldsymbol{Bu}(\tau)\mathrm{d}\tau$$

于是有

$$\mathrm{e}^{-\boldsymbol{A}\tau}\boldsymbol{x}(\tau)\big|_{t_0}^{t}=\int_{t_0}^{t}\mathrm{e}^{-\boldsymbol{A}\tau}\boldsymbol{Bu}(\tau)\mathrm{d}\tau$$

即

$$\mathrm{e}^{-\boldsymbol{A}t}\boldsymbol{x}(t)=\mathrm{e}^{-\boldsymbol{A}t_0}\boldsymbol{x}(t_0)+\int_{t_0}^{t}\mathrm{e}^{-\boldsymbol{A}\tau}\boldsymbol{Bu}(\tau)\mathrm{d}\tau$$

亦即

$$\boldsymbol{x}(t)=\mathrm{e}^{\boldsymbol{A}(t-t_0)}\boldsymbol{x}(t_0)+\int_{t_0}^{t}\mathrm{e}^{\boldsymbol{A}(t-\tau)}\boldsymbol{Bu}(\tau)\mathrm{d}\tau\ (t_0\neq 0\text{ 且 }t\geqslant t_0)$$

$$\boldsymbol{x}(t)=\mathrm{e}^{\boldsymbol{A}t}\boldsymbol{x}(0)+\int_{0}^{t}\mathrm{e}^{\boldsymbol{A}(t-\tau)}\boldsymbol{Bu}(\tau)\mathrm{d}\tau\ (t_0=0\text{ 且 }t\geqslant 0)$$

或者

$$\boldsymbol{x}(t)=\underbrace{\boldsymbol{\Phi}(t-t_0)\boldsymbol{x}(t_0)}_{\text{零输入响应}}+\underbrace{\int_{t_0}^{t}\boldsymbol{\Phi}(t-\tau)\boldsymbol{Bu}(\tau)\mathrm{d}\tau}_{\text{零状态响应}}(t_0\neq 0\text{ 且 }t\geqslant t_0)$$

$$\boldsymbol{x}(t)=\underbrace{\boldsymbol{\Phi}(t)\boldsymbol{x}(0)}_{\text{零输入响应}}+\underbrace{\int_{0}^{t}\boldsymbol{\Phi}(t-\tau)\boldsymbol{Bu}(\tau)\mathrm{d}\tau}_{\text{零状态响应}}(t_0=0\text{ 且 }t\geqslant 0)\tag{3-48}$$

式(3-48)中第一项是初始状态$\boldsymbol{x}(t_0)$所引起的状态响应，第二项是输入$\boldsymbol{u}(t)$所引起的状态响应。加在一起，描述了系统在输入作用$\boldsymbol{u}(t)$的激励下，从初始状态$\boldsymbol{x}(t_0)$出发到时刻t的状态的转移(见图 3-2)。因此该求解公式又称为状态转移方程，是在今后学习过程中要经常用到的求解公式。

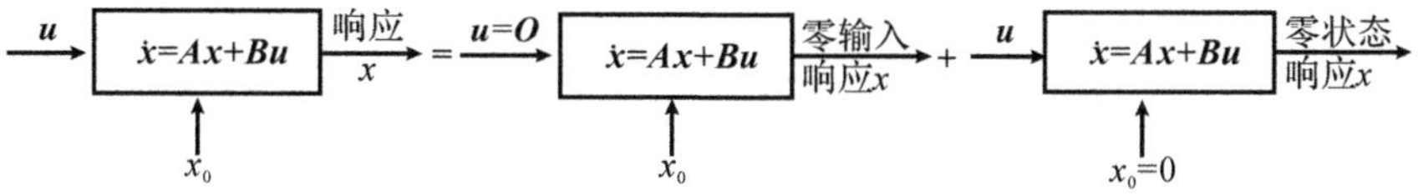

图 3-2　线性系统运动的分解

2. 反拉氏变换法

首先对状态方程(3-46)两边取拉氏变换

$$s\boldsymbol{X}(s)-\boldsymbol{x}(0)=\boldsymbol{AX}(s)+\boldsymbol{BU}(s)\tag{3-49}$$

即

$$(s\boldsymbol{I}-\boldsymbol{A})\boldsymbol{X}(s)=\boldsymbol{x}(0)+\boldsymbol{BU}(s)$$

两边左乘$(s\boldsymbol{I}-\boldsymbol{A})^{-1}$，得

$$\boldsymbol{X}(s)=(s\boldsymbol{I}-\boldsymbol{A})^{-1}\boldsymbol{x}(0)+(s\boldsymbol{I}-\boldsymbol{A})^{-1}\boldsymbol{BU}(s)\tag{3-50}$$

将上式取拉氏变换后便可得到$\boldsymbol{x}(t)$。

例 3-4　已知状态方程为

$$\begin{bmatrix}\dot{x}_1\\ \dot{x}_2\end{bmatrix}=\begin{bmatrix}0 & 1\\ -2 & -3\end{bmatrix}\begin{bmatrix}x_1\\ x_2\end{bmatrix}+\begin{bmatrix}0\\ 1\end{bmatrix}\boldsymbol{u}$$

其初始状态为

$$\begin{bmatrix} x_1(t) \\ x_2(t) \end{bmatrix}_{t=0} = \begin{bmatrix} x_1(0) \\ x_2(0) \end{bmatrix}$$

试确定该系统的单位阶跃输入作用下状态方程的解。

解 (1)采用直接法求解，先求状态转移矩阵 $\boldsymbol{\Phi}(t)$，在例 3-1 中已求得

$$\boldsymbol{\Phi}(t) = e^{At} = \begin{bmatrix} 2e^{-t}-e^{-2t} & e^{-t}-e^{-2t} \\ -2e^{-t}+2e^{-2t} & -e^{-t}+2e^{-2t} \end{bmatrix}$$

将 $\boldsymbol{\Phi}(t)$，$\boldsymbol{Bu}$ 代入求解公式，有

$$\boldsymbol{x}(t) = \begin{bmatrix} 2e^{-t}-e^{-2t} & e^{-t}-e^{-2t} \\ -2e^{-t}+2e^{-2t} & -e^{-t}+2e^{-2t} \end{bmatrix} \begin{bmatrix} x_1(0) \\ x_2(0) \end{bmatrix} +$$

$$\int_0^t \begin{bmatrix} 2e^{-(t-\tau)} - e^{-2(t-\tau)} & e^{-(t-\tau)} - e^{-2(t-\tau)} \\ -2e^{-(t-\tau)} + 2e^{-2(t-\tau)} & -e^{-(t-\tau)} + 2e^{-2(t-\tau)} \end{bmatrix} \begin{bmatrix} 0 \\ 1 \end{bmatrix} 1(\tau)\,d\tau$$

上式中第一项为

$$\begin{bmatrix} (2e^{-t}-e^{-2t})x_1(0)+(e^{-t}-e^{-2t})x_2(0) \\ (-2e^{-t}+2e^{-2t})x_1(0)+(-e^{-t}+2e^{-2t})x_2(0) \end{bmatrix}$$

第二项为

$$\int_0^t \begin{bmatrix} e^{-(t-\tau)} - e^{-2(t-\tau)} \\ -e^{-(t-\tau)} + 2e^{-2(t-\tau)} \end{bmatrix} d\tau = \begin{bmatrix} \int_0^t [e^{-(t-\tau)} - e^{-2(t-\tau)}]d\tau \\ \int_0^t [-e^{-(t-\tau)} + 2e^{-2(t-\tau)}]d\tau \end{bmatrix} = \begin{bmatrix} \left(e^{-t}e^{\tau} - \frac{1}{2}e^{-2t}e^{2\tau}\right)\Big|_0^t \\ (-e^{-t}e^{\tau} + e^{-2t}e^{2\tau})\Big|_0^t \end{bmatrix} =$$

$$\begin{bmatrix} \frac{1}{2} - e^{-t} + \frac{1}{2}e^{-2t} \\ e^{-t} - e^{-2t} \end{bmatrix}$$

于是得到结果

$$\begin{bmatrix} x_1(t) \\ x_2(t) \end{bmatrix} = \begin{bmatrix} \frac{1}{2} + (2x_1(0)+x_2(0)-1)e^{-t} - \left(x_1(0)+x_2(0)-\frac{1}{2}\right)e^{-2t} \\ -(2x_1(0)+x_2(0)-1)e^{-t} + (2x_1(0)+2x_2(0)-1)e^{-2t} \end{bmatrix}$$

(2)采用拉氏变换求解，有

$$\boldsymbol{X}(s) = (s\boldsymbol{I}-\boldsymbol{A})^{-1}\boldsymbol{x}(0) + (s\boldsymbol{I}-\boldsymbol{A})^{-1}\boldsymbol{BU}(s)$$

因为

$$s\boldsymbol{I}-\boldsymbol{A} = \begin{bmatrix} s & -1 \\ 2 & s+3 \end{bmatrix}$$

$$(s\boldsymbol{I}-\boldsymbol{A})^{-1} = \frac{1}{s^2+3s+2}\begin{bmatrix} s+3 & 1 \\ -2 & s \end{bmatrix}$$

将 $(s\boldsymbol{I}-\boldsymbol{A})^{-1}$ 代入 $\boldsymbol{X}(s)$ 的求解公式中

$$X(s)=\frac{1}{s^2+3s+2}\begin{bmatrix}s+3 & 1\\ -2 & s\end{bmatrix}\begin{bmatrix}x_1(0)\\ x_2(0)\end{bmatrix}+\frac{1}{s^2+3s+2}\begin{bmatrix}s+3 & 1\\ -2 & s\end{bmatrix}\begin{bmatrix}0\\ 1\end{bmatrix}\frac{1}{s}=$$

$$\frac{1}{s^2+3s+2}\begin{bmatrix}(s+3)x_1(0)+x_2(0)\\ -2x_1(0)+sx_2(0)\end{bmatrix}+\frac{1}{s^2+3s+2}\begin{bmatrix}\frac{1}{s}\\ 1\end{bmatrix}$$

上式取反拉氏变换，得

$$x(t)=\mathscr{L}^{-1}[X(s)]=\begin{bmatrix}\frac{1}{2}+(2x_1(0)+x_2(0)-1)e^{-t}-\left(x_1(0)+x_2(0)-\frac{1}{2}\right)e^{-2t}\\ -(2x_1(0)+x_2(0)-1)e^{-t}+(2x_1(0)+2x_2(0)-1)e^{-2t}\end{bmatrix}$$

习　　题

3.1　已知某二阶系统 $\dot{x}=Ax$，其解为对于 $x(0)=\begin{bmatrix}1\\ -1\end{bmatrix}$，有 $x(t)=\begin{bmatrix}e^{-3t}\\ -e^{-3t}\end{bmatrix}$；对于 $x(0)=\begin{bmatrix}2\\ -1\end{bmatrix}$，有 $x(t)=\begin{bmatrix}2e^{-2t}\\ -e^{-2t}\end{bmatrix}$，试求系统矩阵 A。

3.2　系统状态方程为 $\dot{x}=\begin{bmatrix}1 & 0\\ 1 & 1\end{bmatrix}x+\begin{bmatrix}1\\ 1\end{bmatrix}u$，当 $x(0)=\begin{bmatrix}0\\ 3\end{bmatrix}$时，试求系统在单位阶跃输入作用下的状态响应。

3.3　已知系统 $\dot{x}=Ax$ 的矩阵指数函数为

$$e^{At}=\begin{bmatrix}e^{-t} & 0 & 0\\ 0 & (1-2t)e^{-2t} & 4te^{-2t}\\ 0 & -te^{-2t} & (1+2t)e^{-2t}\end{bmatrix}$$

试确定系统矩阵 A，并求出系统的特征方程及特征值。

3.4　已知控制系统状态空间表达式为

$$\dot{x}=\begin{bmatrix}0 & 1\\ 0 & -2\end{bmatrix}x+\begin{bmatrix}0\\ 1\end{bmatrix}u$$

$$y=[2\quad 0]x$$

求：(1)传递函数$\frac{Y(s)}{U(s)}$；

(2)当 $x(0)=[0\quad 3]^T$，输入 $u(t)=0$ 时的系统输出 $y(t)$。

3.5　已知系统状态空间描述中的各矩阵为

$$A=\begin{bmatrix}0 & 1\\ -2 & -3\end{bmatrix},B=\begin{bmatrix}1 & 0\\ 1 & 1\end{bmatrix},C=\begin{bmatrix}2 & 1\\ 1 & 1\\ -2 & -1\end{bmatrix},D=\begin{bmatrix}3 & 0\\ 0 & 0\\ 0 & 1\end{bmatrix}$$

若初始状态 $\boldsymbol{x}(0)=0$，输入 $u_1(t)=1(t)$，$u_2(t)=0$，求系统的状态响应 $\boldsymbol{x}(t)$。

3.6 设二阶系统为

$$\dot{\boldsymbol{x}}(t)=\begin{bmatrix}-a & 0\\ 0 & -b\end{bmatrix}\boldsymbol{x}(t)+\begin{bmatrix}1\\1\end{bmatrix}\boldsymbol{u}(t),\quad \boldsymbol{x}(0)=\begin{bmatrix}1\\1\end{bmatrix}$$

$$\boldsymbol{y}(t)=\begin{bmatrix}1 & 1\end{bmatrix}\boldsymbol{x}(t)$$

试求出系统输入为 $\boldsymbol{u}(t)=1(t)$ 时，系统的状态响应 $\boldsymbol{x}(t)$ 和输出响应 $\boldsymbol{y}(t)$。

3.7 已知系统的状态空间表达式为

$$\dot{\boldsymbol{x}}=\begin{bmatrix}-5 & -1\\ 6 & 0\end{bmatrix}\boldsymbol{x}+\begin{bmatrix}0\\2\end{bmatrix}\boldsymbol{u}$$

$$\boldsymbol{y}=\begin{bmatrix}0 & 1\end{bmatrix}\boldsymbol{x}$$

求：(1)系统的状态转移矩阵 $\boldsymbol{\Phi}(t)$；

(2)当输入为 $\boldsymbol{u}(t)=1(t)$，初始条件为 $\boldsymbol{x}(0)=\begin{bmatrix}0\\3\end{bmatrix}$ 时的输出 $\boldsymbol{y}(t)$。

第 4 章　控制系统的能控性与能观测性

系统的能控性(controllable)和能观测性(observability)是现代控制理论中两个很重要的基础性概念,是卡尔曼(Kalman)在 20 世纪 60 年代初提出来的。在现代控制理论中,系统通过状态方程和输出方程来描述,输入、输出为系统的外部变量,状态为系统的内部变量,输入通过内部状态影响系统的输出。能控性和能观测性正是定性地分别描述输入 $\boldsymbol{u}(t)$ 对状态 $\boldsymbol{x}(t)$ 的控制能力及输出 $\boldsymbol{y}(t)$ 对状态 $\boldsymbol{x}(t)$ 的反映能力。工程设计中,常引起设计者关心的问题有两个:系统内部的每个状态能否都受到输入的控制?系统内部的所有状态是否都能被输出所反映?如果系统所有的内部状态都受到输入的控制,则称系统是状态完全能控的,否则系统不完全能控;如果系统任一状态的运动均可通过输出来反映,则称系统是状态完全能观测的,否则系统不完全能观测。显然,对状态的控制能力和反映能力两个方面,揭示了控制系统构成中的两个基本问题。

4.1　问题的提出

现代控制理论中的状态空间描述法与经典控制理论中的传递函数法不同,如图 4-1 所示,状态空间描述法是把系统的输入输出关系分为两段来处理:第一段是状态方程,它描述输入 $\boldsymbol{u}(t)$ 引起状态 $\boldsymbol{x}(t)$ 的变化;第二段是输出方程,它描述状态 $\boldsymbol{x}(t)$ 的变化引起输出 $\boldsymbol{y}(t)$ 的变化。如果给定一确定的输入 $\boldsymbol{u}(t)$ 和初始状态 $\boldsymbol{x}(0)$,就可以根据状态方程求出其状态响应 $\boldsymbol{x}(t)$ 和输出响应 $\boldsymbol{y}(t)$。

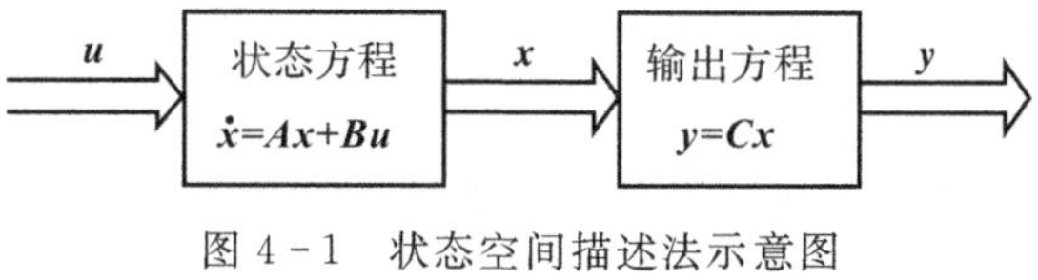

图 4-1　状态空间描述法示意图

能控性和能观测性的概念在现代控制理论中无论是从理论上或是从实践上说都是极为重要的,它是控制系统的一种内在属性,因此判别系统能控性和能观测性的主要依据是系统的状态空间表达式。例如对于状态空间表达式为

$$\begin{bmatrix}\dot{x}_1\\ \dot{x}_2\end{bmatrix}=\begin{bmatrix}1 & 0\\ 0 & 2\end{bmatrix}\begin{bmatrix}x_1\\ x_2\end{bmatrix}+\begin{bmatrix}0\\ 2\end{bmatrix}\boldsymbol{u}$$

$$\boldsymbol{y}=\begin{bmatrix}1 & 0\end{bmatrix}\begin{bmatrix}x_1\\ x_2\end{bmatrix}$$

的系统。从状态方程可以直接看出，输入 $\boldsymbol{u}$ 不能控制状态变量 x_1，因此状态变量 x_1 是不能控的；从输出方程可以看出，输出 $\boldsymbol{y}$ 不能反映状态变量 x_2，因此状态变量 x_2 是不能观测的。再如

$$\begin{bmatrix} \dot{x}_1 \\ \dot{x}_2 \end{bmatrix} = \begin{bmatrix} 1 & 0 \\ 0 & 2 \end{bmatrix} \begin{bmatrix} x_1 \\ x_2 \end{bmatrix} + \begin{bmatrix} 1 \\ 1 \end{bmatrix} \boldsymbol{u}$$

$$\boldsymbol{y} = \begin{bmatrix} 1 & 1 \end{bmatrix} \begin{bmatrix} x_1 \\ x_2 \end{bmatrix}$$

由于状态变量 x_1，x_2 都受控于输入 $\boldsymbol{u}$，所以系统是能控的；且输出变量 $\boldsymbol{y}$ 既能反映状态变量 x_1 又能反映状态变量 x_2 的变化，所以系统是能观测的。

实际上，判别系统能控性和能观测性并不容易，例如下列系统

$$\begin{bmatrix} \dot{x}_1 \\ \dot{x}_2 \end{bmatrix} = \begin{bmatrix} 1 & 0 \\ 0 & 1 \end{bmatrix} \begin{bmatrix} x_1 \\ x_2 \end{bmatrix} + \begin{bmatrix} 1 \\ 1 \end{bmatrix} \boldsymbol{u}$$

$$\boldsymbol{y} = \begin{bmatrix} 1 & 1 \end{bmatrix} \begin{bmatrix} x_1 \\ x_2 \end{bmatrix}$$

从状态方程看，输入 $\boldsymbol{u}$ 既能对状态变量 x_1 施加影响，又能对状态变量 x_2 施加影响，似乎该系统的所有状态变量都是能控的。实际上，这个系统的两个状态变量既不是完全能控的，也不是完全能观测的。因此，不能通过直观的解释来判断系统的能控性和能观测性。

4.2 线性定常连续系统的能控性

设系统的状态方程为

$$\dot{\boldsymbol{x}} = \boldsymbol{A}\boldsymbol{x} + \boldsymbol{B}\boldsymbol{u} \tag{4-1}$$

4.2.1 能控性的定义

(1)如果存在一个分段连续的输入 $\boldsymbol{u}(t)$，能在 $[t_0, t_f]$ $(t_f > t_0)$ 有限时间区间内，使系统由某一初始状态 $\boldsymbol{x}(t_0)$ 转移到指定的任意终端状态 $\boldsymbol{x}(t_f)$，则称状态 $\boldsymbol{x}(t_0)$ 在 t_0 时刻为能控的。若系统的所有状态在 t_0 时刻都是能控的，则称此系统是状态完全能控的(completely state controllable)，或简称系统是能控的。

在线性连续系统中，为简便起见，可以假定初始时刻 $t_0 = 0$，初始状态为 $\boldsymbol{x}(0)$，而把任意终端状态指定为零状态，即 $\boldsymbol{x}(t_f) = 0$。

(2)如果存在一个分段连续的输入 $\boldsymbol{u}(t)$，能在 $[t_0, t_f]$ $(t_f > t_0)$ 有限时间区间内，使系统由零状态 $\boldsymbol{x}(t_0) = 0$ 转移到任一终端状态 $\boldsymbol{x}(t_f)$，则称状态 $\boldsymbol{x}(t_f)$ 在 t_0 时刻为能达的。若系统的所有状态在 t_0 时刻都是能达的，则称此系统是状态完全可达的，或简称系统是能达的。

(3)若状态空间中存在一个非零状态或非空状态集合在 t_0 时刻不能控/不能达，则称系统在 t_0 时刻不完全能控/不完全能达，简称不能控/不能达。

说明：

(1)能控性定义中，关键：是否存在某个分段连续的输入 $\boldsymbol{u}(t)$ 可把任意初始状态转移到零状态；

(2)能达性定义中，关键：是否存在某个分段连续的输入 $\boldsymbol{u}(t)$ 可把零状态转移到任意终端

状态；

(3)对于线性定常系统，能控性和能达性是一致的。

4.2.2 能控性的判别准则

基于系数矩阵判定线性定常系统能控性的准则，主要包括 Gram 矩阵判据、秩判据、约当规范性判据及 PBH 判据等。

1. 秩判据(准则一)

定理 4-1 线性定常系统

$$\dot{\boldsymbol{x}}=\boldsymbol{A}\boldsymbol{x}+\boldsymbol{B}\boldsymbol{u}$$

其状态完全能控的充要条件：$\boldsymbol{A}$, $\boldsymbol{B}$ 阵所构成的能控性判别矩阵

$$\boldsymbol{Q}_{\mathrm{c}}=[\boldsymbol{B}\quad \boldsymbol{A}\boldsymbol{B}\quad \boldsymbol{A}^2\boldsymbol{B}] \tag{4-2}$$

满秩，即

$$\mathrm{rank}\boldsymbol{Q}_{\mathrm{c}}=n \tag{4-3}$$

其中 n 是状态向量 $\boldsymbol{x}$ 的维数，也是该系统的维数。

证明 (略)

例 4-1 判别系统 $\dot{\boldsymbol{x}}=\begin{bmatrix}-2 & 1\\ 0 & -1\end{bmatrix}\boldsymbol{x}+\begin{bmatrix}1\\0\end{bmatrix}\boldsymbol{u}$ 的状态能控性。

解 构造能控性判别矩阵

$$\boldsymbol{Q}_{\mathrm{c}}=[\boldsymbol{B}\quad \boldsymbol{A}\boldsymbol{B}]=\begin{bmatrix}1 & -2\\ 0 & 0\end{bmatrix}$$

这是一个奇异阵，即

$$\mathrm{rank}\boldsymbol{Q}_{\mathrm{c}}=1<n$$

所以该系统不是状态能控的，或简称系统是不能控的。

例 4-2 设系统的状态方程为 $\dot{\boldsymbol{x}}=\begin{bmatrix}0 & 1\\ -1 & 0\end{bmatrix}\boldsymbol{x}+\begin{bmatrix}0\\1\end{bmatrix}\boldsymbol{u}$，试判别其能控性。

解

$$\boldsymbol{Q}_{\mathrm{c}}=[\boldsymbol{B}\quad \boldsymbol{A}\boldsymbol{B}]=\begin{bmatrix}0 & 1\\ 1 & 0\end{bmatrix}$$

这是一个非奇异阵，即

$$\mathrm{rank}\boldsymbol{Q}_{\mathrm{c}}=2=n$$

所以该系统是状态完全能控的。

例 4-3 系统的状态方程为 $\dot{\boldsymbol{x}}=\begin{bmatrix}2 & 0\\ 0 & 2\end{bmatrix}\boldsymbol{x}+\begin{bmatrix}1\\1\end{bmatrix}\boldsymbol{u}$，试判别其能控性。

解

$$\boldsymbol{Q}_{\mathrm{c}}=\begin{bmatrix}1 & 2\\ 1 & 2\end{bmatrix}$$

这是一个奇异阵，$\mathrm{rank}\boldsymbol{Q}_{\mathrm{c}}=1<n$，所以该系统不是状态完全能控的。

例 4-4 已知系统的状态方程为 $\begin{bmatrix}\dot{x}_1\\ \dot{x}_2\\ \dot{x}_3\end{bmatrix}=\begin{bmatrix}1 & 1 & 0\\ 0 & 1 & 0\\ 0 & 1 & 1\end{bmatrix}\begin{bmatrix}x_1\\ x_2\\ x_3\end{bmatrix}+\begin{bmatrix}0 & 1\\ 1 & 0\\ 0 & 1\end{bmatrix}\begin{bmatrix}u_1\\ u_2\end{bmatrix}$，试判别其能控性。

解　首先构造能控判别矩阵

$$Q_c=[B\quad AB\quad A^2B]=\begin{bmatrix}0&1&1&1&2&1\\1&0&1&0&1&0\\0&1&1&1&2&1\end{bmatrix}$$

观察 Q_c，第一行和第三行完全相同，显见

$$\text{rank}Q_c<n=3$$

所以该系统是不能控的。

2. 约当规范形判据(准则二)

对于线性定常系统，若特征值互异，则可以通过非奇异变换，将状态方程化为对角线标准型；若特征值有重根，则可以通过非奇异变换，将状态方程化为约当标准型。

定理 4-2　设线性定常系统 $\dot{x}=Ax+Bu$ 具有互不相同的特征值，则其状态完全能控的充要条件是系统经非奇异变换后的对角线标准形

$$\dot{\tilde{x}}=\begin{bmatrix}\lambda_1&0&&0\\&\lambda_2&&\\&&\ddots&\\0&&&\lambda_n\end{bmatrix}\tilde{x}+\tilde{B}u \tag{4-4}$$

其中，$\tilde{B}$ 阵中不包含元素全为零的行。

上述定理的基本意思，通过对如下 4 个系统分析，便可以一目了然。

(1) $\begin{bmatrix}\dot{x}_1\\\dot{x}_2\\\dot{x}_3\end{bmatrix}=\begin{bmatrix}-7&0&0\\0&-5&0\\0&0&-1\end{bmatrix}\begin{bmatrix}x_1\\x_2\\x_3\end{bmatrix}+\begin{bmatrix}2\\5\\7\end{bmatrix}u$

(2) $\begin{bmatrix}\dot{x}_1\\\dot{x}_2\\\dot{x}_3\end{bmatrix}=\begin{bmatrix}-7&0&0\\0&-5&0\\0&0&-1\end{bmatrix}\begin{bmatrix}x_1\\x_2\\x_3\end{bmatrix}+\begin{bmatrix}0\\5\\7\end{bmatrix}u$

(3) $\begin{bmatrix}\dot{x}_1\\\dot{x}_2\\\dot{x}_3\end{bmatrix}=\begin{bmatrix}-7&0&0\\0&-5&0\\0&0&-1\end{bmatrix}\begin{bmatrix}x_1\\x_2\\x_3\end{bmatrix}+\begin{bmatrix}0&1\\4&0\\7&5\end{bmatrix}\begin{bmatrix}u_1\\u_2\end{bmatrix}$

(4) $\begin{bmatrix}\dot{x}_1\\\dot{x}_2\\\dot{x}_3\end{bmatrix}=\begin{bmatrix}-7&0&0\\0&-5&0\\0&0&-1\end{bmatrix}\begin{bmatrix}x_1\\x_2\\x_3\end{bmatrix}+\begin{bmatrix}0&0\\4&0\\7&5\end{bmatrix}\begin{bmatrix}u_1\\u_2\end{bmatrix}$

上述四个系统，尽管状态方程的 **A** 阵是相同的，均是对角线标准形，但其 **B** 阵是不同的，对于系统(1)(3)，由于 **B** 阵中不含有元素全为零的行，故系统(1)(3)是能控的，对于系统(2)(4)，由于其 **B** 阵的第一行元素全为零，故它们是不能控的。如作出它们的方块结构图，便不难看出上述结论是很显然的。

说明：

该判别准则的思路是通过等价变换把状态方程化成对角线标准形，使变换后的新状态变量之间没有耦合关系。从而使影响每一个状态变量的唯一途径是输入控制作用。这样，便可直接从 **B** 阵是否含有元素全为零的行来判别系统的能控性。倘若 **B** 阵中某一行元素全为零，

这表明输入 $\boldsymbol{u}$ 不能直接影响该行所对应的状态变量；而该状态变量又不通过其他状态变量间接受到控制，所以该状态变量是不能控的。

定理 4-3　具有重特征值的 n 阶系统 $\dot{\boldsymbol{x}}=\boldsymbol{A}\boldsymbol{x}+\boldsymbol{B}\boldsymbol{u}$，其状态能控的充要条件是对于相同特征值下的每个约当块，由其最后一行所对应 $\widetilde{\boldsymbol{B}}$ 阵的行组成的矩阵线性无关。

例

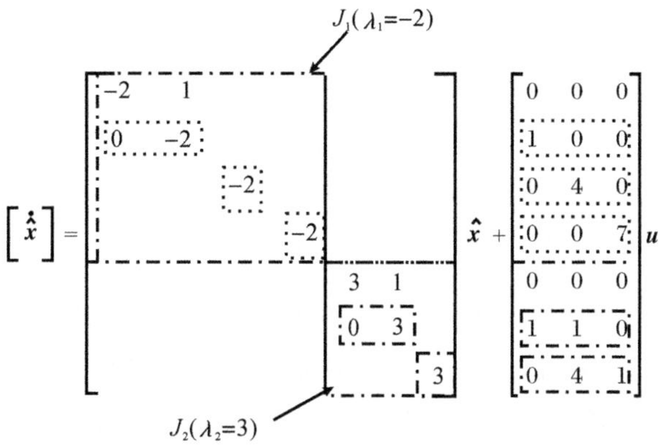

显然，该系统对应的特征根分别 $\lambda_1=-2$，$\lambda_2=3$。分别取出与 $\lambda_1=-2$，$\lambda_2=3$ 对应约当块的 $\widetilde{\boldsymbol{B}}$ 阵中的相应行，组成如下两个矩阵：

$$\begin{bmatrix}\tilde{b}_{r11}\\\tilde{b}_{r12}\\\tilde{b}_{r13}\end{bmatrix}=\begin{bmatrix}1&0&0\\0&4&0\\0&0&7\end{bmatrix}\qquad(\lambda_1=-2)$$

$$\begin{bmatrix}\tilde{b}_{r21}\\\tilde{b}_{r22}\end{bmatrix}=\begin{bmatrix}1&1&0\\0&4&1\end{bmatrix}\qquad(\lambda_2=3)$$

可见，两个矩阵均为行满秩，由约当规范形判据，系统完全能控。特别地，在每个特征值只对应一个约当块的情况下，只要求每个约当块最后一行所对应于 $\widetilde{\boldsymbol{B}}$ 的行的元素不全为零。

例如，对于下面六个系统：

$$(1)\begin{bmatrix}\dot{x}_1\\\dot{x}_2\end{bmatrix}=\begin{bmatrix}-4&1\\0&-4\end{bmatrix}\begin{bmatrix}x_1\\x_2\end{bmatrix}+\begin{bmatrix}0\\2\end{bmatrix}\boldsymbol{u}$$

$$(2)\begin{bmatrix}\dot{x}_1\\\dot{x}_2\end{bmatrix}=\begin{bmatrix}-4&1\\0&-4\end{bmatrix}\begin{bmatrix}x_1\\x_2\end{bmatrix}+\begin{bmatrix}2\\0\end{bmatrix}\boldsymbol{u}$$

$$(3)\begin{bmatrix}\dot{x}_1\\\dot{x}_2\\\dot{x}_3\\\dot{x}_4\end{bmatrix}=\begin{bmatrix}-4&1&0&0\\0&-4&0&0\\0&0&-3&1\\0&0&0&-3\end{bmatrix}\begin{bmatrix}x_1\\x_2\\x_3\\x_4\end{bmatrix}+\begin{bmatrix}0&0\\0&1\\0&0\\2&0\end{bmatrix}\begin{bmatrix}u_1\\u_2\end{bmatrix}$$

$$(4)\begin{bmatrix}\dot{x}_1\\\dot{x}_2\\\dot{x}_3\\\dot{x}_4\end{bmatrix}=\begin{bmatrix}-4&1&0&0\\0&-4&0&0\\0&0&-4&1\\0&0&0&-4\end{bmatrix}\begin{bmatrix}x_1\\x_2\\x_3\\x_4\end{bmatrix}+\begin{bmatrix}0&1\\0&0\\2&0\\0&2\end{bmatrix}\begin{bmatrix}u_1\\u_2\end{bmatrix}$$

$$(5)\quad \begin{bmatrix}\dot{x}_1\\ \dot{x}_2\\ \dot{x}_3\\ \dot{x}_4\end{bmatrix}=\begin{bmatrix}-4 & 1 & 0 & 0\\ 0 & -4 & 0 & 0\\ 0 & 0 & -3 & 1\\ 0 & 0 & 0 & -3\end{bmatrix}\begin{bmatrix}x_1\\ x_2\\ x_3\\ x_4\end{bmatrix}+\begin{bmatrix}0 & 1\\ 1 & 2\\ 2 & 0\\ 2 & 3\end{bmatrix}\begin{bmatrix}u_1\\ u_2\end{bmatrix}$$

$$(6)\quad \begin{bmatrix}\dot{x}_1\\ \dot{x}_2\\ \dot{x}_3\\ \dot{x}_4\end{bmatrix}=\begin{bmatrix}-4 & 1 & 0 & 0\\ 0 & -4 & 0 & 0\\ 0 & 0 & -4 & 1\\ 0 & 0 & 0 & -4\end{bmatrix}\begin{bmatrix}x_1\\ x_2\\ x_3\\ x_4\end{bmatrix}+\begin{bmatrix}0 & 1\\ 1 & 2\\ 1 & 0\\ 2 & 4\end{bmatrix}\begin{bmatrix}u_1\\ u_2\end{bmatrix}$$

对于系统(1),只有一个约当小块,与该约当小块最后一行对应的 **B** 阵的那一行元素是 2,所以该系统是能控的;对于系统(2),与约当小块最后一行对应的 **B** 阵的那一行元素是 0,所以系统(3)是不能控的;对于系统(3),具有两个约当小块,对应于第一个约当小块最后一行的 **B** 阵元素是[0 1],对应于第二个约当小块最后一行的出阵元素是[2 0],所以系统(3)是能控的;对于系统(4),对应于每一个约当小块最后一行的 **B** 阵元素分别是[0 0]和[0 2],所以系统(4)是不能控的;对于系统(5),具有两个约当小块,每个约当小块最后一行所对应的 **B** 阵元素分别是[1 2]和[2 3],所以系统(5)是能控的;对于系统(4),同一特征值下两个约当小块最后一行所对应的 **B** 阵元素分别是[1 2]和[2 4],该两行向量是相关的,故该系统是不能控的。

例 4-5 已知系统的状态方程为 $\dot{\boldsymbol{x}}=\begin{bmatrix}-2 & 2 & -1\\ 0 & -2 & 0\\ 1 & -4 & 0\end{bmatrix}\boldsymbol{x}+\begin{bmatrix}0\\ 0\\ 1\end{bmatrix}\boldsymbol{u}$,试判别其能控性。

解 求 **A** 的特征值

$$\det(\lambda \boldsymbol{I}-\boldsymbol{A})=\lambda(\lambda+2)^2+(\lambda+2)=(\lambda+1)^2(\lambda+2)$$

即 **A** 的特征值为 $\lambda_1=-1$(二重根),$\lambda_2=-2$(单根)。

根据特征值求变换矩阵 **P**

$$\boldsymbol{P}=\begin{bmatrix}-1 & 0 & 0\\ 0 & 0 & 1\\ 1 & 1 & 2\end{bmatrix},\quad \boldsymbol{P}^{-1}=\begin{bmatrix}-1 & 0 & 0\\ 1 & -2 & 1\\ 0 & 1 & 0\end{bmatrix}$$

对原状态方程进行 $\boldsymbol{x}=\boldsymbol{P}\tilde{\boldsymbol{x}}$ 的线性变换,变换后的状态方程为

$$\dot{\tilde{\boldsymbol{x}}}=\boldsymbol{P}^{-1}\boldsymbol{A}\boldsymbol{P}\tilde{\boldsymbol{x}}+\boldsymbol{P}^{-1}\boldsymbol{B}\boldsymbol{u}=\begin{bmatrix}-1 & 1 & 0\\ 0 & -1 & 0\\ 0 & 0 & 2\end{bmatrix}\tilde{\boldsymbol{x}}+\begin{bmatrix}0\\ 1\\ 0\end{bmatrix}\boldsymbol{u}$$

因为与第二约当块 $\lambda=-2$ 相应的 $\tilde{\boldsymbol{B}}$ 元素是零,所以该系统是不能控的。

4.2.3 输出能控性

有时,系统需要控制的是输出量而不是其状态,则需要研究系统的输出能控性。

定义:若在有限时间间隔$[t_0, t_f]$内,存在无约束分段连续控制函数 $\boldsymbol{u}(t)$ $(t\in[t_0, t_f])$,能使任意初始输出 $\boldsymbol{y}(t_0)$ 转移到任意最终输出 $\boldsymbol{y}(t_f)$,则称此系统输出完全能控(completely output controllable)。

定理 4-4　对于线性连续定常系统$\begin{cases}\dot{\boldsymbol{x}}=\boldsymbol{Ax}+\boldsymbol{Bu}\\ \boldsymbol{y}=\boldsymbol{Cx}+\boldsymbol{Du},\end{cases}$其输出能控的充要条件是其输出能控性矩阵 $\boldsymbol{Q}_o=[\boldsymbol{CB}\quad \boldsymbol{CAB}\quad \cdots\quad \boldsymbol{CA}^{n-1}\boldsymbol{B}\quad \boldsymbol{D}]$的秩等于输出变量的维数 q，即

$$\mathrm{rank}\boldsymbol{Q}_o=\mathrm{rank}[\boldsymbol{CB}\quad \boldsymbol{CAB}\quad \cdots\quad \boldsymbol{CA}^{n-1}\boldsymbol{B}\quad \boldsymbol{D}]=q \tag{4-5}$$

证明（略）。

例 4-6　已知系统的状态方程和输出方程分别为

$$\dot{\boldsymbol{x}}=\begin{bmatrix}0 & 1\\ -1 & -2\end{bmatrix}\boldsymbol{x}+\begin{bmatrix}1\\ -1\end{bmatrix}\boldsymbol{u}$$

$$\boldsymbol{y}=[1\quad 0]\boldsymbol{x}$$

试分别判别系统的状态能控性和输出能控性。

解　系统的状态能控性矩阵为

$$\boldsymbol{Q}_c=[\boldsymbol{B}\quad \boldsymbol{AB}]=\begin{bmatrix}1 & -1\\ -1 & 1\end{bmatrix}$$

得

$$\mathrm{rank}[\boldsymbol{B}\quad \boldsymbol{AB}]=\mathrm{rank}\begin{bmatrix}1 & -1\\ -1 & 1\end{bmatrix}=1<2=n$$

故系统状态不能控。

输出能控性矩阵为

$$\boldsymbol{Q}_o=[\boldsymbol{CB}\quad \boldsymbol{CAB}\quad \boldsymbol{D}]=[1\quad -1\quad 0]$$

得

$$\mathrm{rank}[\boldsymbol{CB}\quad \boldsymbol{CAB}\quad \boldsymbol{D}]=\mathrm{rank}[1\quad -1\quad 0]=1=q$$

故系统输出能控。

由此可见，系统的状态能控性与输出能控性是两个不同的概念，二者没有什么必然的联系。

4.3　线性定常系统的能观测性

大多数控制系统都采用反馈控制方式。在现代控制理论中，其反馈信息一般是由系统的状态变量组合而成的。但并非所有的系统的状态变量在物理上都能测取到，于是提出能否通过对输出的测量获得全部状态变量信息的问题，这便是系统的能观性问题。

如图 4-2(a)所示系统是状态能观测的，因为系统的每一个状态变量对输出都产生影响；如图 4-2(b)所示系统是状态不能观测的。因为状态 x_2 不能对输出 $\boldsymbol{y}$ 产生任何影响，当然要从输出 $\boldsymbol{y}$ 的信息中测取到 x_2 的信息也是不可能的。下面给出能观测性的定义。

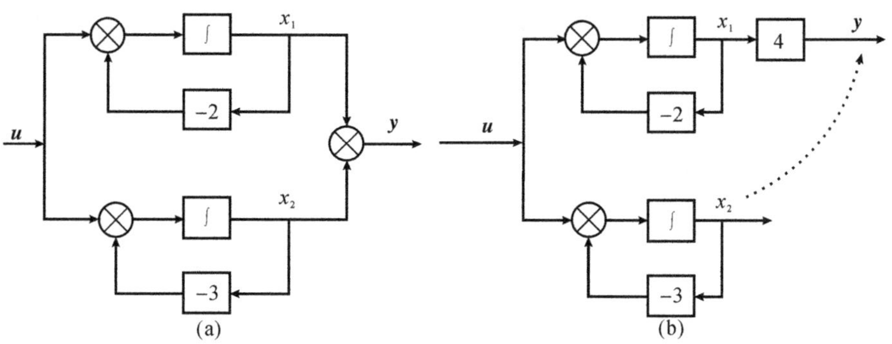

图 4-2　系统观测性的示意图

(a)可观测系统；(b)不可观测系统

4.3.1 能观测性的定义

能观测性表征系统的状态运动是可由输出完全反映的一种定性属性，需要同时考虑系统的状态方程和输出方程。设线性系统的状态方程和输出方程分别为

$$\dot{\boldsymbol{x}}=\boldsymbol{A}\boldsymbol{x}+\boldsymbol{B}\boldsymbol{u},\boldsymbol{x}(t_0)=\boldsymbol{x}_0$$

$$\boldsymbol{y}=\boldsymbol{C}\boldsymbol{x} \tag{4-6}$$

其中，$\boldsymbol{x}$ 为 n 维状态向量，$\boldsymbol{u}$ 为 p 维输入；$\boldsymbol{y}$ 为 q 维输出。

定义如下：若对任意给定的输入 $\boldsymbol{u}(t)$，在有限的观测时间$[t_0,\ t_f]$内，能根据此期间的输出 $\boldsymbol{y}(t)$唯一地确定系统初始时刻的状态 $\boldsymbol{x}(t_0)$，则称状态 $\boldsymbol{x}(t_0)$是能观测的。若系统的每一个状态都是能观测的，则称系统是状态完全能观测的。

4.3.2 定常系统能观测性判别准则

1. 秩判据(准则一)

秩判据是基于系数矩阵 $\boldsymbol{A}$ 和 $\boldsymbol{C}$ 判定系统能观测性的一类判据。秩判据在应用于具体判别时，由于只涉及矩阵相乘和求秩运算，因而得到广泛的应用。

定理 4-5 线性定常连续系统

$$\dot{\boldsymbol{x}}=\boldsymbol{A}\boldsymbol{x}$$
$$\boldsymbol{y}=\boldsymbol{C}\boldsymbol{x}$$

状态完全能观的充要条件是其能观测判别矩阵

$$\boldsymbol{Q}_o=\begin{bmatrix}\boldsymbol{C}\\ \boldsymbol{C}\boldsymbol{A}\\ \vdots\\ \boldsymbol{C}\boldsymbol{A}^{n-1}\end{bmatrix} \tag{4-7}$$

满秩，即

$$\mathrm{rank}\boldsymbol{Q}_o=\mathrm{rank}\begin{bmatrix}\boldsymbol{C}\\ \boldsymbol{C}\boldsymbol{A}\\ \vdots\\ \boldsymbol{C}\boldsymbol{A}^{n-1}\end{bmatrix}=n \tag{4-8}$$

或者 $$\mathrm{rank}[\boldsymbol{C}^{\mathrm{T}}\quad \boldsymbol{A}^{\mathrm{T}}\boldsymbol{C}^{\mathrm{T}}\quad \cdots\quad (\boldsymbol{A}^{\mathrm{T}})^{n-1}\boldsymbol{C}^{\mathrm{T}}]=n$$

例 4-7 已知系统的 $\boldsymbol{A}$,$\boldsymbol{C}$ 分别为$\boldsymbol{A}=\begin{bmatrix}-4 & 5\\ 1 & 0\end{bmatrix}$,$\boldsymbol{C}=[1\quad -1]$，试判别其能观测性。

解 首先计算

$$\boldsymbol{C}=[1\quad -1]$$

$$\boldsymbol{C}\boldsymbol{A}=[1\quad -1]\begin{bmatrix}-4 & 5\\ 1 & 0\end{bmatrix}=[-5\quad 5]$$

构造能观测性判别矩阵

$$\boldsymbol{Q}_o=\begin{bmatrix}C\\ CA\end{bmatrix}=\begin{bmatrix}1 & -1\\ -5 & 5\end{bmatrix}$$

这是一个奇异阵，$\mathrm{rank}\boldsymbol{Q}_o=1<n$，所以系统是不能观测的。

例 4-8　试确定如下系统

$$\begin{bmatrix}\dot{x}_1\\ \dot{x}_2\end{bmatrix}=\begin{bmatrix}2 & -1\\ 1 & -3\end{bmatrix}\begin{bmatrix}x_1\\ x_2\end{bmatrix}+\begin{bmatrix}-1\\ 1\end{bmatrix}\boldsymbol{u}$$

$$\begin{bmatrix}y_1\\ y_2\end{bmatrix}=\begin{bmatrix}1 & 0\\ -1 & 0\end{bmatrix}\begin{bmatrix}x_1\\ x_2\end{bmatrix}$$

的能观测性。

解　系统的能观测判别矩阵 $\boldsymbol{Q}_o$ 为

$$\boldsymbol{Q}_o=\begin{bmatrix}\boldsymbol{C}\\ \boldsymbol{CA}\end{bmatrix}=\begin{bmatrix}1 & 0\\ -1 & 0\\ 2 & -1\\ -2 & 1\end{bmatrix}$$

$$\text{rank}\boldsymbol{Q}_o=2=n$$

所以该系统是能观测的。

2. 约当规范形判据(准则二)

定理 4-6　设线性连续定常系统

$$\dot{\boldsymbol{x}}=\boldsymbol{Ax}$$

$$\boldsymbol{y}=\boldsymbol{Cx}$$

A 阵具有互不相同的特征值,则其状态完全能观测的充分必要条件是系统经非奇异变换后的对角线标准形

$$\dot{\bar{\boldsymbol{x}}}=\begin{bmatrix}\lambda_1 & & & 0\\ & \lambda_2 & & \\ & & \ddots & \\ 0 & & & \lambda_n\end{bmatrix}\bar{\boldsymbol{x}} \tag{4-9}$$

$$\boldsymbol{y}=\bar{\boldsymbol{C}}\bar{\boldsymbol{x}}$$

$\bar{\boldsymbol{C}}$ 中不含有元素全为零的列。即 $\bar{\boldsymbol{C}}$ 的各个列向量均满足:

$$\bar{c}_i\neq 0, i=1,2,\cdots,n$$

对于如下两个三阶系统:

系统(1)　$\begin{bmatrix}\dot{x}_1\\ \dot{x}_2\\ \dot{x}_3\end{bmatrix}=\begin{bmatrix}-7 & 0 & 0\\ 0 & -5 & 0\\ 0 & 0 & -1\end{bmatrix}\begin{bmatrix}x_1\\ x_2\\ x_3\end{bmatrix}$,　$\boldsymbol{y}=\begin{bmatrix}6 & 4 & 5\end{bmatrix}\begin{bmatrix}x_1\\ x_2\\ x_3\end{bmatrix}$

系统(2)　$\begin{bmatrix}\dot{x}_1\\ \dot{x}_2\\ \dot{x}_3\end{bmatrix}=\begin{bmatrix}-7 & 0 & 0\\ 0 & -5 & 0\\ 0 & 0 & -1\end{bmatrix}\begin{bmatrix}x_1\\ x_2\\ x_3\end{bmatrix}$,　$\boldsymbol{y}=\begin{bmatrix}3 & 2 & 0\end{bmatrix}\begin{bmatrix}x_1\\ x_2\\ x_3\end{bmatrix}$

根据能观测判别准则,其 **A** 阵都是对角标准形,故判别其能观测性只需检查其 **C** 阵是否含有元素全为零的列。显然,系统(1)是能观测的,系统(2)是不能观测的。

注意:在应用此判据时,**A** 阵必须具有互不相同的特征值,对于重特征值的情况,即使 **A** 阵呈对角线标难形,也不能采用这个判据判断系统的能观测性。

定理 4-7　具有重特征根的 n 阶系统 $\Sigma(\boldsymbol{A},\boldsymbol{C})$

状态能观测的充分必要条件是对于相同特征值下的每个约当块的首列所对应 $\bar{\boldsymbol{C}}$ 阵的列线性无关。

显然，在每个特征值只有一个约当块的情况下，只要求每个约当块首列所对应于 $\bar{\boldsymbol{C}}$ 的列其元素不全为零。

例如对于下面两个系统：

系统(1) $\begin{bmatrix}\dot{x}_1\\ \dot{x}_2\end{bmatrix}=\begin{bmatrix}-2 & 1\\ 0 & -2\end{bmatrix}\begin{bmatrix}x_1\\ x_2\end{bmatrix}$, $\boldsymbol{y}=\begin{bmatrix}1 & 0\end{bmatrix}\begin{bmatrix}x_1\\ x_2\end{bmatrix}$

系统(2) $\begin{bmatrix}\dot{x}_1\\ \dot{x}_2\end{bmatrix}=\begin{bmatrix}-2 & 1\\ 0 & -2\end{bmatrix}\begin{bmatrix}x_1\\ x_2\end{bmatrix}$, $\boldsymbol{y}=\begin{bmatrix}0 & 1\end{bmatrix}\begin{bmatrix}x_1\\ x_2\end{bmatrix}$

由该判别准则易知，系统(1)是能观测的，而系统(2)是不能观测的。注意，在系统(1)的输出方程中 $\boldsymbol{y}$ 并不显含 x_2，为什么 x_2 仍然能从 $\boldsymbol{y}$ 中得到观测呢？对照系统(1)的状态方程，有 $\dot{x}_1=-2x_1+x_2$，这意味 x_2 能影响 x_1 的未来，即 x_1 中含有 x_2 的信息。而 x_1 是能从 $\boldsymbol{y}$ 中得到观测，于是，尽管 $\boldsymbol{y}$ 中不显含 x_2，但 x_2 还是能借助 x_1 从 $\boldsymbol{y}$ 中得到观测。可是在系统(2)的输出方程中，$\boldsymbol{y}$ 显含 x_2，但不显含 x_1，且系统(2)的状态方程是 $\dot{x}_2=-2x_2$，这意味 x_2 中不含有 x_1 的信息，即 x_1 既不能从输出 $\boldsymbol{y}$ 中直接测取也不能从可以观测的 x_2 中获得信息，所以状态变量 x_1 不能观测。

再如系统(3)

$$[\dot{\bar{x}}]=\begin{bmatrix}-1 & 1 & & & & & & \\ & -1 & & & & & & \\ & & -1 & & & & & \\ & & & -1 & & & & \\ & & & & 2 & 1 & & \\ & & & & & 2 & & \\ & & & & & & 2 & \\ & & & & & & & 5\end{bmatrix}\bar{x}$$

$$y=\begin{bmatrix}2 & 0 & 0 & 0 & 1 & 0 & 0 & 0\\ 0 & 0 & 1 & 0 & 2 & 4 & 0 & 7\\ 0 & 0 & 0 & 3 & 3 & 0 & 1 & 0\end{bmatrix}\bar{x}$$

显然，该系统对应的特征根分别 $\lambda_1=-1$，$\lambda_2=2$，$\lambda_3=5$，分别取出与特征根对应约当块的 $\boldsymbol{C}$ 阵中的相应列，组成如下矩阵：

$$\begin{bmatrix}\bar{\boldsymbol{c}}_{111} & \bar{\boldsymbol{c}}_{112} & \bar{\boldsymbol{c}}_{113}\end{bmatrix}=\begin{bmatrix}2 & 0 & 0\\ 0 & 1 & 0\\ 0 & 0 & 3\end{bmatrix}$$

$$\begin{bmatrix}\bar{\boldsymbol{c}}_{121}\end{bmatrix}=\begin{bmatrix}1 & 0\\ 2 & 0\\ 3 & 1\end{bmatrix}$$

$$\begin{bmatrix}\bar{\boldsymbol{c}}_{31}\end{bmatrix}=\begin{bmatrix}0\\ 7\\ 0\end{bmatrix}$$

可见，三个矩阵均为列线性无关，由约当规范形判据，系统完全能观测。

4.4 对偶性

线性系统的能控性与能观测性不是两个相互独立的概念，它们之间存在着一种内在的联系。即一个系统的能控性等价于对偶系统的能观测性；或者说，一个系统的能观测性等价于对偶系统的能控性。利用对偶关系，可以把对系统能观测性的分析转化为对其对偶系统能控性的分析。更进一步说，它也沟通了最优控制问题和最优估计问题之间的内在联系。

4.4.1 对偶系统

定义　对应定常系统Σ_1和Σ_2其状态空间表达式分别为

$$\Sigma_1:\begin{array}{l}\dot{\boldsymbol{x}}=\boldsymbol{A}\boldsymbol{x}+\boldsymbol{B}\boldsymbol{u}\\ \boldsymbol{y}=\boldsymbol{C}\boldsymbol{x}\end{array} \tag{4-10}$$

$$\Sigma_2:\begin{array}{l}\dot{\boldsymbol{x}}^*=\boldsymbol{A}^*\boldsymbol{x}^*+\boldsymbol{B}^*\boldsymbol{u}^*\\ \boldsymbol{y}^*=\boldsymbol{C}^*\boldsymbol{x}^*\end{array} \tag{4-11}$$

若满足下列关系：

$$\begin{array}{l}\boldsymbol{A}^*=\boldsymbol{A}^{\mathrm{T}}\\ \boldsymbol{B}^*=\boldsymbol{C}^{\mathrm{T}}\\ \boldsymbol{C}^*=\boldsymbol{B}^{\mathrm{T}}\end{array} \tag{4-12}$$

则称Σ_1和Σ_2是互为对偶的。

显然，若系统Σ_1是一个p维输入，q维输出的n阶系统，则其对偶系统Σ_2是一个q维输入、p维输出的n阶系统。

可见，互为对偶的两系统意味着输入端和输出端的互换，信号传递方向的反向；信号引出点和相加点的互换，对应矩阵的转置，以及时间的倒转。

还可证明，无论是连续时间线性系统还是离散时间系统，线性系统的对偶系统也为线性系统，时变(或定常)系统的对偶系统也为时变(或定常)系统。

根据对偶系统的关系式可以导出对偶系统的传递函数阵是互为转置的。即若系统Σ_1的传递函数阵是$q\times p$矩阵

$$\boldsymbol{G}(s)=\boldsymbol{C}(s\boldsymbol{I}-\boldsymbol{A})^{-1}\boldsymbol{B}$$

则系统Σ_2的其传递函数阵为

$$\begin{aligned}\boldsymbol{G}^*(s)=\boldsymbol{C}^*(s\boldsymbol{I}-\boldsymbol{A}^*)^{-1}\boldsymbol{B}^*=\\ \boldsymbol{B}^{\mathrm{T}}(s\boldsymbol{I}-\boldsymbol{A}^{\mathrm{T}})^{-1}\boldsymbol{C}^{\mathrm{T}}=\\ \boldsymbol{B}^{\mathrm{T}}[(s\boldsymbol{I}-\boldsymbol{A})^{-1}]^{\mathrm{T}}\boldsymbol{C}^{\mathrm{T}}=\\ [\boldsymbol{C}(s\boldsymbol{I}-\boldsymbol{A})^{-1}\boldsymbol{B}]^{\mathrm{T}}=\boldsymbol{G}^{\mathrm{T}}(s)\end{aligned}$$

由此还可得出，互为对偶的系统其特征方程是相同的，即$\det(s\boldsymbol{I}-\boldsymbol{A})=\det(s\boldsymbol{I}-\boldsymbol{A}^*)$。

4.4.2 对偶原理

定理 4-8　设$\Sigma_1=(\boldsymbol{A},\boldsymbol{B},\boldsymbol{C})$和$\Sigma_2=(\boldsymbol{A}^*,\boldsymbol{B}^*,\boldsymbol{C}^*)$是互为对偶的两个系统，则

$$\Sigma_1 \text{ 的能控性} \overset{\text{等价}}{\Longleftrightarrow} \Sigma_2 \text{ 的能观测性}$$

$$\Sigma_1 \text{ 的能观测性} \overset{\text{等价}}{\Longleftrightarrow} \Sigma_2 \text{ 的能控性}$$

或者说，若Σ_1是状态完全能控的(完全能观测的)，则Σ_2是状态完全能观测的(完全能控的)。

证明 对Σ_2而言，若能控判别矩阵

$$\boldsymbol{Q}_c^* = [\boldsymbol{B}^* \quad \boldsymbol{A}^*\boldsymbol{B}^* \quad \cdots \quad \boldsymbol{A}^{*n-1}\boldsymbol{B}^*] \tag{4-13}$$

的秩为n，则Σ_2为状态完全能控。

又因Σ_2是Σ_1的对偶系统，故有

$$\boldsymbol{A}^* = \boldsymbol{A}^{\mathrm{T}}, \boldsymbol{B}^* = \boldsymbol{C}^{\mathrm{T}}, \boldsymbol{C}^* = \boldsymbol{B}^{\mathrm{T}}$$

将上式代入式(4-13)，有

$$\boldsymbol{Q}_c^* = [\boldsymbol{C}^{\mathrm{T}} \quad \boldsymbol{A}^{\mathrm{T}}\boldsymbol{C}^{\mathrm{T}} \quad \cdots \quad \boldsymbol{A}^{\mathrm{T}(n-1)}\boldsymbol{C}^{\mathrm{T}}]$$

$$\boldsymbol{Q}_c^{*\mathrm{T}} = \begin{bmatrix} \boldsymbol{C} \\ \boldsymbol{CA} \\ \vdots \\ \boldsymbol{CA}^{n-1} \end{bmatrix} = \boldsymbol{Q}_{\mathrm{O}} \tag{4-14}$$

即Σ_2的能控性等价于Σ_1的能观测性。

同理可证，Σ_2的能观测性等价于Σ_1的能控性。

系统的能控性与能观测性的对偶特性，只是线性系统的对偶原理的体现之一。借助对偶系统的对偶关系，可以把所要研究的问题转化为对其对偶系统的对偶性质来研究，而后者常常是比较容易解决或已解决的问题。例如，把对随机问题的研究，转化为对偶的确定性问题的研究，这是讨论对偶问题的最大推动力。

4.5 能控标准型和能观测标准型

在建立系统状态空间表达式时，状态变量的选择往往是不唯一的，因此，系统的状态空间表达式也是不唯一的。但是，对于完全能控或完全能观的线性定常系统，可以从能控性或能观性这个基本属性出发，构造一个非奇异变换阵，将系统的状态空间描述在这一变换阵下化为只有能控或能观系统才具有的标准形式，分别称这种标准型为能控标准型和能观标准型。这两种标准型对于系统的状态反馈及系统状态观测器的设计是非常有用的。

4.5.1 单输入系统的能控标准型

若单输入线性定常系统

$$\dot{\boldsymbol{x}} = \boldsymbol{Ax} + \boldsymbol{Bu}$$

$$\boldsymbol{y} = \boldsymbol{Cx}$$

状态完全能控，则存在线性非奇异变换

$$\boldsymbol{x} = \boldsymbol{T}_c\bar{\boldsymbol{x}} \tag{4-15}$$

其中：

$$\boldsymbol{T}_c=[\boldsymbol{A}^{n-1}b \quad \boldsymbol{A}^{n-2}b \quad \cdots \quad b]\begin{bmatrix}1 & 0 & \cdots & 0 & 0\\ a_{n-1} & 1 & \cdots & 0 & 0\\ \vdots & \vdots & & \vdots & \vdots\\ a_2 & a_3 & \cdots & 1 & 0\\ a_1 & a_2 & \cdots & a_{n-1} & 1\end{bmatrix} \tag{4-16}$$

将上述状态空间表达式变换为

$$\begin{aligned}\dot{\bar{\boldsymbol{x}}}&=\bar{\boldsymbol{A}}\bar{\boldsymbol{x}}+\bar{\boldsymbol{B}}\boldsymbol{u}\\ \boldsymbol{y}&=\bar{\boldsymbol{C}}\bar{\boldsymbol{x}}\end{aligned} \tag{4-17}$$

其中

$$\bar{\boldsymbol{A}}=\boldsymbol{T}_c^{-1}\boldsymbol{A}\boldsymbol{T}_c=\begin{bmatrix}0 & 1 & 0 & \cdots & 0\\ 0 & 0 & 1 & \cdots & 0\\ \vdots & \vdots & \vdots & & \vdots\\ 0 & 0 & 0 & \cdots & 1\\ -a_0 & -a_1 & -a_2 & \cdots & -a_{n-1}\end{bmatrix} \tag{4-18}$$

$$\bar{\boldsymbol{B}}=\boldsymbol{T}_c^{-1}\boldsymbol{B}=\begin{bmatrix}0\\ 0\\ \vdots\\ 0\\ 1\end{bmatrix} \tag{4-19}$$

$$\bar{\boldsymbol{C}}=\boldsymbol{C}\boldsymbol{T}_c=[\beta_0 \quad \beta_1 \quad \cdots \quad \beta_{n-1}] \tag{4-20}$$

称形如式(4-17)的状态空间表达式为能控标准型，其中，$a_i(i=0,1,\cdots,n-1)$为系统特征多项式

$$|\lambda\boldsymbol{I}-\boldsymbol{A}|=\lambda^n+a_{n-1}\lambda^{n-1}+\cdots+a_1\lambda+a_0 \tag{4-21}$$

的各项系数。

证明　(略)

例 4-9　试将下列状态空间表达式转化为能控标准型。

$$\begin{aligned}\dot{\boldsymbol{x}}&=\begin{bmatrix}1 & 2 & 0\\ 3 & -1 & 1\\ 0 & 2 & 0\end{bmatrix}\boldsymbol{x}+\begin{bmatrix}2\\ 1\\ 1\end{bmatrix}\boldsymbol{u}\\ \boldsymbol{y}&=[0 \quad 0 \quad 1]\boldsymbol{x}\end{aligned}$$

解　系统能控性判别矩阵的秩为

$$\text{rank}[\boldsymbol{b} \quad \boldsymbol{A}\boldsymbol{b} \quad \boldsymbol{A}^2\boldsymbol{b}]=\text{rank}\begin{bmatrix}2 & 4 & 16\\ 1 & 6 & 8\\ 1 & 2 & 12\end{bmatrix}=3$$

所以系统能控，可化为能控标准型。

由系统特征多项式

$$|\lambda\boldsymbol{I}-\boldsymbol{A}|=\lambda^3-9\lambda+2$$

得　$a_0=2,\ a_1=-9,\ a_2=0$

则可得

$$\bar{A}=\begin{bmatrix}0 & 1 & 0\\ 0 & 0 & 1\\ -a_0 & -a_1 & -a_2\end{bmatrix}=\begin{bmatrix}0 & 1 & 0\\ 0 & 0 & 1\\ -2 & 9 & 0\end{bmatrix}$$

$$\bar{b}=\begin{bmatrix}0\\ 0\\ 1\end{bmatrix}$$

$$\bar{C}=CT_c=[0\quad 0\quad 1][A^2b\quad Ab\quad b]\begin{bmatrix}1 & 0 & 0\\ a_2 & 1 & 1\\ a_1 & a_2 & 0\end{bmatrix}=[3\quad 2\quad 1]=[\beta_0\quad \beta_1\quad \beta_2]$$

因此,系统的能控性标准型为

$$\dot{x}=\begin{bmatrix}0 & 1 & 0\\ 0 & 0 & 1\\ -2 & 9 & 0\end{bmatrix}x+\begin{bmatrix}0\\ 0\\ 1\end{bmatrix}u$$

$$y=[3\quad 2\quad 1]x$$

4.5.2 单输入系统的能观测标准型

与化系统为能控标准型类似，只有系统状态完全能观时，才能化系统状态空间表达式为能观标准型。

设单输出线性定常系统

$$\dot{x}=Ax+Bu$$
$$y=Cx$$

状态完全能观，则存在非奇异变换

$$x=T_o\bar{x} \tag{4-22}$$

变换阵

$$T_o^{-1}=\begin{bmatrix}1 & a_{n-1} & \cdots & a_2 & a_1\\ 0 & 1 & \cdots & a_3 & a_2\\ \vdots & \vdots & \ddots & \vdots & \vdots\\ 0 & 0 & \cdots & 1 & a_{n-1}\\ 0 & 0 & \cdots & 0 & 1\end{bmatrix}\begin{bmatrix}CA^{n-1}\\ CA^{n-2}\\ \vdots\\ CA\\ C\end{bmatrix}$$

将其状态空间表达式经(4-22)变换为

$$\begin{aligned}\dot{\bar{x}}&=\bar{A}\bar{x}+\bar{b}u\\ y&=\bar{C}\bar{x}\end{aligned} \tag{4-23}$$

其中

$$\bar{A}=T_o^{-1}AT_o=\begin{bmatrix}0 & 0 & \cdots & 0 & -a_0\\ 1 & 0 & \cdots & 0 & -a_1\\ 0 & 1 & \cdots & 0 & -a_2\\ \vdots & \vdots & \ddots & \vdots & \vdots\\ 0 & 0 & \cdots & 1 & -a_{n-1}\end{bmatrix} \tag{4-24}$$

$$\bar{\boldsymbol{b}}=\boldsymbol{T}_o^{-1}\boldsymbol{b}=\begin{bmatrix}\beta_0\\\beta_1\\\vdots\\\beta_{n-1}\end{bmatrix} \tag{4-25}$$

$$\bar{\boldsymbol{C}}=\boldsymbol{C}\boldsymbol{T}_o=[0\quad 0\quad \cdots\quad 1] \tag{4-26}$$

形如式(4－23)的状态空间表达式称为能观标准型，证明过程略。

例 4－10　试将下列状态空间表达式转化为能观测标准型。

$$\dot{\boldsymbol{x}}=\begin{bmatrix}1 & 2 & 0\\3 & -1 & 1\\0 & 2 & 0\end{bmatrix}\boldsymbol{x}+\begin{bmatrix}2\\1\\1\end{bmatrix}\boldsymbol{u}$$

$$\boldsymbol{y}=[0\quad 0\quad 1]\boldsymbol{x}$$

解　系统能观测性判别矩阵的秩为

$$\text{rank}\begin{bmatrix}\boldsymbol{C}\\\boldsymbol{CA}\\\boldsymbol{CA}^2\end{bmatrix}=\text{rank}\begin{bmatrix}0 & 0 & 1\\0 & 2 & 0\\6 & -2 & 2\end{bmatrix}=3$$

所以系统能观，可化为能观标准型。

由式(4－24)～(4－26)得

$$\bar{\boldsymbol{A}}=\begin{bmatrix}0 & 0 & -2\\1 & 0 & 9\\0 & 1 & 0\end{bmatrix},\ \bar{\boldsymbol{b}}=\begin{bmatrix}3\\2\\1\end{bmatrix},\ \bar{\boldsymbol{C}}=[0\quad 0\quad 1]$$

故状态空间表达式的能观标准型为

$$\dot{\bar{\boldsymbol{x}}}=\begin{bmatrix}0 & 0 & -2\\1 & 0 & 9\\0 & 1 & 0\end{bmatrix}\bar{\boldsymbol{x}}+\begin{bmatrix}3\\2\\1\end{bmatrix}\boldsymbol{u}$$

$$\boldsymbol{y}=[0\quad 0\quad 1]\bar{\boldsymbol{x}}$$

4.6　线性系统的结构分解

根据定义，系统中只要有一个状态变量是不能控的，系统就是不完全能控的，因此，不完全能控系统具有能控和不能控两种状态变量；同理，系统中只要有一个状态变量是不能观测的，系统便是不完全能观的，因此，不完全能观系统具有能观和不能观两种状态变量。显然对于既不完全能控又不完全能观的系统，从能控性和能观性角度，其状态变量可分为能控又能观、能控不能观、不能控能观和不能控不能观四种。

本节重在研究其结构按能控性、能观性进行分解的方法和途径。系统结构分解是状态空间分析的一个重要内容，它从理论上揭示了状态空间的本质特征，为最小实现问题的提出提供了理论依据，与之后要学习的系统状态反馈、系统镇定等问题有着密切的联系。

4.6.1　按能控性分解

设线性定常系统：

$$\left.\begin{aligned}\dot{\boldsymbol{x}}&=\boldsymbol{Ax}+\boldsymbol{Bu}\\ \boldsymbol{y}&=\boldsymbol{Cx}\end{aligned}\right\}\tag{4-27}$$

状态不完全能控，其能控判别矩阵的秩

$$\mathrm{rank}\boldsymbol{Q}_c=\mathrm{rank}[\boldsymbol{B}\quad \boldsymbol{AB}\cdots\boldsymbol{A}^{n-1}\boldsymbol{B}]=n_1<n$$

则存在非奇异变换

$$\boldsymbol{x}=\boldsymbol{R}_c\hat{\boldsymbol{x}}$$

将状态空间表达式(4-27)变换为

$$\left.\begin{aligned}\dot{\hat{\boldsymbol{x}}}&=\hat{\boldsymbol{A}}\hat{\boldsymbol{x}}+\hat{\boldsymbol{B}}\boldsymbol{u}\\ \boldsymbol{y}&=\hat{\boldsymbol{C}}\hat{\boldsymbol{x}}\end{aligned}\right\}\tag{4-28}$$

其中

$$\hat{\boldsymbol{x}}=\begin{bmatrix}\hat{\boldsymbol{x}}_1\\ \hat{\boldsymbol{x}}_2\end{bmatrix}\begin{matrix}\}n_1\\ \}n-n_1\end{matrix}$$

$$\hat{\boldsymbol{A}}=\boldsymbol{R}_c^{-1}\boldsymbol{AR}_c=\begin{bmatrix}\hat{\boldsymbol{A}}_{11} & \hat{\boldsymbol{A}}_{12}\\ 0 & \hat{\boldsymbol{A}}_{22}\end{bmatrix}\begin{matrix}\}n_1\\ \}n-n_1\end{matrix}\tag{4-29}$$

$$\hat{\boldsymbol{B}}=\boldsymbol{R}_c^{-1}\boldsymbol{B}=\begin{bmatrix}\hat{\boldsymbol{B}}_1\\ \cdots\\ 0\end{bmatrix}\begin{matrix}\}n_1\\ \\ \}n-n_1\end{matrix}\tag{4-30}$$

$$\hat{\boldsymbol{C}}=\boldsymbol{CR}_c=[\hat{\boldsymbol{C}}_1\ \vdots\ \hat{\boldsymbol{C}}_2]\tag{4-31}$$

可以看出，系统状态空间表达式被变换成式(4-28)后，系统的状态空间被分解成能控和不能控两部分，其中 n_1 维子空间

$$\dot{\hat{\boldsymbol{x}}}_1=\hat{\boldsymbol{A}}_{11}\hat{\boldsymbol{x}}_1+\hat{\boldsymbol{B}}_1\boldsymbol{u}+\hat{\boldsymbol{A}}_{12}\hat{\boldsymbol{x}}_2$$

是能控的，而$(n-n_1)$维子空间

$$\dot{\hat{\boldsymbol{x}}}_2=\hat{\boldsymbol{A}}_{22}\hat{\boldsymbol{x}}_2$$

是不能控的。至于非奇异变换阵

$$\boldsymbol{R}_c=[\boldsymbol{R}_1\quad \boldsymbol{R}_2\quad \cdots\quad \boldsymbol{R}_{n1}\quad \cdots\quad \boldsymbol{R}_n]\tag{4-32}$$

其 n 个列向量可按如下方法构成担：前 n_1 个列向量 $\boldsymbol{R}_1,\boldsymbol{R}_2,\cdots,\boldsymbol{R}_{n1}$ 为能控矩阵 $\boldsymbol{Q}_c$ 中的 n_1 个线性无关的列，另外的$(n-n_1)$个列向量 $\boldsymbol{R}_{n1+1},\boldsymbol{R}_{n1+2},\cdots,\boldsymbol{R}_n$ 在确保 $\boldsymbol{R}_c$ 非奇异的条件下可以任选。

例 4-11 线性定常系统如下，先判别其能控性，如不是完全能控的，则将系统按能控性进行分解。

$$\dot{\boldsymbol{x}}=\begin{bmatrix}0 & 0 & -1\\ 1 & 0 & -3\\ 0 & 1 & -3\end{bmatrix}\boldsymbol{x}+\begin{bmatrix}1\\ 1\\ 0\end{bmatrix}\boldsymbol{u}$$

$$\boldsymbol{y}=[0\quad 1\quad -2]\boldsymbol{x}$$

解：系统能控判别矩阵：

$$\boldsymbol{Q}_c=[\boldsymbol{b}\quad \boldsymbol{Ab}\quad \boldsymbol{A}^2\boldsymbol{b}]=\begin{bmatrix}1 & 0 & -1\\ 1 & 1 & -3\\ 0 & 4 & -2\end{bmatrix}$$

$$\text{Rank}\boldsymbol{Q}_c = 2 < 3$$

系统不完全能控。按式（4-32）构造非奇异变换阵 $\boldsymbol{R}_c$，$\boldsymbol{R}_1$，$\boldsymbol{R}_2$ 选为 $\boldsymbol{Q}_c$ 两线性无关的列向量，即

$$\boldsymbol{R}_1 = \begin{bmatrix} 1 \\ 1 \\ 0 \end{bmatrix}, \quad \boldsymbol{R}_2 = \begin{bmatrix} 0 \\ 1 \\ 1 \end{bmatrix}$$

在保证 $\boldsymbol{R}_c$ 非奇异的情况下，$\boldsymbol{R}_3 = [0 \quad 0 \quad 1]^{\mathrm{T}}$，因此系统的非奇异变换阵

$$\boldsymbol{R}_c = \begin{bmatrix} 1 & 0 & 0 \\ 1 & 1 & 0 \\ 0 & 1 & 1 \end{bmatrix}$$

变换后系统的状态空间表达式为

$$\dot{\hat{\boldsymbol{x}}} = \boldsymbol{R}_c^{-1}\boldsymbol{A}\boldsymbol{R}_c\hat{\boldsymbol{x}} + \boldsymbol{R}_c^{-1}\boldsymbol{b}\boldsymbol{u} =$$

$$\begin{bmatrix} 1 & 0 & 0 \\ 1 & 1 & 0 \\ 0 & 1 & 1 \end{bmatrix}^{-1} \begin{bmatrix} 0 & 0 & -1 \\ 1 & 0 & -3 \\ 0 & 1 & -3 \end{bmatrix} \begin{bmatrix} 1 & 0 & 0 \\ 1 & 1 & 0 \\ 0 & 1 & 1 \end{bmatrix} \hat{\boldsymbol{x}} + \begin{bmatrix} 1 & 0 & 0 \\ 1 & 1 & 0 \\ 0 & 1 & 1 \end{bmatrix}^{-1} \begin{bmatrix} 1 \\ 1 \\ 0 \end{bmatrix} \boldsymbol{u} =$$

$$\begin{bmatrix} 0 & -1 & -1 \\ 1 & -2 & -2 \\ 0 & 0 & -1 \end{bmatrix} \hat{\boldsymbol{x}} + \begin{bmatrix} 1 \\ 0 \\ 0 \end{bmatrix} \boldsymbol{u}$$

$$\boldsymbol{y} = \boldsymbol{C}\boldsymbol{R}_c\hat{\boldsymbol{x}} = [1 \quad -1 \quad -2]\hat{\boldsymbol{x}}$$

现将 $\boldsymbol{R}_3$ 取为另一列向量 $[1 \quad 0 \quad 1]^{\mathrm{T}}$，此时

$$\boldsymbol{R}_c = \begin{bmatrix} 1 & 0 & 1 \\ 1 & 1 & 0 \\ 0 & 1 & 1 \end{bmatrix}$$

依然是非奇异的，用它对原系统作线性非奇异变换得变换后系统状态空间表达式

$$\dot{\hat{\boldsymbol{x}}} = \begin{bmatrix} 0 & -1 & -1 \\ 1 & -2 & -2 \\ 0 & 0 & -1 \end{bmatrix} \hat{\boldsymbol{x}} + \begin{bmatrix} 1 \\ 0 \\ 0 \end{bmatrix} \boldsymbol{u}$$

$$\boldsymbol{y} = [1 \quad -1 \quad -2]\hat{\boldsymbol{x}}$$

与 $\boldsymbol{R}_3$ 取 $[0 \quad 0 \quad 1]^{\mathrm{T}}$ 时的变换结果完全一致。

从变换后的系统状态空间表达式可以看出，变换把系统分解为两部分，一部分是二维能控子空间

$$\dot{\hat{\boldsymbol{x}}} = \begin{bmatrix} 0 & -1 \\ 1 & -2 \end{bmatrix} \hat{\boldsymbol{x}}_1 + \begin{bmatrix} 1 \\ 0 \end{bmatrix} \boldsymbol{u} + \begin{bmatrix} -1 \\ -2 \end{bmatrix} \hat{\boldsymbol{x}}_2$$

另一部分是一维不能控子空间

$$\dot{\hat{\boldsymbol{x}}} = -\hat{\boldsymbol{x}}_2$$

两种结果中二维能控子空间的状态空间表达式是相同的，均为能控标准型。这一现象并非偶然，因为两个变换矩阵的前两列都是系统能控判别阵中的两个线性无关列。

4.6.2 按能观性分解

设线性定常系统

$$\left.\begin{aligned}\dot{\boldsymbol{x}}&=\boldsymbol{A}\boldsymbol{x}+\boldsymbol{B}\boldsymbol{u}\\ \boldsymbol{y}&=\boldsymbol{C}\boldsymbol{x}\end{aligned}\right\}\tag{4-33}$$

状态不完全能观，其能观判别矩阵的秩

$$\operatorname{rank}\boldsymbol{Q}_{\mathrm{o}}=\operatorname{rank}\begin{bmatrix}\boldsymbol{C}\\ \boldsymbol{CA}\\ \vdots\\ \boldsymbol{CA}^{n-1}\end{bmatrix}=n_1<n$$

则存在非奇异变换

$$\boldsymbol{x}=\boldsymbol{R}_{\mathrm{o}}\tilde{\boldsymbol{x}}\tag{4-34}$$

将状态空间表达式(4-33)变换为

$$\left.\begin{aligned}\dot{\tilde{\boldsymbol{x}}}&=\tilde{\boldsymbol{A}}\tilde{\boldsymbol{x}}+\tilde{\boldsymbol{B}}\boldsymbol{u}\\ \boldsymbol{y}&=\tilde{\boldsymbol{C}}\tilde{\boldsymbol{x}}\end{aligned}\right\}\tag{4-35}$$

其中

$$\tilde{\boldsymbol{x}}=\begin{bmatrix}\tilde{\boldsymbol{x}}_1\\ \tilde{\boldsymbol{x}}_2\end{bmatrix}\begin{matrix}\}n_1\\ \}n-n_1\end{matrix}$$

$$\tilde{\boldsymbol{A}}=\boldsymbol{R}_{\mathrm{o}}^{-1}\boldsymbol{A}\boldsymbol{R}_{\mathrm{o}}=\begin{bmatrix}\tilde{\boldsymbol{A}}_{11}\\ \tilde{\boldsymbol{A}}_{21}\end{bmatrix}\begin{matrix}\}n_1\\ \}n-n_1\end{matrix}\tag{4-36}$$

$$\tilde{\boldsymbol{B}}=\boldsymbol{R}_{\mathrm{o}}^{-1}\boldsymbol{B}=\begin{bmatrix}\tilde{\boldsymbol{B}}_1\\ \cdots\\ \tilde{\boldsymbol{B}}_2\end{bmatrix}\begin{matrix}\}n_1\\ \\ \}n-n_1\end{matrix}\tag{4-37}$$

$$\tilde{\boldsymbol{C}}=\boldsymbol{C}\boldsymbol{R}_{\mathrm{c}}=[\tilde{\boldsymbol{C}}_1\ \vdots\ \boldsymbol{0}]\tag{4-38}$$

可以看出，变换后的系统被分解成能观和不能观两个子空间，其中 n_1 维子空间

$$\begin{aligned}\dot{\tilde{\boldsymbol{x}}}_1&=\tilde{\boldsymbol{A}}_{11}\tilde{\boldsymbol{x}}_1+\tilde{\boldsymbol{B}}_1\boldsymbol{u}\\ \boldsymbol{y}&=\tilde{\boldsymbol{C}}_1\tilde{\boldsymbol{x}}_1\end{aligned}$$

是能观的，而$(n-n_1)$维子空间

$$\dot{\tilde{\boldsymbol{x}}}=\tilde{\boldsymbol{A}}_{21}\tilde{\boldsymbol{x}}_1+\tilde{\boldsymbol{A}}_{22}\tilde{\boldsymbol{x}}_2+\tilde{\boldsymbol{B}}_2\boldsymbol{u}$$

是不能观的。非奇异变换阵 $\boldsymbol{R}_0$ 的逆阵按下式构造：

$$\boldsymbol{R}_0^{-1}=\begin{bmatrix}\boldsymbol{R}_1'\\ \boldsymbol{R}_2{}'\\ \vdots\\ \boldsymbol{R}_{n_1}'\\ \vdots\\ \boldsymbol{R}_n'\end{bmatrix}\tag{4-39}$$

其 n 个行向量中，前 n_1 个行向量 $\boldsymbol{R}_1',\boldsymbol{R}_2',\cdots,\boldsymbol{R}_{n_1}'$ 为能观矩阵 $\boldsymbol{Q}_{\mathrm{o}}$ 中的 n_1 个线性无关的行，另外的$(n-n_1)$个行向量 $\boldsymbol{R}_{n_1+1}',\boldsymbol{R}_{n_1+2}',\cdots,\boldsymbol{R}_n'$ 在确保 $\boldsymbol{R}_0^{-1}$ 非奇异的条件下可以任选。

例 4－12　判别以下系统是否完全能观，如不是完全能观的，则将系统按能观性进行分解。

$$\dot{\boldsymbol{x}}=\begin{bmatrix}0 & 0 & -1\\1 & 0 & -3\\0 & 1 & -3\end{bmatrix}\boldsymbol{x}+\begin{bmatrix}1\\1\\0\end{bmatrix}\boldsymbol{u}$$

$$\boldsymbol{y}=\begin{bmatrix}0 & 1 & -2\end{bmatrix}\boldsymbol{x}$$

解：系统能观判别矩阵：

$$\boldsymbol{Q}_o=\begin{bmatrix}C\\CA\\CA^2\end{bmatrix}=\begin{bmatrix}0 & 1 & -2\\1 & -2 & 3\\-2 & 3 & -4\end{bmatrix}$$

$$\mathrm{rank}\boldsymbol{Q}_o=2<3$$

由此看出，系统状态不完全能观。

取 $\boldsymbol{Q}_o$ 中两个线性无关的行向量，$\boldsymbol{R}'_1=\begin{bmatrix}0 & 1 & -2\end{bmatrix}$，$\boldsymbol{R}'_2=\begin{bmatrix}1 & -2 & 3\end{bmatrix}$，构造变换矩阵 $\boldsymbol{R}_0$ 的逆矩阵 $\boldsymbol{R}_0^{-1}$，为保证 $\boldsymbol{R}_0^{-1}$ 的非奇异性，行向量 $\boldsymbol{R}'_3$ 任取为 $\boldsymbol{R}'_3=\begin{bmatrix}0 & 0 & 1\end{bmatrix}$，即

$$\boldsymbol{R}_0^{-1}=\begin{bmatrix}0 & 1 & -2\\1 & -2 & 3\\0 & 0 & 1\end{bmatrix}$$

经计算

$$\boldsymbol{R}_0=\begin{bmatrix}2 & 1 & 1\\1 & 0 & 2\\0 & 0 & 1\end{bmatrix}$$

用 $\boldsymbol{R}_0$ 对系统做线性非奇异变换，得变换后系统的状态空间表达式

$$\dot{\tilde{\boldsymbol{x}}}=\boldsymbol{R}_0^{-1}\boldsymbol{A}\boldsymbol{R}_0\tilde{\boldsymbol{x}}+\boldsymbol{R}_0^{-1}\boldsymbol{b}\boldsymbol{u}=\begin{bmatrix}0 & 1 & 0\\-1 & -2 & 0\\1 & 0 & -1\end{bmatrix}\tilde{\boldsymbol{x}}+\begin{bmatrix}1\\-1\\0\end{bmatrix}\boldsymbol{u}$$

$$\boldsymbol{y}=\boldsymbol{C}\boldsymbol{R}_0\tilde{\boldsymbol{x}}=\begin{bmatrix}1 & 0 & 0\end{bmatrix}\tilde{\boldsymbol{x}}$$

其二维能观子空间为

$$\dot{\tilde{\boldsymbol{x}}}_1=\begin{bmatrix}0 & 1\\-1 & -2\end{bmatrix}\tilde{\boldsymbol{x}}_1+\begin{bmatrix}1\\-1\end{bmatrix}\boldsymbol{u}$$

$$\boldsymbol{y}=\begin{bmatrix}1 & 0\end{bmatrix}\tilde{\boldsymbol{x}}_1$$

4.7　传递函数矩阵的状态空间实现

所谓实现问题，简单地说，就是根据表征系统输入/输出关系的传递函数描述来确定表征系统内部结构特征的状态空间描述。对于某个给定的传递函数矩阵有无穷多个状态空间表达式与之对应，即同一个传递函数矩阵有无穷多个内部结构不同的实现。实现问题有助于深刻揭示系统的一些结构特征，并且可帮助工程设计人员从不同的角度去分析、研究系统的运动过程并对其进行计算机模拟。

4.7.1 最小实现

给定传递函数矩阵$\boldsymbol{G}(s)$的实现不是唯一的，而且实现的维数也不相同。在众多的实现中，维数最低的实现属于最小实现。由于最小实现结构简单，因此无论在理论上还是在实际应用中，都有着非常重要的意义。

定理 4-9 严格有理真分式的传递函数矩阵$\boldsymbol{G}(s)$的一个实现Σ

$$\dot{\boldsymbol{x}}=\boldsymbol{A}\boldsymbol{x}+\boldsymbol{B}\boldsymbol{u}$$
$$\boldsymbol{y}=\boldsymbol{C}\boldsymbol{x}$$

为达成最小实现的充分必要条件是$\Sigma(\boldsymbol{A},\boldsymbol{B},\boldsymbol{C})$状态完全能控且完全能观测。

例 4-13 试求传递函数矩阵$\boldsymbol{G}(s)=\left[\dfrac{1}{(s+1)(s+2)}\quad\dfrac{1}{(s+2)(s+3)}\right]$的最小实现。

解 $\boldsymbol{G}(s)$是严格的有理真分式，直接将其写为按s降幂排列的标准形式：

$$\boldsymbol{G}(s)=\left[\frac{(s+3)}{(s+1)(s+2)(s+3)}\quad\frac{(s+1)}{(s+1)(s+2)(s+3)}\right]=$$
$$\frac{1}{(s+1)(s+2)(s+3)}[s+3\quad s+1]=$$
$$\frac{1}{s^3+6s^2+11s+6}[s+3\quad s+1]$$

则有

$$a_0=6,\ a_1=11,\ a_2=6$$

设输入矢量的维数为$r=1$，输出矢量的维数$m=2$，所以可直接写出$\boldsymbol{G}(s)$所对应的能控标准型实现：

$$\boldsymbol{A}_c=\begin{bmatrix}0 & 1 & 0\\0 & 0 & 1\\-6 & -11 & -6\end{bmatrix},\quad \boldsymbol{B}_c=\begin{bmatrix}0\\0\\1\end{bmatrix},\quad \boldsymbol{C}_c=\begin{bmatrix}3 & 1 & 0\\1 & 1 & 0\end{bmatrix}$$

4.7.2 能控性和能观性与传递函数阵的关系

线性定常系统既可以用传递函数阵进行外部描述，也可以用状态方程进行内部描述，对于系统的能控性能观性与传递函数，两者之间有何关系？

定理 4-10 对于单输入单输出系统

$$\dot{\boldsymbol{x}}=\boldsymbol{A}\boldsymbol{x}+\boldsymbol{B}\boldsymbol{u}$$
$$\boldsymbol{y}=\boldsymbol{C}\boldsymbol{x}$$

能控且能观测的充要条件是其传递函数$G(s)=c(s\boldsymbol{I}-\boldsymbol{A})^{-1}b$的分子分母没有零极点对消。

例 4-14 系统传递函数为

$$\frac{Y(s)}{U(s)}=\frac{s+1}{s^2+3s+2}$$

试分析系统的实现。

解 系统传递函数的分子分母具有相同因子$s+1$，即出现了零极点对消，因此，系统状态是不完全能控或不完全能观，或既不完全能控又不完全能观。

能控不能观测动态方程

$$\dot{x}_c=\begin{bmatrix}0 & 1\\ -2 & -3\end{bmatrix}x_c+\begin{bmatrix}0\\ 1\end{bmatrix}u,\ y=\begin{bmatrix}1 & 1\end{bmatrix}x_c$$

能观测不能控动态方程

$$\dot{x}_o=\begin{bmatrix}0 & -2\\ 1 & -3\end{bmatrix}x_o+\begin{bmatrix}1\\ 1\end{bmatrix}u,\ y=\begin{bmatrix}0 & 1\end{bmatrix}x_o$$

不能控不能观测动态方程

$$\dot{x}=\begin{bmatrix}-1 & 0\\ 0 & -2\end{bmatrix}x+\begin{bmatrix}0\\ 1\end{bmatrix}u,\ y=\begin{bmatrix}0 & 1\end{bmatrix}x$$

习　　题

4.1　已知系统的传递函数为 $G(s)=\dfrac{s^2+6s+8}{s^2+4s+3}$，试求该系统的能控标准型、能观测标准型和对角线标准型的动态方程。

4.2　已知系统的传递函数 $\dfrac{Y(s)}{U(s)}=\dfrac{s+1}{s^2+3s+2}$，试写出该系统能控不能观测、能观测不能控及不能控不能观测的动态方程。

4.3　已知系统状态空间表达式为

$$\dot{x}=\begin{bmatrix}0 & 1\\ -1 & -2\end{bmatrix}x+\begin{bmatrix}1\\ -1\end{bmatrix}u$$

$$y=\begin{bmatrix}1 & 0\end{bmatrix}x$$

试将系统化成约当标准型，求出相应的变换矩阵和状态空间表达式。

4.4　已知系统状态空间表达式为

$$\dot{x}=\begin{bmatrix}0 & -2\\ 1 & -3\end{bmatrix}x+\begin{bmatrix}1\\ -1\end{bmatrix}u$$

$$y=\begin{bmatrix}1 & 0\end{bmatrix}x$$

试将系统化成对角线标准型，求出相应的变换矩阵和状态空间表达式。

4.5　已知线性定常系统传递函数矩阵为 $\boldsymbol{G}(s)=\dfrac{\boldsymbol{Y}(s)}{\boldsymbol{U}(s)}=\begin{bmatrix}\dfrac{s+3}{(s+1)(s+2)}\\ \dfrac{s+4}{s+3}\end{bmatrix}$，试采用传递函数的直接分解法，求出系统的能控标准型状态空间表达式。

4.6　已知系统的状态空间表达式为

$$\dot{x}=\begin{bmatrix}0 & 1\\ -2 & -3\end{bmatrix}x+\begin{bmatrix}b_1\\ b_2\end{bmatrix}u$$

$$y=\begin{bmatrix}c_1 & c_2\end{bmatrix}x$$

试求：

(1)将系统化成对角线标准型时相应的变换矩阵和状态空间表达式；

(2)欲使系统中有一个状态既能控又能观测，令一个状态既不能控又不能观测，试确定

b_1, b_2 和 c_1, c_2 应满足的关系。

4.7　试判断下述系统是否完全能控。

(1) $\dot{x}=\begin{bmatrix}-2 & 0\\ 0 & -2\end{bmatrix}x+\begin{bmatrix}2\\ 1\end{bmatrix}u$

(2) $\dot{x}=\begin{bmatrix}3 & 0 & 0 & 0\\ 0 & 3 & 0 & 0\\ 0 & 0 & 3 & 0\\ 0 & 0 & 0 & 1\end{bmatrix}x+\begin{bmatrix}1 & 2\\ 1 & 1\\ 2 & 1\\ 0 & 1\end{bmatrix}u$

4.8　试判断下述系统是否完全能观测。

(1) $\dot{x}=\begin{bmatrix}2 & 1\\ 1 & 2\end{bmatrix}x+\begin{bmatrix}-1\\ 1\end{bmatrix}u,\ y=\begin{bmatrix}1 & -1\end{bmatrix}x$

(2) $\dot{x}=\begin{bmatrix}-2 & 1 & 0\\ 0 & -2 & 0\\ 0 & 0 & -2\end{bmatrix}x,\ y=\begin{bmatrix}1 & 0 & 4\\ 2 & 0 & 8\end{bmatrix}x$

(3) $\dot{x}=\begin{bmatrix}0 & 1\\ -3 & -4\end{bmatrix}x+\begin{bmatrix}1\\ 2\end{bmatrix}u,\ y=\begin{bmatrix}1 & 0\\ 2 & 1\end{bmatrix}x+\begin{bmatrix}1\\ 0\end{bmatrix}u$

4.9　确定下述系统能控性和能观测性。

(1) $\begin{bmatrix}\dot{x}_1\\ \dot{x}_2\end{bmatrix}=\begin{bmatrix}-1 & 0\\ 0 & -3\end{bmatrix}\begin{bmatrix}x_1\\ x_2\end{bmatrix}+\begin{bmatrix}1\\ 1\end{bmatrix}u, y=\begin{bmatrix}\frac{3}{2} & \frac{1}{2}\end{bmatrix}\begin{bmatrix}x_1\\ x_2\end{bmatrix}+u$

(2) $\dot{x}=\begin{bmatrix}-5 & -1\\ 6 & 0\end{bmatrix}x+\begin{bmatrix}0\\ 2\end{bmatrix}u, y=\begin{bmatrix}0 & 1\end{bmatrix}x$

(3) $\dot{x}=\begin{bmatrix}0 & 1\\ -1 & 0\end{bmatrix}x+\begin{bmatrix}0\\ 1\end{bmatrix}u, y=\begin{bmatrix}0 & 1\end{bmatrix}x$

(4) $\begin{cases}\begin{bmatrix}\dot{x}_1\\ \dot{x}_2\\ \dot{x}_3\\ \dot{x}_4\end{bmatrix}=\begin{bmatrix}-4 & 1 & 0 & 0\\ 0 & -4 & 0 & 0\\ 0 & 0 & -3 & 1\\ 0 & 0 & 0 & -3\end{bmatrix}\begin{bmatrix}x_1\\ x_2\\ x_3\\ x_4\end{bmatrix}+\begin{bmatrix}0 & 0\\ 0 & 0\\ 0 & 0\\ 2 & 0\end{bmatrix}\begin{bmatrix}u_1\\ u_2\end{bmatrix}\\ \begin{bmatrix}y_1\\ y_2\end{bmatrix}=\begin{bmatrix}1 & 0 & 0 & 0\\ 0 & 0 & 1 & 0\end{bmatrix}\begin{bmatrix}x_1\\ x_2\\ x_3\\ x_4\end{bmatrix}\end{cases}$

4.10　确定下述系统为状态能控的待定常数。

$$A=\begin{bmatrix}\alpha & 1\\ -1 & 0\end{bmatrix},\ b=\begin{bmatrix}\beta\\ -1\end{bmatrix}$$

4.11　已知系统的状态空间表达式为

$$\dot{x}=\begin{bmatrix}0 & 1\\ -3 & 2\end{bmatrix}x+\begin{bmatrix}a\\ b\end{bmatrix}u$$

$$y=\begin{bmatrix}c & d\end{bmatrix}x$$

试分别确定当系统状态能控及能观测时，实常数 a, b, c, d 应满足的条件。

4.12　两个能控能观测的单输入/单输出系统的状态空间模型为

$$S_1:\dot{\boldsymbol{x}}_1=\begin{bmatrix}0 & 1\\3 & -4\end{bmatrix}\boldsymbol{x}_1+\begin{bmatrix}0\\1\end{bmatrix}\boldsymbol{u}_1,\ \boldsymbol{y}_1=[2\quad 1]\boldsymbol{x}_1$$

$$S_2:\dot{\boldsymbol{x}}_2=-2\boldsymbol{x}_2+\boldsymbol{u}_2,\ \boldsymbol{y}_2=\boldsymbol{x}_2$$

试求：(1)按图 4-3 将 S_1，S_2 串联，针对状态向量 $\boldsymbol{x}=[x_1\quad x_2]^{\mathrm{T}}$ 推导串联组合系统的状态方程；

(2)S_1，S_2 及串联系统的传递函数矩阵；

(3)判断串联组合系统的能控性和能观测性。

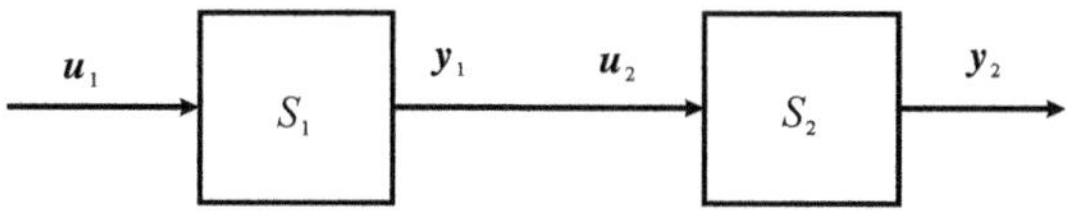

图 4-3　结构图

4.13　控制系统结构图如图 4-4 所示，图中：a,b,c,d 均为常数。试分析系统的状态能控性、状态能观测性和输出能控性。

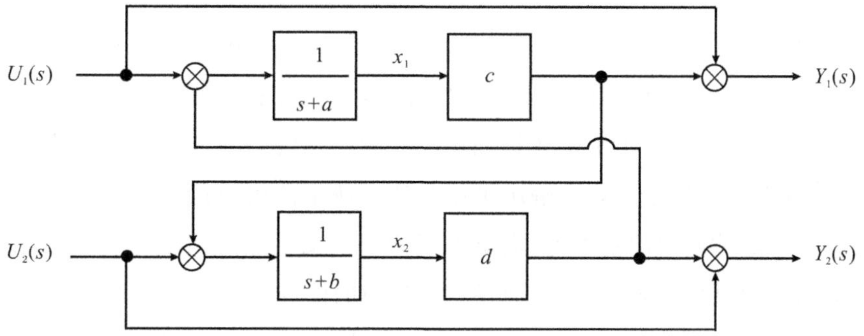

图 4-4　结构图

4.14　定出下列线性定常系统按能控性的结构分解式。

$$\dot{\boldsymbol{x}}=\begin{bmatrix}-1 & 1\\0 & 0\end{bmatrix}\boldsymbol{x}+\begin{bmatrix}1\\1\end{bmatrix}\boldsymbol{u}$$

第 5 章　系统的运动稳定性

稳定性(stability)是系统能够正常工作的首要条件,也是系统的重要特性,它描述初始条件下系统方程的解是否具有收敛性,而与输入作用无关。经典控制理论中已经建立了代数判据、奈奎斯特判据、对数判据等来判断线性定常系统的稳定性,但这些方法不适用于非线性、时变系统。

早在 1892 年,俄国学者李雅普诺夫(Ляпунов 或 Lyapunov,1857—1918)(见图 5-1)提出的稳定性理论是确定系统稳定性的更一般性理论,它采用了状态空间描述,不仅适用于单变量、线性、定常系统,而且还适用于多变量、非线性、时变系统。在分析一些特定的非线性系统的稳定性时,李雅普诺夫理论有效地解决了用其他方法不能解决的问题。李雅普诺夫理论在建立一系列关于稳定性概念的基础上,提出了判断系统稳定性的两种方法。第一种方法是先把非线性函数用近似级数来表示,然后通过这个近似的微分方程式的解来分析系统的稳定性,这是一种简捷的方法;第二种方法不是求解方程,而是通过一个称为李雅普诺夫函数的能量函数来判别系统的稳定性,由于不用解方程就能直接判别稳定性,所以第二种方法也称为李雅普诺夫直接方法。

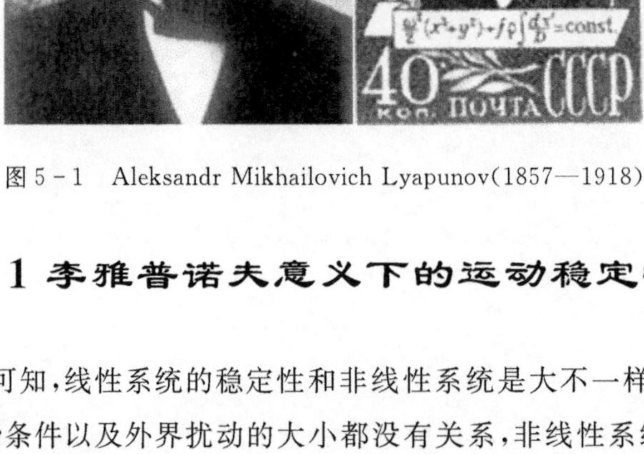

图 5-1　Aleksandr Mikhailovich Lyapunov(1857—1918)

5.1 李雅普诺夫意义下的运动稳定性

从经典控制理论可知,线性系统的稳定性和非线性系统是大不一样的。一个线性系统是否稳定,与系统的初始条件以及外界扰动的大小都没有关系,非线性系统则不然。因此,在经典控制理论中没有给出稳定性的一般定义。李雅普诺夫直接法是一种普遍的方法，对于线性和非线性系统都适用。李雅普诺夫给出了对任何系统都适用的关于稳定性的一般定义。

系统的稳定性都是相对系统的平衡状态而言的。对于线性定常系统，由于只存在唯一的一个孤立平衡点，所以，只有线性定常系统才能笼统地提出系统的稳定性问题。对于其余系统，系统中不同的平衡点有着不同的稳定性，只能研究某一平衡状态的稳定性。为此，首先介绍有关平衡状态的定义。

5.1.1　平衡状态的定义

设动力学系统

$$\dot{\boldsymbol{x}}=f(\boldsymbol{x}) \tag{5-1}$$

的平衡状态是 $\dot{\boldsymbol{x}}=0$ 的一类状态，并用 $\boldsymbol{x}_e$ 表示。即

$$\dot{\boldsymbol{x}}_e=f(\boldsymbol{x}_e,t)=0 \quad \forall t\geqslant t_0 \tag{5-2}$$

的解。称 $\boldsymbol{x}_e$ 为系统的一个平衡点或一个平衡状态。

显然，对于线性系统 $\dot{\boldsymbol{x}}=\boldsymbol{A}\boldsymbol{x}$ 的平衡状态 $\boldsymbol{x}_e$ 是满足 $\boldsymbol{A}\boldsymbol{x}_e=0$ 的 $\boldsymbol{x}_e$。若 $\boldsymbol{A}$ 为非奇异，系统只存在唯一的一个平衡状态 $\boldsymbol{x}_e=0$，而若 $\boldsymbol{A}$ 为奇异时，则存在无限多个平衡状态。

对于非线性系统，通常有一个或多个平衡状态。

任意一个孤立的平衡状态或给定运动都可以通过坐标变换统一化为坐标原点，即 $\boldsymbol{x}_e=0$，因此，为了便于分析，把平衡状态取为状态空间的原点。

5.1.2　李雅普诺夫意义下的稳定性

系统受扰动作用后其状态自平衡状态发生偏离，随后所有时间内系统的响应可能出现下列情况：①系统的自由响应是有界的；②系统的自由响应是无界的；③系统的自由响应不但有界，而且最终回到原先的初始状态。李雅普诺夫把上述三种情况分别定义为稳定的、不稳定的和渐近稳定的。

这里主要研究的运动稳定性，即研究系统的平衡状态稳定性，也就是说偏离平衡状态的受扰运动能否只依靠系统内部的结构因素而返回到平衡状态，或者限制在它的一个有限邻域内。

1. 李雅普诺夫意义下的稳定性

对于任意给定的一个实数(＞0，都对应存在另一实数 $\delta(\varepsilon,t_0)>0$，使得一切满足不等式

$$\|\boldsymbol{x}_0-\boldsymbol{x}_e\|\leqslant\delta(\varepsilon,t_0) \tag{5-3}$$

的任意初始状态 $\boldsymbol{x}_0$ 出发的受扰运动 $\boldsymbol{x}(t)=\boldsymbol{\Phi}(t,x_0,t_0)$，在所有时间内(包括 $t\to\infty$ 时)都满足

$$\|\boldsymbol{x}(t)-\boldsymbol{x}_e\|=\|\boldsymbol{\Phi}(t,x_0,t_0)-\boldsymbol{x}_e\|\leqslant\varepsilon \quad \forall t\geqslant t_0 \tag{5-4}$$

则称系统的平衡状态 $\boldsymbol{x}_e$ 在李雅普诺夫意义下是稳定的。

数学上把状态向量的长度，即其端点到原点的距离叫范数，用 $\|\boldsymbol{x}\|$ 表示，对于 n 维状态空间，若令状态向量 $\boldsymbol{x}=[x_1 \quad x_2 \quad \cdots \quad x_n]^{\mathrm{T}}$，则有

$$\|\boldsymbol{x}\|=(\boldsymbol{x}^{\mathrm{T}}\boldsymbol{x})^{\frac{1}{2}}=(x_1^2+x_2^2+\cdots+x_n^2)^{\frac{1}{2}} \tag{5-5}$$

于是从几何上看，$\|\boldsymbol{x}_0-\boldsymbol{x}_e\|\leqslant\delta(\varepsilon,t_0)$，则表示在状态空间中以为 $\boldsymbol{x}_e$ 球心，δ 为半径的一个球域，记为 $S(\delta)$；$\boldsymbol{\Phi}(t,x_0,t_0)-\boldsymbol{x}_e\leqslant\varepsilon$，表示状态空间中以 $\boldsymbol{x}_e$ 为球心，以 ε 为半径的一个球域，

记为 $S(\varepsilon)$。

上述稳定性定义的几何含义：当给定以任意正数 δ 为半径的球域 $S(\varepsilon)$，总能找到一个相应的 $\delta>0$ 为半径的另一个球域 $S(\delta)$，当 t 无限增大时，从 $S(\delta)$ 球域内出发的状态轨迹 $\boldsymbol{\Phi}(t, x_0, t_0)$ 总不越出 $S(\varepsilon)$ 的球域内，这个平衡状态 $\boldsymbol{x}_e$ 就是李雅普诺夫意义下稳定的。以二维空间为例，上述几何解释如图 5-2 所示。

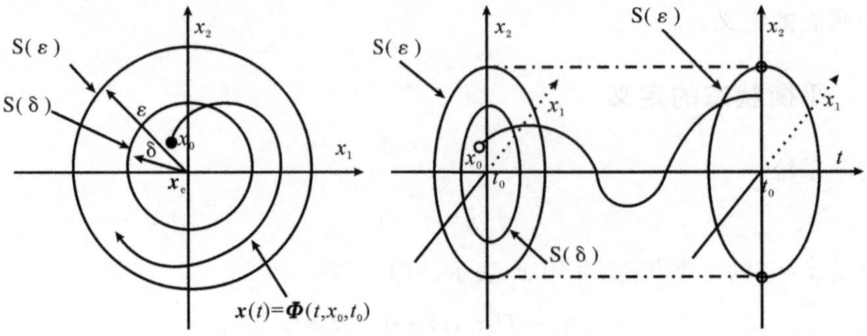

图 5-2　稳定平衡状态示意图

2. 渐近稳定

若平衡状态 $\boldsymbol{x}_e$ 在时刻 t_0 是李雅普诺夫意义下稳定的，并且当 $t\to\infty$ 时，$\boldsymbol{x}(t)\to\boldsymbol{x}_e$。即

$$\lim_{t\to\infty}\|\boldsymbol{x}(t)-\boldsymbol{x}_e\|=0 \tag{5-6}$$

则称平衡状态 $\boldsymbol{x}_e$ 为渐近稳定的。

如图 5-3 所示是二维空间渐近稳定的几何解释示意图。图中从 $S(\delta)$ 内出发的轨迹，当 $t\to\infty$ 时，不但不越出 $S(\delta)$ 圆，而且收敛于 $\boldsymbol{x}_e$。

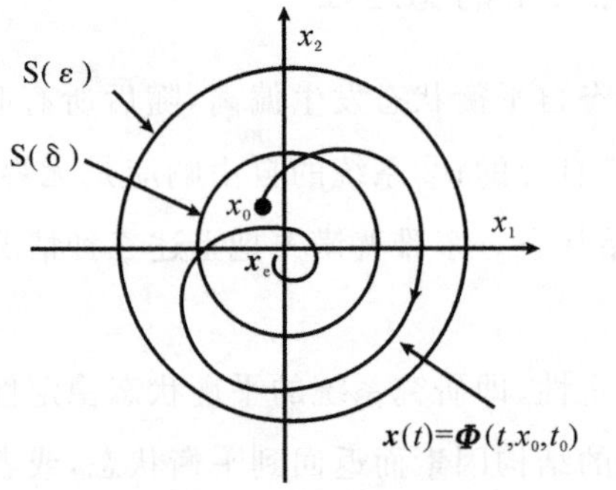

图 5-3　二维空间渐近稳定的几何解释示意图

渐近稳定性比上面的稳定性更重要，但是渐近稳定性只是一个局部小范围的概念。只确定渐近稳定性并不意味着系统能正常工作，还必须确定出渐近稳定的最大范围。

3. 大范围内的渐近稳定

如果平衡状态 $\boldsymbol{x}_e$ 是渐近稳定的，且其渐近稳定的最大范围是整个状态空间，那么平衡状态 $\boldsymbol{x}_e$ 就称为大范围内渐近稳定。此时，$\delta\to\infty$，$S(\delta)\to\infty$，$\boldsymbol{x}(t)\to\infty$。

显然，大范围内渐近稳定的必要条件是整个状态空间中只存在一个平衡状态。对于线性系统，如果其平衡状态是渐近稳定的，那么它一定是大范围渐近稳定的。

在控制工程问题中，总是希望系统是大范围渐近稳定的，如果系统不是大范围渐近稳定的，那么就要遇到一个渐近稳定的最大范围的确定问题，但这常常是困难的。

4. 不稳定

如果对于某一实数 $\varepsilon>0$，不论 δ 取得多么小，由 $S(\delta)$ 内出发的轨迹，只要其中有一个轨迹越出 $S(\varepsilon)$，则称平衡状态 $\boldsymbol{x}_e$ 为不稳定。

二维空间中不稳定平衡状态的几何解释如图 5-4 所示。应该指出，对于不稳定平衡状态的轨迹虽然越出了 $S(\varepsilon)$，却并不意味轨迹将趋于无穷远处，这是因为对于非线性系统的轨迹还可能趋于 $S(\varepsilon)$ 以外的某个极限环。对于线性系统，如果是不稳定的，那么在不稳定平衡状态出发的轨迹一定趋于无穷远。

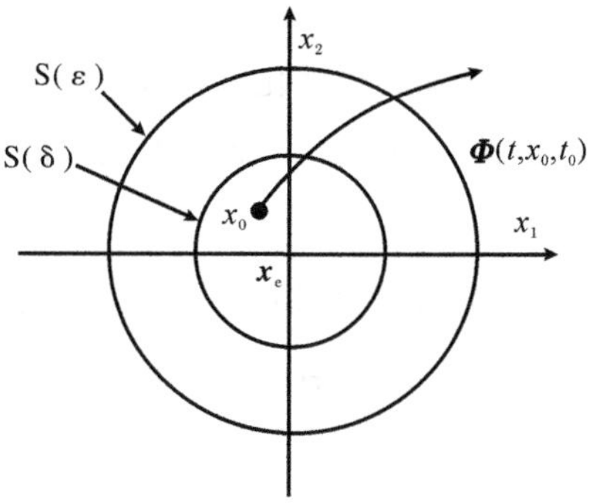

图 5-4　二维空间不稳定平衡状态的几何解释示意图

从上面给出的定义中可以看出，域 $S(\delta)$ 限制着初始状态，这就反映了非线性系统的情况，而线性系统是没有这个限制的。如果 δ 任意大，系统都是渐近稳定的，就说这个系统是大范围渐近稳定的。换句话说，线性系统如果渐近稳定，就都是大范围渐近稳定的，而非线性系统就不一定如此。此外，$S(\delta)$ 域表示了系统响应的边界。在经典控制理论中，只有渐近稳定的系统才称为稳定的，而把虽是李雅普诺夫意义下稳定的，但并非渐近稳定的系统叫作不稳定的。其实，在经典控制理论中也只有线性系统的稳定性才有明确的定义，而李雅普诺夫则概括了线性及非线性系统的一般情况。

5.2　李雅普诺夫第一方法

李雅普诺夫第一方法又称间接法。它的基本思路是先解出系统的状态方程，然后根据状态方程的解判别系统的稳定性。

对于线性定常系统，只需解出特征方程的根即可做出稳定性判断。对于非线性系统，可将非线性状态方程在平衡点附近线性化，然后解出线性状态方程的特征值，根据全部特征值在复平面上的分布情况来判断系统在零输入情况下的稳定性。由于李雅普诺夫第一方法需要求解线性化后的系统特征值，因此其仅适用于非线性定常系统或线性定常系统，而不能推广至时变系统。

设系统方程为

$$\dot{\boldsymbol{x}}=\boldsymbol{f}(\boldsymbol{x},t) \tag{5-7}$$

式中，$\boldsymbol{x}$ 为 n 维状态向量；$\boldsymbol{f}(\boldsymbol{x},t)$ 是 n 维向量函数，且对向量 $\boldsymbol{x}$ 连续可微。

将 $\boldsymbol{f}(\boldsymbol{x},t)$ 在系统的平衡状态 $\boldsymbol{x}_e$ 附近展开为泰勒级数，得

$$\dot{\boldsymbol{x}}=\left.\frac{\partial \boldsymbol{f}(\boldsymbol{x},t)}{\partial \boldsymbol{x}^{\mathrm{T}}}\right|_{\boldsymbol{x}=\boldsymbol{x}_e}\boldsymbol{x}+R(\boldsymbol{x}) \tag{5-8}$$

其中，$R(\boldsymbol{x})$是级数展开中的高次项，而$\boldsymbol{A}=\left.\frac{\partial \boldsymbol{f}(\boldsymbol{x},t)}{\partial \boldsymbol{x}^{\mathrm{T}}}\right|_{\boldsymbol{x}=\boldsymbol{x}_e}$为雅克比矩阵，即

$$\boldsymbol{A}=\left.\frac{\partial \boldsymbol{f}(\boldsymbol{x},t)}{\partial \boldsymbol{x}^{\mathrm{T}}}\right|_{\boldsymbol{x}=\boldsymbol{x}_e}=\begin{bmatrix}\frac{\partial f_1}{\partial x_1} & \frac{\partial f_1}{\partial x_2} & \cdots & \frac{\partial f_1}{\partial x_n}\\ \frac{\partial f_2}{\partial x_1} & \frac{\partial f_2}{\partial x_2} & \cdots & \frac{\partial f_2}{\partial x_n}\\ \vdots & \vdots & & \vdots\\ \frac{\partial f_n}{\partial x_1} & \frac{\partial f_n}{\partial x_2} & \cdots & \frac{\partial f_n}{\partial x_n}\end{bmatrix}$$

式(5－8)的一次项近似式即为系统的线性化方程$\dot{\boldsymbol{x}}=\boldsymbol{A}\boldsymbol{x}$。

根据稳定性定义，若系统在平衡状态$\boldsymbol{x}_e=0$是渐进稳定的，那么它在任何初始状态$\boldsymbol{x}_0$下都满足

$$\lim_{t\to\infty}\|\boldsymbol{x}(t)-\boldsymbol{x}_e\|=\lim_{t\to\infty}\mathrm{e}^{\boldsymbol{A}t}\boldsymbol{x}(0)-\boldsymbol{x}_e\|=0$$

即

$$\lim_{t\to\infty}\|\boldsymbol{x}(t)\|=0$$

也就要求

$$\lim_{t\to\infty}\|\mathrm{e}^{\boldsymbol{A}t}\|=0 \tag{5-9}$$

显然，只有当$\boldsymbol{A}$的特征值具有负实部才能成立。

通过以上分析，可以得出李雅普诺夫第一方法的基本结论如下。

(1)若线性化系统的状态方程的系统矩阵$\boldsymbol{A}$的所有特征值都具有负实部，则原非线性系统的平衡状态$\boldsymbol{x}_e$渐进稳定，而且系统的稳定性与高阶项$R(\boldsymbol{x})$无关。

(2)若线性化系统的状态方程的系统矩阵$\boldsymbol{A}$的特征值中至少有一个具有正实部，则原非线性系统的平衡状态$\boldsymbol{x}_e$不稳定，而且该平衡状态的稳定性与高阶项$R(\boldsymbol{x})$无关。

(3)若线性化系统的状态方程的系统矩阵$\boldsymbol{A}$除有实部为零的特征值外，其余特征值都具有负实部，则原非线性系统的平衡状态$\boldsymbol{x}_e$的稳定性由高阶项$R(\boldsymbol{x})$决定。

值得指出的是，在经典控制理论中，讨论的是输出稳定性，输出稳定的充分必要条件是系统的几点全部位于s平面左半平面，而李雅普诺夫方法讨论的是状态稳定性问题。对于同一线性系统，只有在满足一定的条件下两种定义才具有等价性。如只有当系统的传递函数没有零极点对消现象，并且矩阵$\boldsymbol{A}$的特征值与系统的传递函数的极点相同，此时系统的状态稳定性才与其输出稳定性相一致。

定理5－1 线性定常连续系统渐近稳定的充分必要条件是$\boldsymbol{A}$阵的所有特征值都具有负实部。

例5－1 试分析下列系统的渐近稳定性。

$$\dot{\boldsymbol{x}}=\begin{bmatrix}0 & 6\\ 1 & -1\end{bmatrix}\boldsymbol{x}+\begin{bmatrix}-2\\ 1\end{bmatrix}\boldsymbol{u}$$

$$\boldsymbol{y}=[0\quad 1]\boldsymbol{x}$$

解 $\boldsymbol{A}$阵的特征方程为

$$\det(\lambda\boldsymbol{I}-\boldsymbol{A})=\lambda(\lambda+1)-6=(\lambda-2)(\lambda+3)=0$$

于是得$\boldsymbol{A}$阵的特征值$\lambda_1=2$，$\lambda_2=-3$。故系统不是渐近稳定的。

例 5－2　设系统的状态方程为

$$\dot{x}_1=x_1-x_1x_2$$

$$\dot{x}_2=-x_2-x_1x_2$$

试分析系统在平衡状态处的稳定性。

解　系统有两个平衡状态

$$\boldsymbol{x}_{e1}=\begin{bmatrix}0\\0\end{bmatrix},\boldsymbol{x}_{e2}=\begin{bmatrix}-1\\1\end{bmatrix}$$

对系统线性化有

$$\boldsymbol{A}=\begin{bmatrix}\dfrac{\partial f_1}{\partial x_1} & \dfrac{\partial f_1}{\partial x_2}\\ \dfrac{\partial f_2}{\partial x_1} & \dfrac{\partial f_2}{\partial x_2}\end{bmatrix}=\begin{bmatrix}1-x_2 & -x_1\\ -x_2 & -1-x_1\end{bmatrix}$$

当 $\boldsymbol{x}_{e1}=\begin{bmatrix}0\\0\end{bmatrix}$时，$\boldsymbol{A}=\begin{bmatrix}1 & 0\\0 & -1\end{bmatrix}$，此时特征值为 $\lambda_1=-1$，$\lambda_2=1$，可见原非线性系统在 $\boldsymbol{x}_{e1}$处是不稳定的。

当 $\boldsymbol{x}_{e2}=\begin{bmatrix}-1\\1\end{bmatrix}$时，$\boldsymbol{A}=\begin{bmatrix}0 & 1\\-1 & 0\end{bmatrix}$，此时特征值为$\pm$j1，实部为零，因而不能由线性化方程得出原系统在 $\boldsymbol{x}_{e2}$处稳定的结论。这种情况要应用李雅普诺夫第二方法来判定系统的稳定性。

5.3 李雅普诺夫第二方法

李雅普诺夫第二方法又称直接法。它不必通过对运动方程的求解而可以直接确定系统平衡状态的稳定性。它是建立在用能量观点分析稳定性的基础上的。若系统的平衡状态是渐近稳定的则系统激励后其储存的能量将随着时间的推移而衰减，当趋于平衡状态时，其能量达最小值，反之若系统的平衡状态是不稳定的，则系统将不断地从外界吸收能量，其储存的能量将越来越大。

本节介绍李雅普诺夫关于稳定、渐近稳定和不稳定的几个定理。在介绍这些定理前先温习一下有关标量函数 $V(\boldsymbol{x})$符号性质的几个定义。

预备知识

1. 标量函数 $V(\boldsymbol{x})$符号性质的几个定义

(1)如果对所有在域 Q 中的非零向量 $\boldsymbol{x}$，有 $V(\boldsymbol{x})>0$，且在 $\boldsymbol{x}=\boldsymbol{0}$ 处有 $V(\boldsymbol{x})\equiv 0$，则在域 Q 内称标量函数 $V(\boldsymbol{x})$为正定的。例如

$$V(\boldsymbol{x})=x_1^2+2x_2^2$$

(2)如果标量函数 $V(\boldsymbol{x})$除了在原点以及某些状态处等于零外，在域 Q 的所有状态都是正的，则 $V(\boldsymbol{x})$称为半正定的。例如

$$V(\boldsymbol{x})=(x_1+x_2)^2$$

(3)如果$-V(\boldsymbol{x})$是正定的，则 $V(\boldsymbol{x})$就是负定的。例如

$$V(\boldsymbol{x})=-(x_1^2+2x_2^2)$$

(4)如果$-V(x)$是半正定的，则 $V(x)$就是半负定的。例如

$$V(\boldsymbol{x})=-(x_1+x_2)^2$$

(5)如果在域Q内,不论域Q多么小,$V(\boldsymbol{x})$既可为正值,则标量函数$V(\boldsymbol{x})$称为不定的。例如

$$V(\boldsymbol{x})=x_1x_2+x_2^2$$

2. 二次型标量函数

形如

$$V(\boldsymbol{x})=x^{\mathrm{T}}\boldsymbol{P}\boldsymbol{x}=[x_1\quad x_2\quad \cdots\quad x_n]\begin{bmatrix}p_{11} & p_{12} & \cdots & p_{1n}\\ p_{21} & p_{22} & \cdots & p_{2n}\\ \vdots & \vdots & & \vdots\\ p_{n1} & p_{n2} & \cdots & p_{nn}\end{bmatrix}\begin{bmatrix}x_1\\ x_2\\ \vdots\\ x_n\end{bmatrix}$$

的标量函数称为二次型函数。若$\boldsymbol{p}_{ij}=\boldsymbol{p}_{ji}$,则$\boldsymbol{P}$为实对称矩阵。

对于$\boldsymbol{P}$为实对称矩阵的二次型$V(\boldsymbol{x})$的正定性可以用塞尔维斯特(Sylvester)准则来判断。该准则可以叙述如下:

(1)二次型$V(\boldsymbol{x})$为正定的充要条件是矩阵$\boldsymbol{P}$的所有主子行列式为正。即

$$p_{11}>0,\ \begin{bmatrix}p_{11} & p_{12}\\ p_{21} & p_{22}\end{bmatrix}>0,\ \cdots,\ \begin{bmatrix}p_{11} & p_{12} & \cdots & p_{1n}\\ p_{21} & p_{22} & \cdots & p_{2n}\\ \vdots & \vdots & & \vdots\\ p_{n1} & p_{n2} & \cdots & p_{nn}\end{bmatrix}>0$$

(2)二次型$V(\boldsymbol{x})$为负定的充要条件是$\boldsymbol{P}$的各阶主子式成立

$$\begin{aligned}&\text{当 } i \text{ 为偶数时},\Delta_i>0;\\ &\text{当 } i \text{ 为奇数时},\Delta_i<0。\end{aligned}\tag{5-10}$$

定理 5-2 系统的状态方程为$\dot{\boldsymbol{x}}=f(\boldsymbol{x},0)$,$\boldsymbol{x}_{\mathrm{e}}=0$是其平衡状态。如果存在一个有连续的一阶偏导数的标量函数$V(\boldsymbol{x})$,并且满足下列条件:

(1) $V(\boldsymbol{x})$是正定的;

(2) $\dot{V}(\boldsymbol{x})$是负定的,则状态空间坐标原点$\boldsymbol{x}_e=0$的平衡状态是渐近稳定的;

(3)除满足条件(1)及(2)外,如果随着$\|\boldsymbol{x}\|\to\infty$,有$V(\boldsymbol{x})\to\infty$,则坐标原点处的平衡状态是大范围渐近稳定的。

例 5-3 某定常非线性系统的状态方程为

$$\dot{\boldsymbol{x}}_1=\boldsymbol{x}_2-\boldsymbol{x}_1(\boldsymbol{x}_1^2+\boldsymbol{x}_2^2)$$
$$\dot{\boldsymbol{x}}_2=-\boldsymbol{x}_1-\boldsymbol{x}_2(\boldsymbol{x}_1^2+\boldsymbol{x}_2^2)$$

$\boldsymbol{x}_{\mathrm{e}}=\boldsymbol{0}$是其唯一的平衡状态,试判别平衡状态$\boldsymbol{x}_{\mathrm{e}}=0$处的稳定性。

解 取正定标量函数$V(\boldsymbol{x})=x_1^2+x_2^2$,

沿任意轨迹$V(\boldsymbol{x})$对时间的导数为

$$\dot{V}(\boldsymbol{x})=\frac{\partial V}{\partial \boldsymbol{x}_1}\frac{\mathrm{d}\boldsymbol{x}_1}{\mathrm{d}t}+\frac{\partial V}{\partial \boldsymbol{x}_2}\frac{\mathrm{d}\boldsymbol{x}_2}{\mathrm{d}t}=2\boldsymbol{x}_1\dot{\boldsymbol{x}}_1+2\boldsymbol{x}_2\dot{\boldsymbol{x}}_2$$

将状态方程代入上式导数方程,则得该系统沿运动轨迹$V(\boldsymbol{x})$对时间的导数为

$$\dot{V}(\boldsymbol{x})=-2(\boldsymbol{x}_1^2+\boldsymbol{x}_2^2)^2$$

显然,上式$\dot{V}(\boldsymbol{x})$是负定的,所选$V(\boldsymbol{x})=\boldsymbol{x}_1^2+\boldsymbol{x}_2^2$满足定理假设条件(1)(2),故$V(\boldsymbol{x})$是一个李雅普诺夫函数。系统在坐标原点处的平衡状态是渐近稳定的。

对于 $V(\boldsymbol{x})$，且有 $\|x\|\to\infty$，$V(\boldsymbol{x})\to\infty$，所以系统在坐标原点处的平衡状态是大范围渐近稳定的。

例 5-4　设系统方程为

$$\dot{x}_1=x_2$$
$$\dot{x}_2=-x_1-x_2$$

试确定系统的平衡状态的稳定性。

解　令 $\dot{x}_1=0$，$\dot{x}_2=0$，求得原点(0,0)为给定系统的唯一平衡状态。如仍取正定标量函数 $V(\boldsymbol{x})$ 为 $V(\boldsymbol{x})=x_1^2+x_2^2$，则 $\dot{V}(\boldsymbol{x})=2x_1\dot{x}_1+2x_2\dot{x}_2$，将状态方程代入导数方程，得 $\dot{V}(\boldsymbol{x})=-2x_2^2$。

当 $x_1=0$，$x_2=0$ 时，$\dot{V}(\boldsymbol{x})=0$；当 $x_1\neq0$，$x_2=0$ 时，$\dot{V}(\boldsymbol{x})=0$

因此 $\dot{V}(x)$ 不是负定的，而是半负定的。根据定理 5-2，$V(\boldsymbol{x})=x_1^2+x_2^2$ 不能取为这个系统的李雅普诺夫函数，必须重新选取。现选取

$$V(\boldsymbol{x})=\frac{1}{2}[(x_1+x_2)^2+2x_1^2+x_2^2] \tag{5-11}$$

$V(\boldsymbol{x})$ 对时间 t 求导，有

$$\dot{V}(\boldsymbol{x})=(x_1+x_2)(\dot{x}_1+\dot{x}_2)+2x_1\dot{x}_1+x_2\dot{x}_2 \tag{5-12}$$

将状态方程代入式(5-12)中得

$$\dot{V}(\boldsymbol{x})=-(x_1^2+x_2^2) \tag{5-13}$$

显然 $\dot{V}(\boldsymbol{x})$ 是负定的，所以式(5-11)的 $V(\boldsymbol{x})$ 是该系统的李雅普诺夫函数，系统对原点是渐近稳定的。又因为 $x\to\infty$ 时，$V(\boldsymbol{x})\to\infty$，故系统的平衡状态是大范围渐近稳定的。

由此可见，关于李雅普诺夫第二方法的定理只是充分条件，并不是必要条件。即如果所选取的正定标量函数其导数不是负定的，并不能断言该系统不稳定，因为很可能还没找到合适的函数；寻找李雅普诺夫函数 $V(\boldsymbol{x})$ 的困难在于 $V(\boldsymbol{x})$ 必须满足 $\dot{V}(\boldsymbol{x})$ 是负定的，而这个条件是相当苛刻的。能否把 $\dot{\boldsymbol{V}}(x)$ 取负定的这个条件用 $\dot{V}(\boldsymbol{x})$ 为半负定来代替？如果能代替的话，那么将使寻找李雅普诺夫函数的工作大为简便。例如在例 5-4 中第一次所选取的 $V(\boldsymbol{x})=x_1^2+x_2^2$ 就可作为李雅普诺夫函数，而毋须另选。显然，如要做这样的改动，必须附加一个条件，这就是下面所要介绍的定理。

定理 5-3　设定常连续系统的状态方程为 $\dot{\boldsymbol{x}}=f(x)$，$x_e$ 是唯一的平衡状态。

如果存在一个唯一标量函数 $V(\boldsymbol{x})$，它具有连续的一阶偏导数，且满足下列条件：

(1)$V(\boldsymbol{x})$ 是正定的；

(2) $\dot{V}(\boldsymbol{x})$ 是半负定的；

(3)对于任意的初始时刻 t_0 时的任意状态 $x_0\neq\boldsymbol{0}$，除了 $x=0$ 时有 $\dot{V}(\boldsymbol{x})=0$ 外，$t\geqslant t_0$ 时 $\dot{V}(\boldsymbol{x})$ 不恒等于零，则系统在原点处的平衡状态是大范围渐近稳定的。

现对条件(3)作以简要解释。由于条件(3)只要求 $\dot{V}(\boldsymbol{x})$ 是半负定的，所以在 $x\neq0$ 时可能会出现 $\dot{V}(\boldsymbol{x})=0$。对于 $\dot{V}(\boldsymbol{x})=0$，系统可能有两种运动情况：

(1) $\dot{V}(\boldsymbol{x})$ 恒等于零，这时运动轨迹在某个特定的曲面 $V(\boldsymbol{x})=C$ 上，即意味着运动轨迹不会趋向原点。非线性系统中出现的极限环便属于这类情况。

(2) $\dot{V}(\boldsymbol{x})$ 不恒等于零，这时运动轨迹只在某个时刻与某个特定的曲面 $V(\boldsymbol{x})=C$ 相切。然而由于条件(3)的限制，运动轨迹在切点 A 处并未停留而继续向原点收敛。

定理 5-4 设状态方程 $\dot{x}=f(x)$，$x_e=0$ 是平衡状态。

如果存在一个标量函数 $V(\boldsymbol{x})$，它具有连续的一阶偏导数且满足下列条件

(1)$V(\boldsymbol{x})$在原点的某一邻域内是正定的；

(2) $\dot{V}(\boldsymbol{x})$在同样的邻域内也是正定的。

那么原点处的平衡状态是不稳定的。

例 5-5 设系统的状态方程为

$$\dot{x}_1=x_1+x_2$$
$$\dot{x}_2=-x_1+x_2$$

是确定系统在平衡状态的稳定性。

解 显然 $x_1=0$，$x_2=0$ 即原点为平衡状态。选取正定函数 $V(\boldsymbol{x})=x_1^2+x_2^2$ 为李雅普诺夫函数。则

$$\dot{V}(\boldsymbol{x})=2x_1\dot{x}_1+2x_2\dot{x}_2=2x_1x_2+2x_1^2+2x_2^2(-x_1+x_2)=2x_1^2+2x_2^2$$

$\dot{V}(\boldsymbol{x})$为正定的，又 $V(\boldsymbol{x})$为正定的，故定理 5-4 的条件(1)(2)均满足，因此系统的平衡状态是不稳定的。

说明：

应用李雅普诺夫第二方法分析系统稳定性的关键在于如何找到李雅普诺夫函数 $V(\boldsymbol{x})$。然而李亚普诺夫稳定性理论本身并没有提供构造李雅普诺夫函数的一般方法，因此，尽管第二方法在原理上是简单的，但实际应用时并不容易。下面就李雅普诺夫函数的属性作一简略的概括。

(1)李雅普诺夫函数是一个标量函数。

(2)对于给定系统，如果存在李雅普诺夫函数，它不是唯一的。

(3)李雅普诺夫函数最简单的形式是二次型

$$V(\boldsymbol{x})=\boldsymbol{x}^{\mathrm{T}}\boldsymbol{P}\boldsymbol{x}$$

其中，$\boldsymbol{P}$ 为实对称方阵。

对于一般情况而言，李雅普诺夫函数不一定都是简单的二次型。但线性系统的李雅普诺夫函数一定可以用二次型来构造。

5.4 线性定常系统的稳定性分析

考虑线性定常系统 $\dot{\boldsymbol{x}}=\boldsymbol{A}\boldsymbol{x}$，假设 $\boldsymbol{A}$ 为非奇异矩阵，则系统有唯一的平衡状态 $x_e=0$，下面通过李雅普诺夫第二法对系统的稳定性进行研究。

选取二次型李雅普诺夫函数为

$$V(\boldsymbol{x})=\boldsymbol{x}^{\mathrm{T}}\boldsymbol{P}\boldsymbol{x} \tag{5-14}$$

则 $V(\boldsymbol{x})$沿任一轨迹的时间导数为

$$\dot{V}(\boldsymbol{x})=\dot{\boldsymbol{x}}^{\mathrm{T}}\boldsymbol{P}\boldsymbol{x}+\boldsymbol{x}^{\mathrm{T}}\boldsymbol{P}\dot{\boldsymbol{x}}=(\boldsymbol{A}\boldsymbol{x})^{\mathrm{T}}\boldsymbol{P}\boldsymbol{x}+\boldsymbol{x}^{\mathrm{T}}\boldsymbol{P}\boldsymbol{A}\boldsymbol{x}=$$
$$\boldsymbol{x}^{\mathrm{T}}(\boldsymbol{A}^{\mathrm{T}}\boldsymbol{P}+\boldsymbol{P}\boldsymbol{A})\boldsymbol{x} \tag{5-15}$$

由于 $V(\boldsymbol{x})$为正定，对于渐进稳定，则要求 $\dot{V}(\boldsymbol{x})$为负定，因此有

$$\dot{V}(\boldsymbol{x})=-\boldsymbol{x}^{\mathrm{T}}\boldsymbol{Q}\boldsymbol{x} \tag{5-16}$$

其中，$\boldsymbol{Q}$ 为正定矩阵，一般通过确定 $\boldsymbol{P}$ 的正定性来确定系统的稳定性。

定理 5-5　线性连续定常系统 $\dot{\boldsymbol{x}}=\boldsymbol{A}\boldsymbol{x}$，在平衡状态 $\boldsymbol{x}_e=0$ 处渐近稳定的充要条件是给定一个正定对称矩阵 $\boldsymbol{Q}$，存在一个正定对称矩阵 $\boldsymbol{P}$，使满足

$$\boldsymbol{A}^{\mathrm{T}}\boldsymbol{P}+\boldsymbol{P}\boldsymbol{A}=-\boldsymbol{Q} \tag{5-17}$$

且标量函数 $V(\boldsymbol{x})=\boldsymbol{x}^{\mathrm{T}}\boldsymbol{P}\boldsymbol{x}$ 是系统的一个李雅普诺夫函数，则式(5-17)称为李雅普诺夫矩阵代数方程(或李雅普诺夫方程)。

说明：

(1)在应用过程中，$\boldsymbol{Q}$ 可取任意正定的实对称矩阵，代入李雅普诺夫方程中，求出 $\boldsymbol{P}$ 的符号特性，如果 $\boldsymbol{P}$ 是正实对称矩阵，则系统平衡状态为大范围内渐进稳定。通常可取 $\boldsymbol{Q}=\boldsymbol{I}$(单位矩阵)较为方便。这样线性系统 $\dot{\boldsymbol{x}}=\boldsymbol{A}\boldsymbol{x}$ 平衡状态 $\boldsymbol{x}_e=0$ 为渐近稳定的充要条件为存在一个正定对称矩阵 $\boldsymbol{P}$，满足李雅普诺夫矩阵代数方程 $\boldsymbol{A}^{\mathrm{T}}\boldsymbol{P}+\boldsymbol{P}\boldsymbol{A}=-\boldsymbol{I}$；

(2) 如果 $\dot{V}(\boldsymbol{x})=-\boldsymbol{x}^{\mathrm{T}}\boldsymbol{Q}\boldsymbol{x}$ 沿任意一条轨迹不恒等于零，则 $\boldsymbol{Q}$ 可取做半正定对称矩阵；

(3)只要选择的矩阵 $\boldsymbol{Q}$ 为正定(或根据情况选为半正定的)，则最终的判断结果与 $\boldsymbol{Q}$ 的不同选择无关。

例 5-6　设系统的状态方程为

$$\begin{bmatrix}\dot{x}_1\\\dot{x}_2\end{bmatrix}=\begin{bmatrix}0 & 1\\-1 & -1\end{bmatrix}\begin{bmatrix}x_1\\x_2\end{bmatrix}$$

试确定系统在原点的稳定性。

解　设选取的李雅普诺夫函数为

$$V(\boldsymbol{x})=\boldsymbol{x}^{\mathrm{T}}\boldsymbol{P}\boldsymbol{x}$$

式中，$\boldsymbol{P}$ 由下式确定：

$$\boldsymbol{A}^{\mathrm{T}}\boldsymbol{P}+\boldsymbol{P}\boldsymbol{A}=-\boldsymbol{Q}$$

为方便起见，给定 $\boldsymbol{Q}=\boldsymbol{I}$，于是有

$$\begin{bmatrix}0 & 1\\-1 & -1\end{bmatrix}\begin{bmatrix}p_{11} & p_{12}\\p_{12} & p_{22}\end{bmatrix}+\begin{bmatrix}p_{11} & p_{12}\\p_{12} & p_{22}\end{bmatrix}\begin{bmatrix}0 & 1\\-1 & -1\end{bmatrix}=\begin{bmatrix}-1 & 0\\0 & -1\end{bmatrix}$$

展开后得联立方程组

$$-2p_{12}=-1$$

$$p_{11}-p_{12}-p_{22}=0$$

$$2p_{12}-2p_{22}=-1$$

解出 p_{11}，p_{12}，p_{22}，得

$$\boldsymbol{P}=\begin{bmatrix}p_{11} & p_{12}\\p_{12} & p_{22}\end{bmatrix}=\begin{bmatrix}\frac{3}{2} & \frac{1}{2}\\\frac{1}{2} & 1\end{bmatrix}$$

利用塞尔维斯特法则检验 $\boldsymbol{P}$ 的各主子行列式

$$p_{11}=\frac{3}{2}>0,\begin{bmatrix}p_{11} & p_{12}\\p_{12} & p_{22}\end{bmatrix}=\begin{bmatrix}\frac{3}{2} & \frac{1}{2}\\\frac{1}{2} & 1\end{bmatrix}=\frac{5}{4}>0$$

$\boldsymbol{P}$ 是正定的，因此，这个系统在原点处是大范围渐近稳定的。李雅普诺夫函数为

$$V(\boldsymbol{x})=\boldsymbol{x}^{\mathrm{T}}\boldsymbol{P}\boldsymbol{x}=\frac{1}{2}(3x_1^2+2x_1x_2+2x_2^2)$$

由 $V(\boldsymbol{x})$求得

$$\dot{V}(\boldsymbol{x})=-(x_1^2+x_2^2)$$

习　题

5.1　试用李雅普诺夫稳定性定理判断下列系统平衡状态的稳定性。

$$\dot{x}_1=x_2-x_1(x_1^2+x_2^2)$$
$$\dot{x}_2=-x_1-x_2(x_1^2+x_2^2)$$

5.2　试用李雅普诺夫第二方法判断下列线性系统平衡状态的稳定性。

$$\dot{x}_1=-x_1+x_2$$
$$\dot{x}_2=2x_1-3x_2$$

5.3　线性定常系统的状态方程为

$$\dot{\boldsymbol{x}}=\begin{bmatrix}-1 & -2\\ 1 & -4\end{bmatrix}\boldsymbol{x}$$

试应用李雅普诺夫第二方法判断系统的稳定性，并求出李雅普诺夫函数。

5.4　系统结构图如图 5-5 所示。试建立系统的状态空间表达式，并用李雅谱诺夫第二方法分析系统的稳定性。

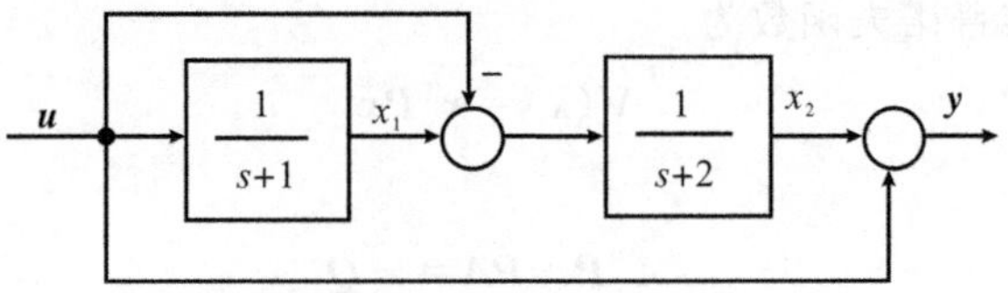

图 5-5　结构图

5.5　线性定常系统的状态方程为

$$\dot{\boldsymbol{x}}=\begin{bmatrix}-1 & 3\\ 2 & -4\end{bmatrix}\boldsymbol{x}$$

试求出系统的平衡状态，并用李雅普诺夫第二方法判断系统的稳定性。

5.6　试用李亚普诺夫方程确定如下系统渐近稳定性的 k 值范围。

$$\dot{\boldsymbol{x}}=\begin{bmatrix}0 & 1 & 0\\ 0 & -2 & 1\\ -k & 0 & -1\end{bmatrix}\boldsymbol{x}+\begin{bmatrix}0\\ 0\\ k\end{bmatrix}\boldsymbol{u}$$

第 6 章　线性定常系统的综合

系统综合是系统分析的逆问题。系统分析问题即已知系统结构和参数，以及确定好系统的外部输入下，对系统的运动进行定性分析和定量规律分析。系统的综合问题为已知系统的结构和参数，以及所期望的系统运动形式或关于系统动态过程和目标的某些特性，所需要确定的则是需要施加于系统的外部输入的大小或规律。

本章主要介绍状态反馈增益阵和状态观测器的设计。多数控制系统都采用基于反馈构成的闭环结构。反馈系统的特点是对内部参数的变动和外部环境影响具有良好的抑制作用。反馈的基本类型包括“状态反馈”和“输出反馈”。

6.1　状态反馈

1. 状态反馈的构成

状态反馈就是将系统的每一个状态变量乘以相应的反馈系数馈送到输入端与参考输入相减，其差作为受控系统的控制输入，如图 6－1 所示就是一个单输入系统状态反馈的例子。

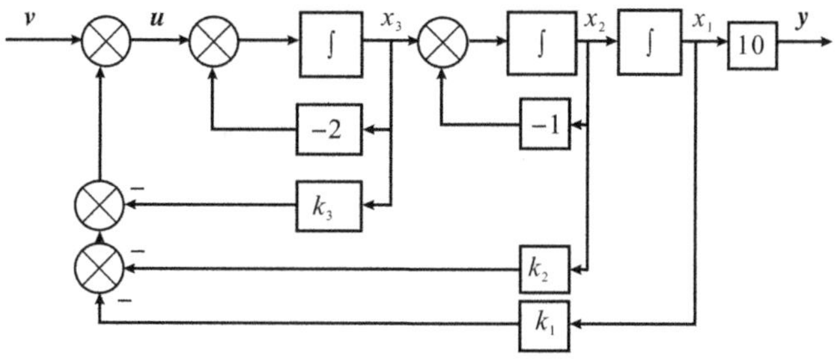

图 6－1　某单输入系统状态变量图

受控系统 Σ_0 的状态空间表达式是

$$\begin{bmatrix} \dot{x}_1 \\ \dot{x}_2 \\ \dot{x}_3 \end{bmatrix} = \begin{bmatrix} 0 & 1 & 0 \\ 0 & -1 & 1 \\ 0 & 0 & 2 \end{bmatrix} \begin{bmatrix} x_1 \\ x_2 \\ x_3 \end{bmatrix} + \begin{bmatrix} 0 \\ 0 \\ 1 \end{bmatrix} \boldsymbol{u} \tag{6-1}$$

$$\boldsymbol{y} = [10 \quad 0 \quad 0] \begin{bmatrix} x_1 \\ x_2 \\ x_3 \end{bmatrix} \tag{6-2}$$

控制输入 $\boldsymbol{u}$ 为

$$\boldsymbol{u}=\boldsymbol{v}-k_1x_1-k_2x_2-k_3x_3 \tag{6-3}$$

式中，k_1,k_2,k_3 分别为状态变量 x_1,x_2,x_3 的反馈系数；$\boldsymbol{v}$ 为参考输入。

将式(6-3)写成矩阵形式

$$\boldsymbol{u}=\boldsymbol{v}-[k_1 \quad k_2 \quad k_3]\boldsymbol{x}$$

即

$$\boldsymbol{u}=\boldsymbol{v}-\boldsymbol{K}\boldsymbol{x} \tag{6-4}$$

式中

$$\boldsymbol{K}=[k_1 \quad k_2 \quad k_3] \tag{6-5}$$

$\boldsymbol{K}$ 称为反馈系数矩阵或反馈增益矩阵。由于图 6-1 所示系统是一个单输入系统，所以反馈增益矩阵 $\boldsymbol{K}$ 是一个 $1\times n$ 维的行矩阵。显然，对于一个 r 维输入的系统，其反馈增益矩阵 $\boldsymbol{K}$ 是一个 $r\times n$ 阶矩阵。

2. 状态反馈系统的描述

如图 6-2 所示是一个多输入多输出系统状态反馈的基本形式，其中受控系统 $\Sigma_0(\boldsymbol{A},\boldsymbol{B},\boldsymbol{C},\boldsymbol{D})$ 的状态空间表达式为

$$\left.\begin{aligned}\dot{\boldsymbol{x}}&=\boldsymbol{A}\boldsymbol{x}+\boldsymbol{B}\boldsymbol{u}\\ \boldsymbol{y}&=\boldsymbol{C}\boldsymbol{x}+\boldsymbol{D}\boldsymbol{u}\end{aligned}\right\} \tag{6-6}$$

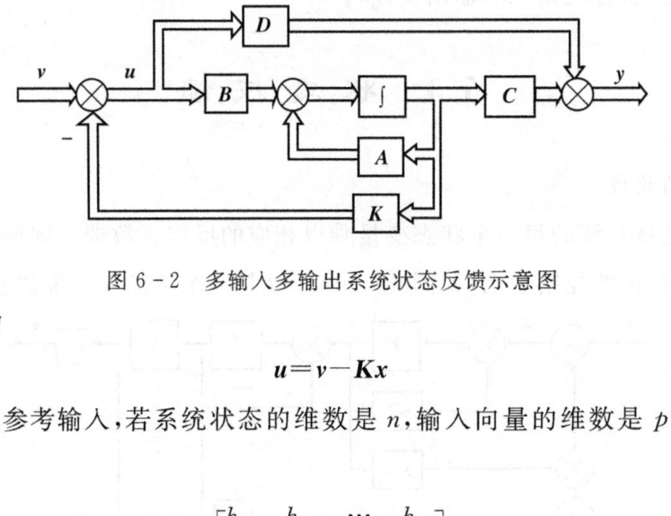

图 6-2　多输入多输出系统状态反馈示意图

控制输入 $\boldsymbol{u}$ 为

$$\boldsymbol{u}=\boldsymbol{v}-\boldsymbol{K}\boldsymbol{x} \tag{6-7}$$

其中的 $\boldsymbol{v}$ 为系统的参考输入，若系统状态的维数是 n，输入向量的维数是 p，则反馈增益矩阵 $\boldsymbol{K}$ 为

$$\boldsymbol{K}=\begin{bmatrix}k_{11} & k_{12} & \cdots & k_{1n}\\ k_{21} & k_{22} & \cdots & k_{2n}\\ \vdots & \vdots & & \vdots\\ k_{p1} & k_{p2} & \cdots & k_{pn}\end{bmatrix}_{(p\times n)}$$

把式(6-7)代入式(6-6)，一般情况下 $\boldsymbol{D}=\boldsymbol{O}$，整理后便得到状态反馈闭环系统的状态空间表达式为

$$\begin{aligned}\dot{\boldsymbol{x}}&=(\boldsymbol{A}-\boldsymbol{B}\boldsymbol{K})\boldsymbol{x}+\boldsymbol{B}\boldsymbol{v}\\ \boldsymbol{y}&=\boldsymbol{C}\boldsymbol{x}\end{aligned} \tag{6-8}$$

对于式(6-8)状态反馈系统可简单使用 $\Sigma_k[(\boldsymbol{A}-\boldsymbol{B}\boldsymbol{K}) \quad \boldsymbol{B} \quad \boldsymbol{C}]$ 表示。

3. 状态反馈系统的结构特性

比较原系统 $\Sigma_0(\boldsymbol{A},\boldsymbol{B},\boldsymbol{C},\boldsymbol{D})$ 和状态反馈系统 $\Sigma_k[(\boldsymbol{A}-\boldsymbol{B}\boldsymbol{K}) \quad \boldsymbol{B} \quad \boldsymbol{C}]$ 可见，状态反馈增益矩

阵 $\boldsymbol{K}$ 的引入并不增加系统的维数，只改变了系统矩阵及其特征值，因此可以通过 $\boldsymbol{K}$ 的选择自由改变闭环系统的特征值，从而使系统获得所期望的性能。

6.2　输出反馈

1. 输出反馈的构成

输出反馈是将系统的输出量乘以相应的反馈系数馈送到输入端与参考输入相加，其和作为受控系统的控制输入。经典控制理论中所讨论的反馈都是这种反馈。如图 6－3 所示是多输入多输出反馈系统的基本形式。

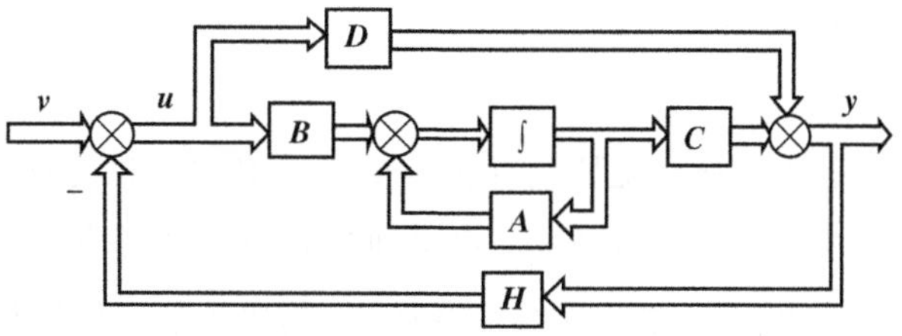

图 6－3　多输入多输出系统输出反馈示意图

2. 输出反馈系统的描述

图 6－3 中受控系统的状态空间表达式为

$$\left.\begin{aligned}\dot{\boldsymbol{x}}&=\boldsymbol{A}\boldsymbol{x}+\boldsymbol{B}\boldsymbol{u}\\ \boldsymbol{y}&=\boldsymbol{C}\boldsymbol{x}+\boldsymbol{D}\boldsymbol{u}\end{aligned}\right\} \tag{6-9}$$

受控系统的控制输入 $\boldsymbol{u}$ 为

$$\boldsymbol{u}=-\boldsymbol{H}\boldsymbol{y}+\boldsymbol{v} \tag{6-10}$$

式中，$\boldsymbol{v}$ 为参考输入；$\boldsymbol{H}$ 为输出反馈增益矩阵，对于 p 维输入 q 维输出的多变量系统，$\boldsymbol{H}$ 是一个 $p\times q$ 阶矩阵

$$\boldsymbol{H}=\begin{bmatrix}h_{11} & h_{12} & \cdots & h_{1q}\\ h_{21} & h_{22} & \cdots & h_{2q}\\ \vdots & \vdots & & \vdots\\ h_{p1} & h_{p2} & \cdots & h_{pq}\end{bmatrix}$$

整理后便得到输出反馈闭环系统的状态空间表达式为

$$\begin{aligned}\dot{\boldsymbol{x}}&=(\boldsymbol{A}-\boldsymbol{B}\boldsymbol{H}\boldsymbol{C})\boldsymbol{x}+\boldsymbol{B}\boldsymbol{v}\\ \boldsymbol{y}&=\boldsymbol{C}\boldsymbol{x}\end{aligned} \tag{6-11}$$

3. 输出反馈系统的结构特性

对 n 维线性定常输出反馈系统，结构特性由其系统矩阵的特征值表征。

比较两种反馈形式可以看出，无论是状态反馈还是输出反馈，都可以改变受控系统的系统矩阵。但由于系统输出中所包含的信息不是系统的全部状态信息，所以输出反馈只能看成是一种部分状态反馈。在不增添附加补偿器的条件下，输出反馈的效果显然没有状态反馈的系统好。

6.3 状态反馈与闭环系统极点的配置

在现代控制理论中，由于采用了状态空间来描述系统，因此可以采用状态变量进行反馈。采用状态反馈不但可以实现闭环系统的极点任意配置，而且它也是实现系统解耦和构成线性最优调节器及跟踪器的主要手段。

然而，控制系统的品质很大程度上取决于该系统的极点在根平面上的位置。因此，在对系统进行综合设计时，往往是给出了一组期望的极点，或者根据时域指标提出一组期望的极点。所谓极点配置问题就是通过对反馈增益矩阵的设计，使闭环系统的极点恰好处于根平面上所期望的位置，以获得期望的动态特性。

1. 极点可配置条件

定理 6-1 利用状态反馈任意配置闭环极点的充分必要条件是被控系统状态完全能控。

证明 先证充分性：若受控系统能控，一定可通过状态反馈任意配置闭环极点。

若受控系统能控，一定可通过非奇异线性变换，将其化为能控标准型。即

$$\boldsymbol{x}=\boldsymbol{P}\bar{\boldsymbol{x}}\Rightarrow S(\bar{\boldsymbol{A}},\bar{\boldsymbol{b}},\bar{\boldsymbol{c}}) \tag{6-12}$$

其中

$$\bar{\boldsymbol{A}}=\boldsymbol{P}^{-1}\boldsymbol{A}\boldsymbol{P}=\begin{bmatrix} 0 & 1 & 0 & \cdots & 0 \\ 0 & 0 & 1 & \cdots & 0 \\ \vdots & \vdots & \vdots & & \vdots \\ 0 & 0 & 0 & \cdots & 1 \\ -a_0 & -a_1 & -a_2 & \cdots & -a_{n-1} \end{bmatrix} \tag{6-13}$$

$$\bar{\boldsymbol{b}}=\boldsymbol{P}^{-1}\boldsymbol{b}=[0\quad 0\quad \cdots]^{\mathrm{T}} \tag{6-14}$$

$$\bar{\boldsymbol{c}}=\boldsymbol{c}\boldsymbol{P}=[\beta_0,\beta_1,\cdots,\beta_{n-1}] \tag{6-15}$$

（未加入状态反馈）原系统的闭环传递函数为

$$G(s)=\boldsymbol{c}(s\boldsymbol{I}-\boldsymbol{A})^{-1}\boldsymbol{b}=\frac{\beta_{n-1}s^{n-1}+\cdots+\beta_1 s+\beta_0}{s^n+a_{n-1}s^{n-1}+\cdots+a_1 s+a_0} \tag{6-16}$$

加入状态反馈后，状态反馈控制律为

$$\boldsymbol{u}=\boldsymbol{v}-\boldsymbol{k}\boldsymbol{x}=\boldsymbol{v}-\bar{\boldsymbol{k}}\bar{\boldsymbol{x}} \tag{6-17}$$

其中

$$\bar{\boldsymbol{k}}=\boldsymbol{k}\boldsymbol{P}^{-1}=[\bar{k}_0\quad \bar{k}_1\quad \cdots\quad \bar{k}_{n-1}] \tag{6-18}$$

则闭环系统的系统矩阵

$$\bar{\boldsymbol{A}}-\bar{\boldsymbol{b}}\bar{\boldsymbol{k}}=\begin{bmatrix} 0 & 1 & 0 & \cdots & 0 \\ 0 & 0 & 1 & \cdots & 0 \\ \vdots & \vdots & \vdots & \ddots & \vdots \\ 0 & 0 & 0 & & 1 \\ -a_0-\bar{k}_0 & -a_1-\bar{k}_1 & -a_2-\bar{k}_2 & \cdots & -a_{n-1}-\bar{k}_{n-1} \end{bmatrix} \tag{6-19}$$

即加入状态反馈后，闭环系统的能控性不变。

对于式(6-19)这种特殊形式的矩阵，容易写出其闭环特征方程

$$\det[s\boldsymbol{I}-(\bar{\boldsymbol{A}}-\bar{\boldsymbol{b}}\bar{\boldsymbol{k}})]=$$
$$s^n+(a_{n-1}+\bar{k}_{n-1})s^{n-1}+\cdots+(a_1+\bar{k}_1)s+(a_0+\bar{k}_0)=0 \tag{6-20}$$

上述 n 阶方程中的 n 个系数，可通过 $\bar{k}_0,\bar{k}_1,\cdots,\bar{k}_{n-1}$ 独立设置。即状态反馈系统的极点可任意配置(其特征值可任意选择)。

再证必要性：闭环系统极点可任意配置，则系统必完全能控。

若受控系统$(\boldsymbol{A},\boldsymbol{b})$不能控，说明系统的有些状态将不受 $\boldsymbol{u}$ 的控制，则加入状态反馈时就不可能通过控制来影响不能控的极点。

2. 状态反馈增益矩阵的计算

定理 6-2　如果系统 $\Sigma(\boldsymbol{A},\boldsymbol{b},\boldsymbol{C})$：

$$\dot{\boldsymbol{x}}=\boldsymbol{A}\boldsymbol{x}+\boldsymbol{b}u$$
$$\boldsymbol{y}=\boldsymbol{C}\boldsymbol{x}$$

是完全能控的，则采用状态反馈可以使闭环系统

$$\dot{\boldsymbol{x}}=(\boldsymbol{A}-\boldsymbol{b}\boldsymbol{K})\boldsymbol{x}+\boldsymbol{b}v$$

的极点得到任意配置。

极点配置设计状态反馈增益矩阵的方法有两种：直接法和间接法。

(1)直接法。

1)计算状态反馈闭环系统的特征多项式

$$\alpha(s)=\det[s\boldsymbol{I}-(\boldsymbol{A}-\boldsymbol{b}\boldsymbol{k})]=0 \tag{6-21}$$

2)根据闭环系统极点的期望值 $\lambda_1,\lambda_2,\cdots,\lambda_n$，导出闭环系统的期望特征多项式

$$\alpha^*(s)=(s-\lambda_1)(s-\lambda_2)\cdots(s-\lambda_n)=s^n+a_{n-1}^*s^{n-1}+\cdots+a_1^*s+a_0^* \tag{6-22}$$

3)欲使闭环系统的极点取期望值，即令 $\alpha^*(s)=\alpha(s)$ 求出 $\boldsymbol{K}$。

(2)间接法。

1)对给定受控系统 $\Sigma_0=(\boldsymbol{A},\boldsymbol{b},\boldsymbol{C})$，则通过线性变换 $\boldsymbol{x}=\boldsymbol{P}\bar{\boldsymbol{x}}$ 化为能控标准型

$$\dot{\bar{\boldsymbol{x}}}=\bar{\boldsymbol{A}}\bar{\boldsymbol{x}}+\bar{\boldsymbol{b}}u$$
$$\boldsymbol{y}=\bar{\boldsymbol{C}}\bar{\boldsymbol{x}}$$

2)计算由$\{\lambda_1,\lambda_2,\cdots,\lambda_n\}$所决定的希望特征多项式

$$a^*(s)=(s-\lambda_1)(s-\lambda_2)\cdots(s-\lambda_n)=s^n+a_{n-1}^*s^{n-1}+\cdots+a_1^*s+a_0^*$$

3)计算状态反馈闭环系统的特征多项式

$$a(s)=\det[s\boldsymbol{I}-(\bar{\boldsymbol{A}}-\bar{\boldsymbol{b}}\bar{\boldsymbol{k}})]=$$
$$s^n+(a_{n-1}+\bar{k}_{n-1})s^{n-1}+\cdots+(a_1+\bar{k}_1)s+(a_0+\bar{k}_0) \tag{6-23}$$

4)令 $a^*(s)=a(s)$

$$\bar{\boldsymbol{k}}=[a_0^*-a_0 \quad a_1^*-a_1 \quad \cdots \quad a_{n-1}^*-a_{n-1}] \tag{6-24}$$

5)计算能控标准型变换矩阵 $\boldsymbol{P}$

$$\boldsymbol{k}=\bar{\boldsymbol{k}}\boldsymbol{P}$$

$$\boldsymbol{P}^{-1}=[\boldsymbol{A}^{n-1}\boldsymbol{b} \quad \cdots \quad \boldsymbol{A}\boldsymbol{b} \quad \boldsymbol{b}]\begin{bmatrix} 1 & & & \\ a_{n-1} & 1 & & \\ \vdots & \ddots & \ddots & \\ a_1 & \cdots & a_{n-1} & 1 \end{bmatrix} \tag{6-25}$$

6)把 $\bar{k}$ 化成对于给定状态 x 的 k,即 $k=\bar{k}P$

例 6-1 已知单输入线性定常系统的状态方程为

$$\dot{x}=\begin{bmatrix}0 & 0 & 0\\1 & -6 & 0\\0 & 1 & -12\end{bmatrix}x+\begin{bmatrix}1\\0\\0\end{bmatrix}u$$

$$y=\begin{bmatrix}0 & 0 & 1\end{bmatrix}\begin{bmatrix}x_1\\x_2\\x_3\end{bmatrix}$$

求状态反馈向量 k,使系统的闭环特征值为$\{-2,-1\pm j\}$。

解 首先判断系统的能控性

$$Q_c=\begin{bmatrix}b & A\ b & A^2\ b\end{bmatrix}=\begin{bmatrix}1 & 0 & 0\\0 & 1 & -6\\0 & 0 & 1\end{bmatrix}$$

$$\text{rank}Q_c=3=n$$

满秩,受控系统能控,满足极点可配置条件。

(1)采用直接法确定 $k=\begin{bmatrix}k_0 & k_1 & k_2\end{bmatrix}$。

加入状态反馈后的系统矩阵

$$A-bk=\begin{bmatrix}k_0 & k_1 & k_2\\1 & -6 & 0\\0 & 1 & -12\end{bmatrix}$$

已知 $\lambda_1=-2,\lambda_{2,3}=-1\pm j$

状态反馈闭环系统的特征多项式为

$$\alpha(s)=\det(sI-(A-bk))=$$
$$s^3+(k_0+18)s^2+(18k_0+k_1+72)s+(72k_0+12k_1+k_2)=0$$

希望特征多项式为

$$\alpha^*(s)=(s-\lambda_1)(s-\lambda_2)(s-\lambda_3)=s^3+4s^2+6s+4$$

令 $\alpha^*(s)=\alpha(s)$

则

$$\begin{cases}k_0+18=4\\18k_0+k_1+72=6\\72k_0+12k_1+k_2=4\end{cases}$$

从而得出 $k=\begin{bmatrix}-14 & 186 & -1\ 220\end{bmatrix}$。

采用直接法的状态反馈系统状态变量图如图 6-4 所示。

(2)采用间接法确定 $k=\begin{bmatrix}k_0 & k_1 & k_2\end{bmatrix}$。

闭环系统的特征多项式为

$$\det(sI-A)=\det\begin{bmatrix}s & 0 & 0\\-1 & s+6 & 0\\0 & -1 & s+12\end{bmatrix}=s^3+18s^2+72s$$

则 $a_0=0, a_1=72, a_2=18$。

希望特征多项式为

$$\alpha^*(s)=(s-\lambda_1)(s-\lambda_2)(s-\lambda_3)=s^3+4s^2+6s+4$$

由 $\bar{\boldsymbol{k}}=[a_0^*-a_0 \quad a_1^*-a_1 \quad \cdots \quad a_{n-1}^*-a_{n-1}]$，得

$$\begin{cases}\bar{k}_0=4-0=4\\ \bar{k}_1=6-72=-66\\ \bar{k}_2=4-18=-14\end{cases}$$

则 $\bar{\boldsymbol{k}}=[4 \quad -66 \quad -14]$。

由式(6 - 25)得

$$\boldsymbol{P}^{-1}=[\boldsymbol{A}^2\boldsymbol{b} \quad \boldsymbol{A}\boldsymbol{b} \quad \boldsymbol{b}]\begin{bmatrix}1 & 0 & 0\\ a_2 & 1 & 0\\ a_1 & a_2 & 1\end{bmatrix}=\begin{bmatrix}72 & 18 & 1\\ 12 & 1 & 0\\ 1 & 0 & 0\end{bmatrix}$$

则

$$\boldsymbol{P}=\begin{bmatrix}0 & 0 & 1\\ 0 & 1 & -12\\ 1 & -18 & 144\end{bmatrix}$$

$$\boldsymbol{k}=\bar{\boldsymbol{k}}\boldsymbol{P}=[-14 \quad 186 \quad -1\ 220]$$

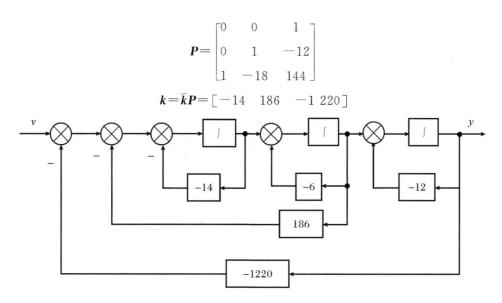

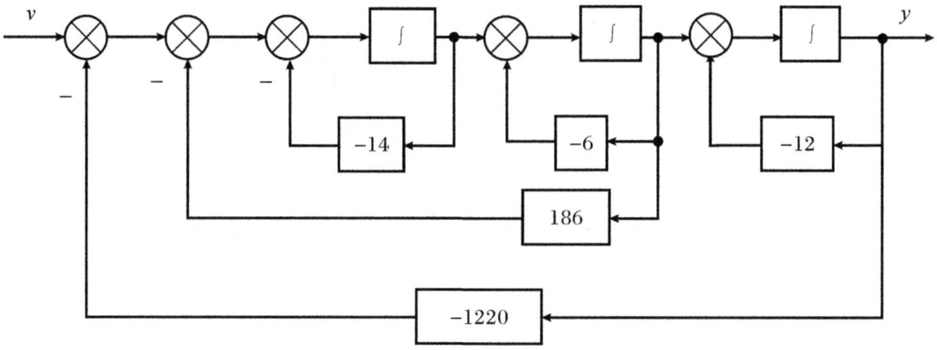

图 6 - 4　例 6 - 1 系统状态变量图

例 6 - 2　已知系统的传递函数为

$$G(s)=\frac{10}{s(s+1)(s+2)}$$

试设计状态反馈增益矩阵 $\boldsymbol{K}$，使闭环系统的极点为 $-2, -1\pm \mathrm{j}$。

解　(1) 由于传递函数 $G(s)$ 没有零极点对消现象，所以对应于该传递函数的实现是能控且能观测的。故可以直接根据传递函数写出能控标准形实现

$$\begin{bmatrix}\dot{x}_1\\ \dot{x}_2\\ \dot{x}_3\end{bmatrix}=\begin{bmatrix}0 & 1 & 0\\ 0 & 0 & 1\\ 0 & -2 & -3\end{bmatrix}\begin{bmatrix}x_1\\ x_2\\ x_3\end{bmatrix}+\begin{bmatrix}0\\ 0\\ 1\end{bmatrix}\boldsymbol{u}$$

$$\boldsymbol{y}=[10 \quad 0 \quad 0]\begin{bmatrix}x_1\\ x_2\\ x_3\end{bmatrix}$$

(2)设状态反馈增益矩阵 $\boldsymbol{K}$ 为

$$\boldsymbol{K}=[\bar{k}_1 \quad \bar{k}_2 \quad \bar{k}_3]$$

其闭环系统的特征多项式为

$$f(\lambda)=\det[\lambda \boldsymbol{I}-(\boldsymbol{A}-\boldsymbol{bK})]=$$
$$\lambda^3+(3+\bar{k}_3)\lambda^2+(2+\bar{k}_2)\lambda+\bar{k}_1$$

(3) 根据极点的期望值,系统的期望特征多项式为

$$f^*(\lambda)=(\lambda+2)(\lambda+1-\mathrm{j})(\lambda+1+\mathrm{j})=$$
$$\lambda^3+4\lambda^2+6\lambda+4$$

(4)使 $f(\lambda)$,$f^*(\lambda)$的对应项系数相等,得

$$\bar{k}_1=4,\ \bar{k}_2=4,\ \bar{k}_3=1$$

即
$$\boldsymbol{K}=[4 \quad 4 \quad 1]$$

该闭环系统的结构图如图 6-5 所示。

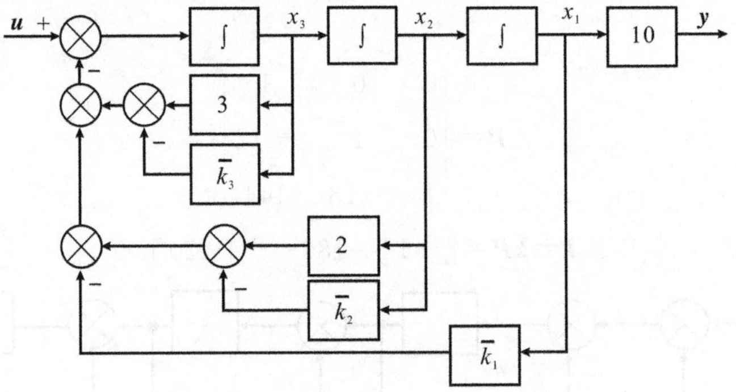

图 6-5 例 6-2 闭环系统的状态变量图

6.4 状态反馈对系统性能的影响

1. 状态反馈对能控性和能观测性的影响

定理 6-3 状态反馈的引入不改变系统的能控性,但可能改变系统的能观测性。

证明 状态反馈不改变系统的能控性。

· 若受控系统 $S_0(\boldsymbol{A},\boldsymbol{b},\boldsymbol{c})$能控,则一定可将其化为能控标准型 $S(\bar{\boldsymbol{A}},\bar{\boldsymbol{b}},\bar{\boldsymbol{c}})$

· 引入状态反馈后,闭环系统$(\bar{\boldsymbol{A}}-\bar{\boldsymbol{b}}\bar{\boldsymbol{k}},\bar{\boldsymbol{b}},\bar{\boldsymbol{c}})$ 仍为能控标准型,故其能控。

状态反馈有可能改变系统的能观测性。

举反例说明:若受控系统 S_0 为

$$\dot{\boldsymbol{x}}=\begin{bmatrix}1 & 2\\0 & 3\end{bmatrix}\boldsymbol{x}+\begin{bmatrix}0\\1\end{bmatrix}\boldsymbol{u},\ \boldsymbol{y}=[1 \quad 1]\boldsymbol{x}$$

则该系统的能观测型标准型

$$\boldsymbol{Q}_0=\begin{bmatrix}\boldsymbol{c}\\\boldsymbol{cA}\end{bmatrix}=\begin{bmatrix}1 & 1\\1 & 5\end{bmatrix}$$

$$\mathrm{rank}\boldsymbol{Q}_0=2=n$$

受控系统 S_0 能观测。

引入状态反馈，且 $\boldsymbol{k}=[0\quad 4]$，则状态反馈系统为

$$\dot{\boldsymbol{x}}=(\boldsymbol{A}-\boldsymbol{bk})\boldsymbol{x}+\boldsymbol{bv}=\begin{bmatrix}1 & 2\\0 & -1\end{bmatrix}\boldsymbol{x}+\begin{bmatrix}0\\1\end{bmatrix}\boldsymbol{v}$$

$$\boldsymbol{y}=[1\quad 1]\boldsymbol{x}$$

$$\boldsymbol{Q}_{\mathrm{k}}=\begin{bmatrix}\boldsymbol{c}\\\boldsymbol{c}(\boldsymbol{A}-\boldsymbol{bk})\end{bmatrix}=\begin{bmatrix}1 & 1\\1 & 1\end{bmatrix}$$

$$\mathrm{rank}\boldsymbol{Q}_{\mathrm{k}}=1<2$$

状态反馈系统不能观测。

【讨论】状态反馈虽然保持了系统的能控性，但却可能破坏其能观测性。

状态反馈使系统极点得到重新配置，传递函数的分母多项式改变。这样就可能出现零点、极点对消现象，则相应的实现不是能控且能观测的。又由上述定理知状态反馈不改变系统的能控性，因此，可能会破坏其能观测性。

2. 状态反馈对系统稳定性的影响

受控系统通过状态反馈或输出反馈，使得闭环系统渐进稳定，这样的问题称为系统的镇定问题。如果一个系统通过状态反馈能使其渐进稳定，则称系统是状态反馈能镇定的。

镇定问题是系统极点配置问题的一种特殊情况。它只要求把闭环极点配置在根平面左侧，而并不要求将极点严格地配置在期望的位置上。显然，为了使系统镇定，只需要将那些不稳定因子，即具有非负实部的极点配置到根平面左半部即可。因此，在满足某种条件下，可利用部分反馈来实现。

能控与能镇定之间的关系：如果系统 $\Sigma=(\boldsymbol{A},\boldsymbol{B},\boldsymbol{C})$ 是完全能控的，则它必然是能镇定的，但一个能镇定的系统却未必是完全能控的。

定理 6-4　对系统 $\Sigma_0=(\boldsymbol{A},\boldsymbol{B},\boldsymbol{C})$ 采用状态反馈能镇定的充要条件是其不能控子系统为渐进稳定。

3. 状态反馈对传递函数零点的影响

状态反馈不保持系统的能观测性也可作以下解释：例如，对于单输入单输出系统，状态反馈会改变系统的极点，但不影响系统的零点，这样就有可能使传递函数出现零极点对消现象，因而破坏了系统的能观性。

状态能控的 SISO 线性定常受控系统 $(\boldsymbol{A},\boldsymbol{b},\boldsymbol{c})$ 经非奇异线性变换化为能控标准型

$$\dot{\bar{\boldsymbol{x}}}=\bar{\boldsymbol{A}}\bar{\boldsymbol{x}}+\bar{\boldsymbol{b}}u$$

$$y=\bar{\boldsymbol{c}}\bar{\boldsymbol{x}}$$

受控系统 $(\boldsymbol{A},\boldsymbol{b},\boldsymbol{c})$ 的传递函数为

$$G(s)=\boldsymbol{c}(s\boldsymbol{I}-\boldsymbol{A})^{-1}\boldsymbol{b}=\bar{\boldsymbol{c}}(s\boldsymbol{I}-\bar{\boldsymbol{A}})^{-1}\bar{\boldsymbol{b}}$$

$$G(s)=\frac{\beta_{n-1}s^{n-1}+\cdots+\beta_1 s+\beta_0}{s^n+a_{n-1}s^{n-1}+\cdots+a_1 s+a_0}\tag{6-26}$$

状态反馈系统的传递函数为

$$G_{\mathrm{k}}(s)=\boldsymbol{c}(s\boldsymbol{I}-(\boldsymbol{A}-\boldsymbol{bk}))^{-1}\boldsymbol{b}=\frac{\beta_{n-1}s^{n-1}+\cdots+\beta_1 s+\beta_0}{s^n+a_{n-1}^{*}s^{n-1}+\cdots+a_1^{*}s+a_0^{*}}\tag{6-27}$$

比较式(6-26)和式(6-27)可以看出，引入状态反馈后传递函数的分子多项式不变，即零

点保持不变，但分母多项式的每一项系数均可通过选择 k 而改变，这就有可能使传递函数发生零极点相消而破坏系统的能观测性。

例 6-3 若系统的传递函数为

$$G_0(s)=\frac{(s+1)(s+2)}{(s-1)(s-2)(s+3)}$$

试求使闭环系统的传递函数为

$$G(s)=\frac{s+1}{(s+2)(s+3)}$$

的状态反馈矩阵 $\boldsymbol{K}$。

解： 对比上述两式可知，欲消去 $s=-2$ 的零点其闭环系统传递函数必有 $s=-2$ 的极点，再根据上述状态反馈不改变零点的结论，状态反馈闭环系统的传递函数应为

$$G(s)=\frac{(s+1)(s+2)}{(s+2)^2(s+3)}$$

所以，实际上本题的题意是求状态反馈增益矩阵 $\boldsymbol{K}=[k_1\quad k_2\quad k_3]$ 使上式所示系统的闭环极点配置在 $\lambda=-2,-2,-3$。这样，便可用前述步骤来设计反馈增益矩阵 $\boldsymbol{K}$。闭环系统的特征多项式为 $f(\lambda)=\det(\lambda\boldsymbol{I}-(\boldsymbol{A}-\boldsymbol{bK}))=\lambda^3+(\lambda_2+k_3)\lambda^2+(\lambda_1+k_2)\lambda+(\lambda_0+k_1)$。

闭环系统的期望特征多项式为 $f^*(\lambda)=(\lambda+2)(\lambda+2)(\lambda+3)=\lambda^3+7\lambda^2+16\lambda+12$。

使 $f(\lambda)$ 与 $f^*(\lambda)$ 的对应项系数相等，从而求得

$$k_1=6,k_2=23,k_3=7$$

即 $\boldsymbol{K}=[6\quad 23\quad 7]$，其对应的状态变量图如图 6-6 所示。

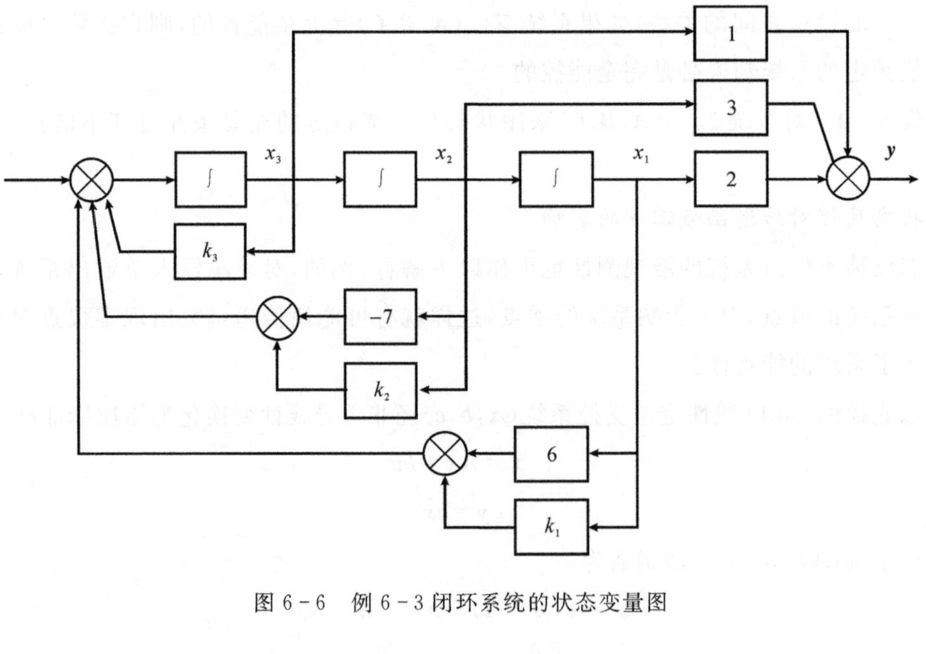

图 6-6　例 6-3 闭环系统的状态变量图

6.5　状态观测器设计

利用状态反馈能够任意配置闭环系统的极点并有效地改善控制系统的性能。现代控制理论中按各种最优原则建立起来的最优控制系统以及后面所介绍的解耦系统和最优系统都离不开状态反馈。然而系统的状态变量并不都是能够易于用物理方法测量出来的，有些根本无法

测量到。因此要使状态反馈能在工程上得到实现，就必须解决这个问题。本节所介绍的状态观测器便是解决这一问题的方法之一。所谓状态观测器是一个在物理上可以实现的动力系统，它在待观测系统的输入和输出的驱动下（这总是可以测量得到的）产生一组逼近于待观测系统状态变量的输出。该动力学系统装置所输出的一组状态变量便可作为该待观测系统的估计值。从这个意义上看状态观测器又称为状态估计器，或称状态重构器。

1. 状态观测器的设计思路

设 SISO 系统为

$$\left.\begin{aligned}\dot{\boldsymbol{x}}&=\boldsymbol{A}\boldsymbol{x}+\boldsymbol{b}u\\ y&=\boldsymbol{c}\boldsymbol{x}\end{aligned}\right\} \tag{6-28}$$

其结构图如图 6-7 所示。

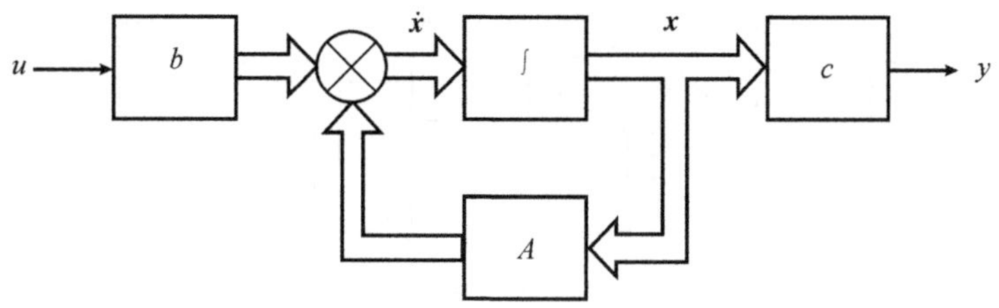

图 6-7　结构图

当系统的状态不能直接测量获得时，可以构造一个状态观测器来估计系统的状态。开环状态观测器的结构图如图 6-8 所示。

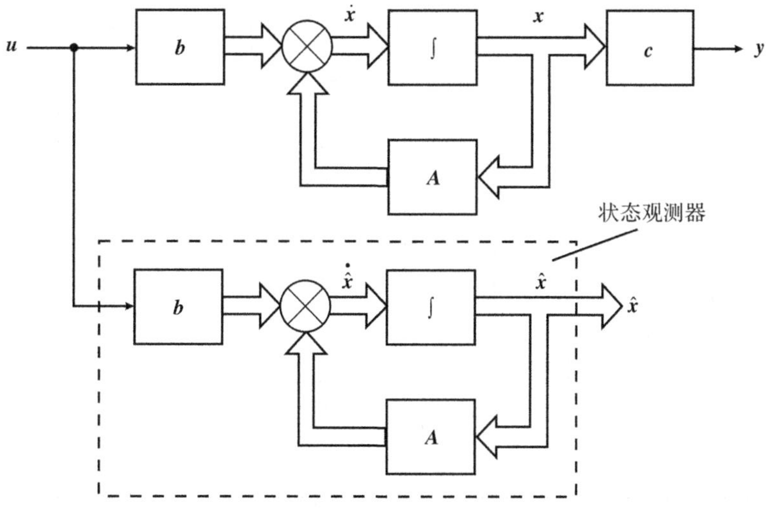

图 6-8 开环状态观测器的结构图

显然，当系统和观测器上的干扰和初始状态不同时，上述开环状态观测器所得到的估计值与原状态之间的差别较大。如果将上述开环状态观测器加以改进，引入输出信号，则可得到如图 6-9 所示结构形式的渐近状态观测器。

则基于渐近状态观测器的状态方程为

$$\dot{\hat{\boldsymbol{x}}}=\boldsymbol{A}\hat{\boldsymbol{x}}+\boldsymbol{K}_e[y-\hat{y}]+\boldsymbol{b}u \tag{6-29}$$

其中，渐近状态观测器的输出误差反馈矩阵 $\boldsymbol{K}_e$ 为

$$\boldsymbol{K}_e=[k_{e1}\quad k_{e2}\quad \cdots\quad k_{en}]^{\mathrm{T}} \tag{6-30}$$

渐近状态观测器利用了输出和输入信息，变换后的形式为

$$\dot{\hat{x}}=A\hat{x}+K_e[y-\hat{y}]+bu=$$

$$A\hat{x}+K_e[y-c\hat{x}]+bu=(A-K_ec)\hat{x}+K_ey+bu \tag{6-31}$$

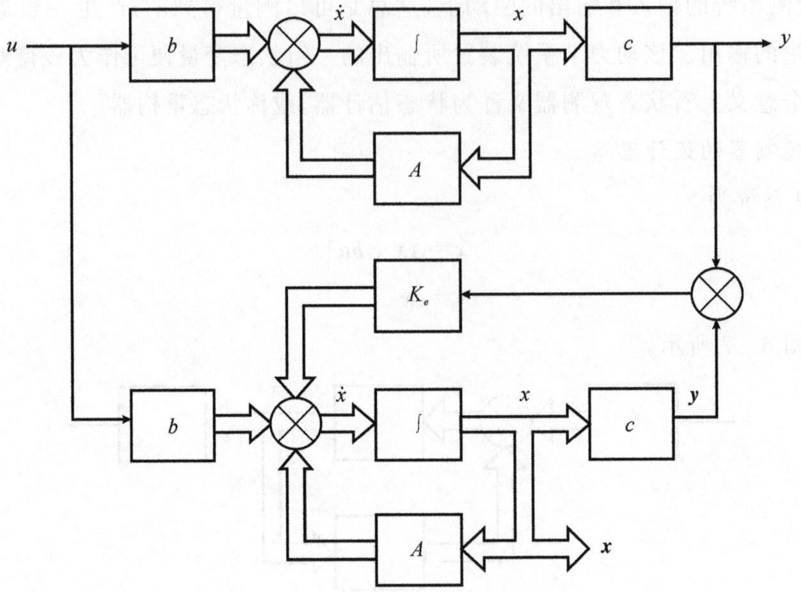

图 6-9　渐近状态观测器的结构图 1

其结构图可如图 6-10 所示。

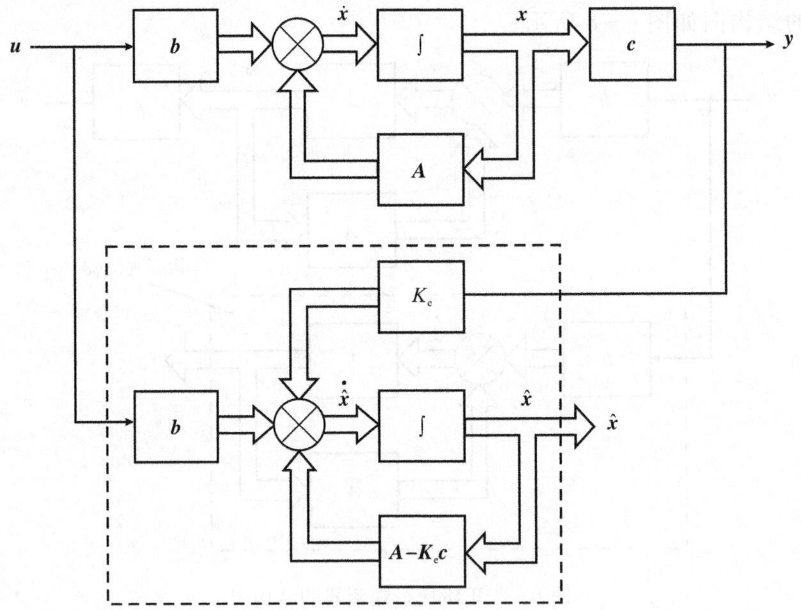

图 6-10　渐近状态观测器的结构图 2

状态估计值对系统真实状态的逼近程度为

$$\dot{\tilde{x}}=Ax+bu-(A-K_ec)\hat{x}-K_ey-bu=$$

$$Ax-(A-K_ec)\hat{x}-K_ecx=(A-K_ec)(x-\hat{x}) \tag{6-32}$$

令

$$\tilde{x}=x-\hat{x} \tag{6-33}$$

则

$$\dot{\tilde{x}}=\dot{x}-\dot{\hat{x}}=(A-K_e c)\tilde{x} \tag{6-34}$$

式(6-34)为齐次微分方程，其解为

$$\tilde{x}(t)=e^{(A-K_e c)(t-t_0)}\tilde{x}(t_0) \tag{6-35}$$

【结论】由解的方程表达式可以看出：

(1)若 $\tilde{x}(t_0)=0$，则 $\tilde{x}(t)=0$，即观测器状态与系统的实际状态相等。

(2)若 $\tilde{x}(t_0)\neq 0$，且 $(A-K_e c)$ 有的特征值为左侧根，则 $\tilde{x}(t)$ 将以指数函数渐近地趋近于零。即观测器的状态以指数函数渐近地逼近于实际状态。

(3)逼近的速度取决于 $(A-K_e c)$ 的特征值。

2. 状态观测器的计算

理论上讲，状态观测器极点的选择，应使状态观测器的状态尽可能快地逼近系统的真实状态，而实际中并非如此。主要受状态观测器输出误差反馈增益和噪声限制。因此，实际逼近速度不能太快，应适当选择。

定理 6-5　若线性定常系统 $\Sigma_0=(A,B,C)$ 是能观测的，则所构成的状态观测器的极点是可以任意配置。

例 6-4　已知某系统的传递函数为

$$G(s)=\frac{2}{(s+1)(s+2)}$$

若其状态不能直接测量，试设计一状态观测器使 $(A-hc)$ 的极点为 $(-10,-10)$。

解　(1)根据传递函数可直接列写系统的能控标准型，为

$$A=\begin{bmatrix}0 & 1\\ -2 & -3\end{bmatrix}\qquad b=\begin{bmatrix}0\\1\end{bmatrix}\qquad c=\begin{bmatrix}2 & 0\end{bmatrix}$$

(2)设状态观测器的系统矩阵为

$$A-hc=\begin{bmatrix}0 & 1\\ -2 & -3\end{bmatrix}-\begin{bmatrix}h_0\\ h_1\end{bmatrix}\begin{bmatrix}2 & 0\end{bmatrix}=\begin{bmatrix}-2h_0 & 1\\ -2-2h_1 & -3\end{bmatrix}$$

(3) 观测器的特征多项式为

$$f(\lambda)=\det(\lambda I-(A-hc))=\det\begin{bmatrix}\lambda+2h_0 & -1\\ 2+2h_1 & \lambda+3\end{bmatrix}=$$

$$\lambda^2+(2h_0+3)\lambda+(6h_0+2+2h_1)$$

(4) 因为极点 $\lambda=-10,-10$，故期望特征多项式为

$$f^*(\lambda)=(\lambda+10)^2=\lambda^2+20\lambda+100$$

(5) 使 $f(\lambda)$ 和 $f^*(\lambda)$ 两边的对应系数相等，得

$$h_0=8.5$$

$$h_1=23.5$$

即

$$h=\begin{bmatrix}8.5\\ 23.5\end{bmatrix}$$

所设计的状态观测器的结构图如图 6-11 所示。

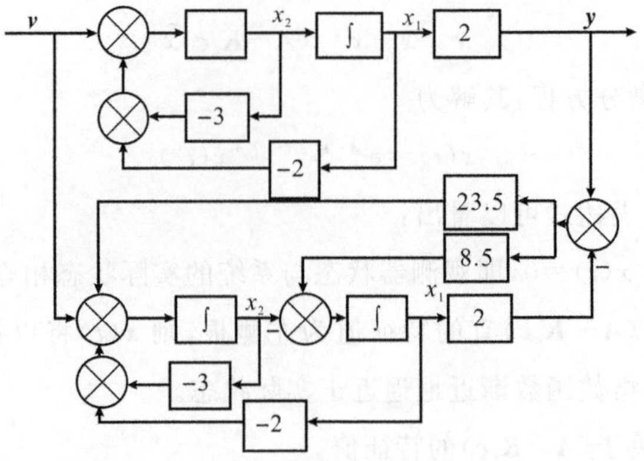

图 6-11　例 6-4 系统的状态观测器结构图

3. 降维状态观测器

用上述方法设计的状态观测器是 n 阶的，即 n 维状态变量全部由观测器获得，因此上述观测器又称为全维状态观测器。

实际应用中，由于被控系统的输出量总是可以测量的，因此可以利用系统的输出直接产生部分状态变量。这样所需估计的状态变量的个数就可以减少，从而降低观测器的维数，简化观测器的结构。若状态观测器的维数小于被控对象的维数，就称为降维状态观测器。若输出为 m 维，则需要观测的状态为 $n-m$ 维。降维状态观测器的设计内容这里不再赘述，可参考相关参考内容。

6.6　解 耦 控 制

解耦控制称为一对一控制，是多输入多输出线性定常系统综合理论中的一项重要内容。对于一般的多输入多输出系统来说，系统的每个输入分量通常与各个输出分量都相互关联，即一个输入分量可以控制多个输出分量。反过来说，一个输出分量受多个输入分量的控制。这给系统的分析和设计带来很大的麻烦。所谓解耦控制就是寻求合适的控制规律，使系统的每一个输出仅仅受一个输入的控制，即实现一对一的控制。

实现解耦控制的方法有两类：一类是串联解耦；另一类称为状态反馈解耦。

1. 解耦的定义

若一个 m 维输入，m 维输出的受控系统的传递函数阵

$$\boldsymbol{G}(s)=\boldsymbol{C}(s\boldsymbol{I}-\boldsymbol{A})^{-1}\boldsymbol{B}$$

是一个非奇异对角形有理多项式矩阵

$$\boldsymbol{G}(s)=\begin{bmatrix} G_{11}(s) & & & 0 \\ & G_{22}(s) & & \\ & & \ddots & \\ 0 & & & G_{mm}(s) \end{bmatrix} \tag{6-36}$$

则称该多变量系统是解耦的。

显然，对于一个解耦系统，每一个输入仅控制相应的一个输出；同时，每一个输出仅受相应的一个输入所控制。因而，一个解耦系统可以被看作为一组相互无关的单变量系统。如图

6－12表示了这种系统的特点。

垂直起飞的飞机是一个需要解耦系统的例子。飞机在飞行中需关注的输出量是俯仰角、水平位置和高度；控制输入变量是三个舵面的偏转。因为三个输出量之间有耦合，如果要同时操纵三个输入量并成功地控制飞机，要求驾驶员有相当高的技巧。如果系统实现了解耦，就能为驾驶员提供了三个独立的高稳定性的子系统。因此，可以独立地调整其俯仰角、水平位置和高度。

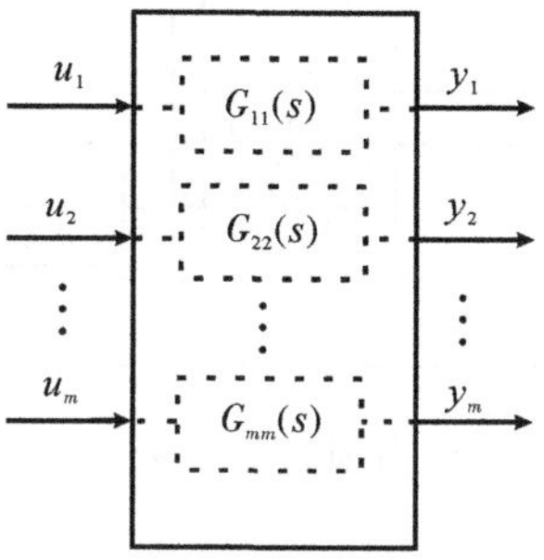

图 6－12　解耦系统示意图

2. 串联解耦

实现系统解耦有两种方法。第一种方法是串联解耦，即前馈补偿器解耦，这是一种最简单的方法，只需在待解耦系统中串接一个前馈补偿器，使串联组合系统的传递函数阵成为对角线形的有理函数矩阵。显然，这种方法将使系统的维数增加。第二种方法是进行状态反馈解耦，这种方法虽然不增加系统的维数，但是采用状态反馈实现解耦的条件要比前馈补偿器解耦苛刻得多。

串联解耦的框图如图 6－13 所示。

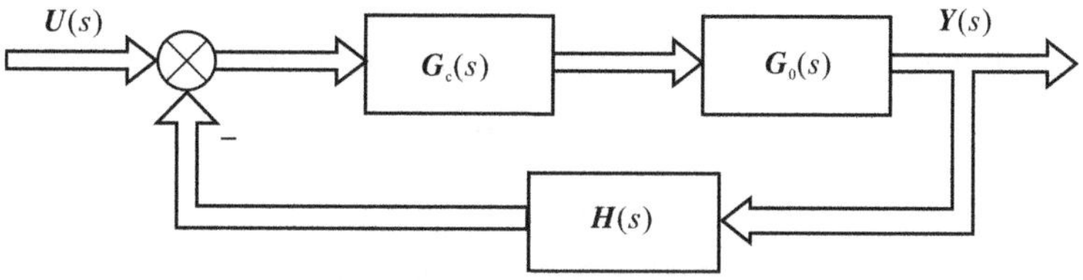

图 6－13　串联解耦方框图

其中 $\boldsymbol{G}_c(s)$为解耦控制器传递函数阵；$\boldsymbol{G}_0(s)$为对象传递函数阵；$\boldsymbol{H}(s)$为控制反馈阵。

令 $\boldsymbol{G}_p(s)=\boldsymbol{G}_0(s)\boldsymbol{G}_c(s)$，则有

$$\boldsymbol{Y}(s)=(\boldsymbol{I}+\boldsymbol{G}_p(s)\boldsymbol{H}(s))^{-1}\boldsymbol{G}_p(s)\boldsymbol{U}(s) \tag{6-37}$$

其中，$\boldsymbol{\Phi}(s)=[\boldsymbol{I}+\boldsymbol{G}_p(s)\boldsymbol{H}(s)]^{-1}\boldsymbol{G}_p(s)$为闭环传递矩阵。

由上式得

$$\boldsymbol{G}_p(s)=\boldsymbol{\Phi}(s)[\boldsymbol{I}-\boldsymbol{H}(s)\boldsymbol{\Phi}(s)]^{-1}=\boldsymbol{G}_0(s)\boldsymbol{G}_c(s) \tag{6-38}$$

有
$$\boldsymbol{G}_c(s)=\boldsymbol{G}_0^{-1}(s)\boldsymbol{\Phi}(s)[\boldsymbol{I}-\boldsymbol{H}(s)\boldsymbol{\Phi}(s)]^{-1} \tag{6-39}$$

例 6－5　设串联解耦系统的结构图如图 6－14 所示，其中 $\boldsymbol{H}=\boldsymbol{I}$。受控对象 $\boldsymbol{G}_0(s)$和要求的闭环传递函数矩阵 $\boldsymbol{\Phi}(s)$分别为

$$\boldsymbol{G}_0(s)=\begin{bmatrix}\dfrac{1}{0.1s+1} & \dfrac{1}{0.01s+1}\\ 0 & \dfrac{2}{0.2s+1}\end{bmatrix},\boldsymbol{\Phi}(s)=\begin{bmatrix}\dfrac{1}{s+1} & 0\\ 0 & \dfrac{1}{5s+1}\end{bmatrix}$$

求解耦控制器传递函数阵 $\boldsymbol{G}_c(s)$。

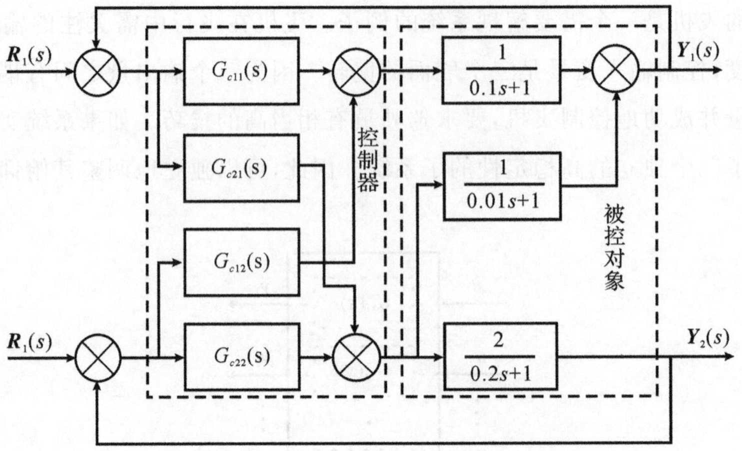

图 6-14　用补偿器实现解耦的系统

解　由式(6-39)可知

$$\boldsymbol{G}_c(s)=\boldsymbol{G}_0^{-1}(s)\boldsymbol{\Phi}(s)[\boldsymbol{I}-\boldsymbol{\Phi}(s)]^{-1}=$$

$$\begin{bmatrix}\dfrac{1}{0.1s+1} & \dfrac{1}{0.01s+1}\\ 0 & \dfrac{2}{0.2s+1}\end{bmatrix}^{-1}\begin{bmatrix}\dfrac{1}{s+1} & 0\\ 0 & \dfrac{1}{5s+1}\end{bmatrix}\begin{bmatrix}\dfrac{s}{s+1} & 0\\ 0 & \dfrac{5s}{5s+1}\end{bmatrix}^{-1}=$$

$$\begin{bmatrix}\dfrac{0.1s+1}{s} & -\dfrac{(0.1s+1)(0.2s+1)}{10s(0.01s+1)}\\ 0 & \dfrac{0.2s+1}{10s}\end{bmatrix}$$

3.状态反馈解耦

设受控系统的传递函数矩阵为 $\boldsymbol{G}(s)$,其状态空间表达式为

$$\left.\begin{aligned}\dot{\boldsymbol{x}}&=\boldsymbol{A}\boldsymbol{x}+\boldsymbol{B}\boldsymbol{u}\\ \boldsymbol{y}&=\boldsymbol{C}\boldsymbol{x}\end{aligned}\right\}\tag{6-40}$$

利用状态反馈实现解耦控制,通常采用状态反馈加输入变换器的结构形式,如图 6-15 所示。其中 $\boldsymbol{K}$ 为状态反馈阵,$\boldsymbol{F}$ 为输入变换阵。

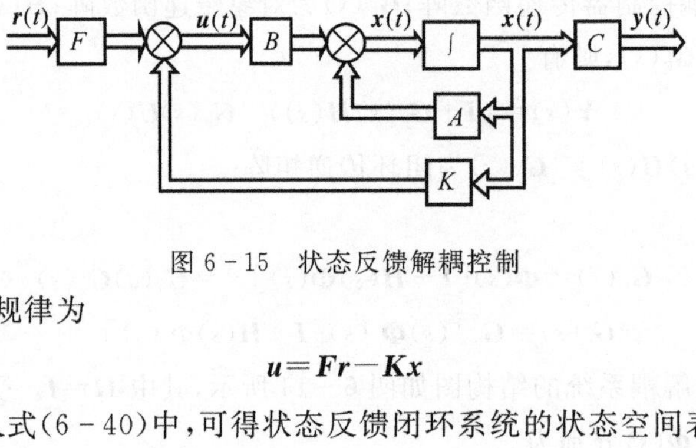

图 6-15　状态反馈解耦控制

此时系统的控制规律为

$$\boldsymbol{u}=\boldsymbol{F}\boldsymbol{r}-\boldsymbol{K}\boldsymbol{x}\tag{6-41}$$

将式(6-41)代入式(6-40)中,可得状态反馈闭环系统的状态空间表达式为

$$\left.\begin{aligned}\dot{\boldsymbol{x}}&=(\boldsymbol{A}-\boldsymbol{B}\boldsymbol{K})\boldsymbol{x}+\boldsymbol{B}\boldsymbol{F}\boldsymbol{r}\\ \boldsymbol{y}&=\boldsymbol{C}\boldsymbol{x}\end{aligned}\right\}\tag{6-42}$$

则闭环系统的传递函数矩阵为

$$G_{K,F}(s)=C(sI-A+BK)^{-1}BF \tag{6-43}$$

如果存在某个 $\boldsymbol{K}$ 阵和 $\boldsymbol{F}$ 阵，使得 $G_{K,F}(s)$ 为对角线非奇异矩阵，就实现了解耦控制。关于状态反馈解耦控制的理论问题比较复杂，这里证明从略，直接给出定理。

定义两个不变量和一个矩阵：

$$d_i=\min\{G_i(s)\text{中各元素分母与分子多项式幂次之差}\}-1 \tag{6-44}$$

$$E_i=\lim_{s\to\infty}s^{d_i+1}G_i(s) \tag{6-45}$$

$$E=\begin{bmatrix}E_1\\E_2\\\vdots\\E_m\end{bmatrix} \tag{6-46}$$

其中，d_i 为解耦阶常数；$\boldsymbol{E}$ 为可解耦性矩阵，m 阶方阵。$G_i(s)$ 为受控系统的传递矩阵 $G(s)$ 的第 i 个行向量。

定理 6-6　受控系统 (A,B,C) 通过状态反馈实现解耦控制的充分必要条件是可解耦矩阵 $\boldsymbol{E}$ 是非奇异的，即

$$\det E\neq 0 \tag{6-47}$$

例 6-6　设受控系统的传递矩阵为

$$G(s)=\begin{bmatrix}\dfrac{s+2}{s^2+s+1} & \dfrac{1}{s^2+s+2}\\ \dfrac{1}{s^2+2s+1} & \dfrac{3}{s^2+s+4}\end{bmatrix}$$

试判断该系统是否可以通过状态反馈实现解耦控制。

解　由 d_i 的定义，分别观察 $G(s)$ 的第一行和第二行，可得 $d_1=1-1=0$，$d_2=2-1=1$。由 E_i 的定义可知

$$E_1=\lim_{s\to\infty}s^{d_1+1}G_1(s)=\lim_{s\to\infty}s\begin{bmatrix}\dfrac{s+2}{s^2+s+1} & \dfrac{1}{s^2+s+2}\end{bmatrix}=\begin{bmatrix}1 & 0\end{bmatrix}$$

$$E_2=\lim_{s\to\infty}s^{d_2+1}G_2(s)=\lim_{s\to\infty}s^2\begin{bmatrix}\dfrac{1}{s^2+2s+1} & \dfrac{3}{s^2+s+4}\end{bmatrix}=\begin{bmatrix}1 & 3\end{bmatrix}$$

所以系统的可解耦性矩阵为

$$E=\begin{bmatrix}E_1\\E_2\end{bmatrix}=\begin{bmatrix}1 & 0\\1 & 3\end{bmatrix}$$

$$\det E=\begin{vmatrix}1 & 0\\1 & 3\end{vmatrix}=3\neq 0$$

所以该系统可以通过状态反馈实现解耦。

习　　题

6.1　设被控系统状态方程为 $\dot{x}=\begin{bmatrix}0 & 1 & 0\\0 & -1 & 1\\0 & -1 & 10\end{bmatrix}x+\begin{bmatrix}0\\0\\10\end{bmatrix}u$，可否用状态反馈任意配置闭

环极点？求状态反馈阵，使闭环极点位于$(-10, -1\pm j\sqrt{3})$，并画出状态变量图。

6.2 若系统传递函数为$G_0(s)=\dfrac{(s-1)(s+2)}{(s+1)(s-2)(s+3)}$，试求闭环传递函数为$G(s)=\dfrac{(s-1)}{(s+2)(s+3)}$的状态反馈增益矩阵$\boldsymbol{K}$，并画出状态变量图。

6.3 设线性定常系统的状态空间描述为

$$\dot{\boldsymbol{x}}=\begin{bmatrix}-5 & -1\\ 6 & 0\end{bmatrix}\boldsymbol{x}+\begin{bmatrix}0\\ 2\end{bmatrix}\boldsymbol{u}$$

$$\boldsymbol{y}=[0 \quad 1]\boldsymbol{x}$$

试设计状态反馈矩阵$\boldsymbol{K}$，使系统闭环极点配置在$(-5+j5, -5-j5)$处，并绘制状态反馈系统的状态变量图。

6.4 已知被控系统的传递函数为

$$G(s)=\frac{10}{(s+1)(s+2)}$$

试设计一个状态反馈控制律，使得闭环系统的极点为$-1\pm j$。

6.5 已知系统传递函数为

$$G(s)=\frac{Y(s)}{U(s)}=\frac{20}{s^3+4s^2+3s}$$

要求：设计状态反馈增益矩阵$\boldsymbol{K}$，使系统极点配置在$(-5, -2\pm j2)$处，并画出状态变量图。

6.6 系统被控对象的传递函数为

$$G(s)=\frac{1}{s^2}$$

试用极点配置法设计状态反馈阵，使系统的阻尼比$\zeta=0.707$，自然频率$\omega_n=5$ rad/s，并画出状态反馈系统的状态变量图。

第二部分

现代控制理论基础实验教程

THKKL－6 实验箱及示波器简介

※ 实验箱简介

THKKL－6 型控制理论及计算机控制技术实验箱是结合高等学校教学和实践的需要而精心设计的实验系统，适用于“自动控制原理”“计算机控制技术”等课程的实验教学。该实验箱具有实验功能全、资源丰富、使用灵活、接线可靠、操作快捷和维护简单等优点。

实验箱面板结构如图 1 所示，硬件部分主要由直流稳压电源、低频信号发生器、阶跃信号发生器、交/直流数字电压表、电阻测量单元、示波器接口、CPU(51 单片机)模块、单片机接口、步进电机单元、直流电机单元、温度控制单元、通用单元电路和电位器组等单元组成。上位机软件则集中了虚拟示波器、信号发生器和 Bode 图等多种功能于一体。

在实验设计上，“自动控制原理”课程既有连续部分的实验，又有离散部分实验；既有经典控制理论实验，又有现代控制理论实验。“计算机控制技术”课程除常规的实验外，还增加了当前工业上应用广泛、效果卓著的模糊控制、神经网络控制以及二次型最优控制等实验。

1. 性能特点

THKKL－6 型控制理论及计算机控制技术实验箱具有如下特点。

(1)系统使用自锁镀金大孔，确保实验连接可靠及实验结果的正确性。

(2)采用模块式结构，可构造出各种形式和阶次的模拟环节和控制系统。标准实验部分只需连接导线即可，直观且简化了实验操作和设备管理。扩充环节可以灵活搭建多种不同参数的系统。

(3)实验系统自带多种信号源，足以满足实验的要求。

(4)系统集成软件提供的虚拟示波器功能可实时、清晰地观察控制系统各项静态、动态特性，方便了对模拟控制系统的研究。

(5)系统配备了单片机接口、步进电机单元、直流电机单元、温度控制单元、通用单元电路和电位器组等控制对象，可开设控制系统课程的实验。

(6)使用微机作为控制平台，结合功能强大的上位机软件，可进行多种计算机控制技术实验教学。该系统还可扩展支持如线性系统、最优控制、系统辨识及计算机控制等现代控制理论的模拟实验研究。

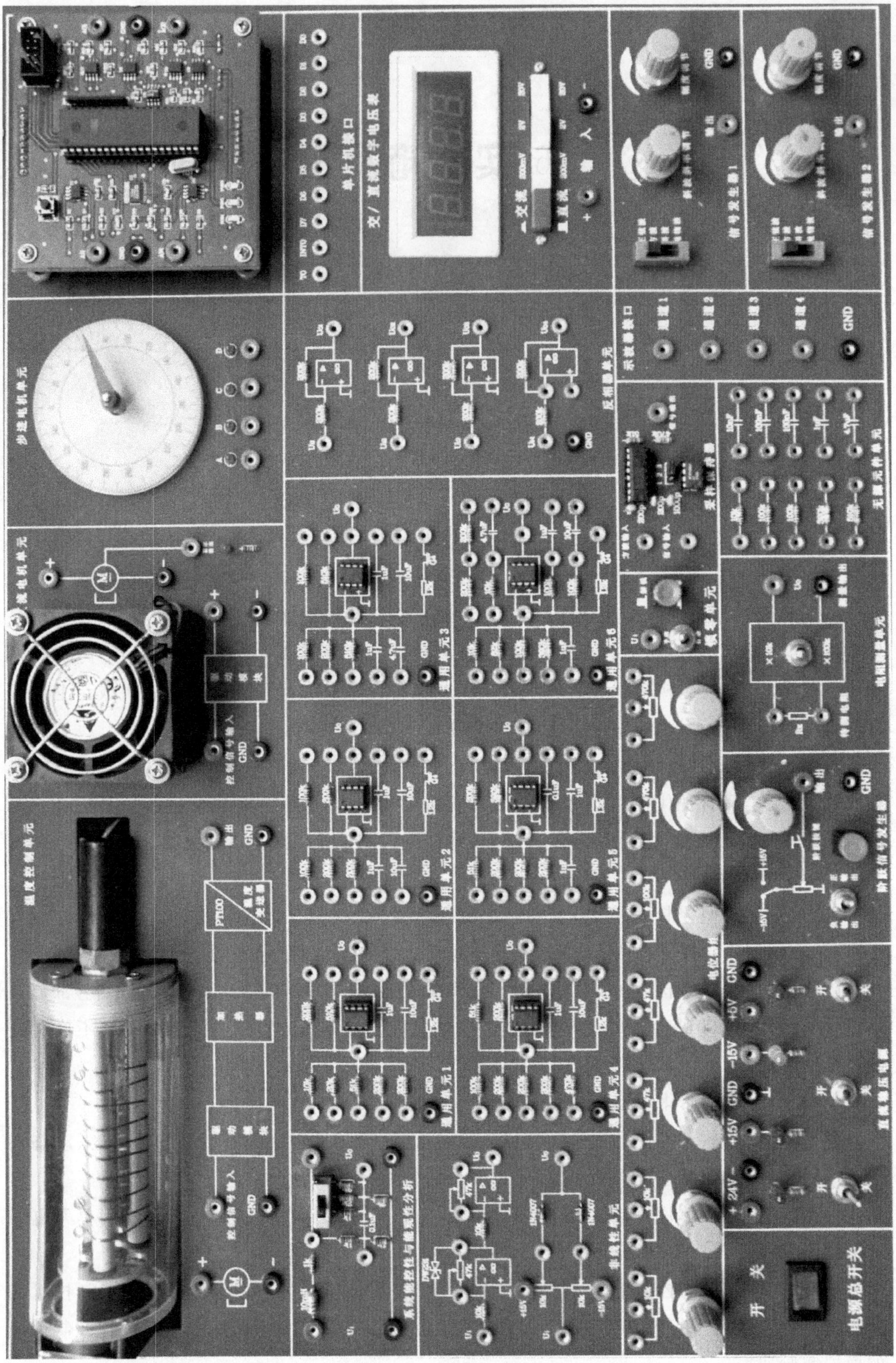

图 1　实验箱面板结构

2. 组成及使用

(1) 直流稳压电源。直流稳压电源位于实验箱面板左下角，主要用于给实验箱提供电源。有＋5 V/0.5 A，±15 V/0.5 A 及＋24 V/2.0 A 四路，每路均有短路保护自恢复功能。它们的开关分别由相关的钮子开关控制，并由相应发光二极管指示。其中＋24 V 主要用于温度控制单元。

实验前，启动实验箱左侧的电源总开关。并根据需要将＋5 V，±15 V，＋24 V 钮子开关拨到“开”的位置。

实验时，通过 2 号连接导线将直流电压接到需要的位置。

(2) 低频信号发生器。低频信号发生器位于实验箱面板右下角，主要输出正弦信号、方波信号、斜坡信号和抛物线信号等四种波形信号。输出频率由上位机设置，频率范围为 0.1～100 Hz。可以通过幅度调节电位器来调节各个波形的幅度，而斜坡和抛物线信号还可以通过斜率调节电位器来改变波形的斜率。

(3) 锁零按钮。锁零按钮用于实验前运放单元中电容器的放电。使用时，用 2 号实验导线将对应的接线柱与运算放大器的输出端连接。当按下按钮时，通用单元中的场效应管处于短路状态，电容器放电，让电容器两端的初始电压为 0 V；当按钮复位时，单元中的场效应管处于开路状态，此时可以开始实验。

(4) 阶跃信号发生器。阶跃信号发生器主要提供实验时的阶跃给定信号，其输出电压范围为－15～＋15 V，正负挡连续可调。使用时根据需要可选择正输出或负输出，具体通过“阶跃信号发生器”单元的钮子开关来实现。当按下自锁按钮时，单元的输出端输出一个可调的阶跃信号（当输出电压为 1 V 时，即为单位阶跃信号），实验开始；当按钮复位时，单元的输出端输出电压为 0 V。

注：单元的输出电压可通过实验箱上的直流数字电压表进行测量。

(5) 电阻测量单元。可以通过输出的电压值来得到未知的电阻值，本单元可以在实验时方便地设置电位器的阻值。当钮子开关拨到×10 k 位置时，所测量的电阻值等于输出的电压值乘以 10，单位为 kΩ。当钮子开关拨到×100 k 位置时，所测量的电阻值等于输出的电压值乘以 100，单位为 kΩ。

注：为了得到一个较准确的电阻值，应该选择适当的挡位，尽量保证输出的电压与 1 V 更接近。

(6) 交/直流数字电压表。交/直流数字电压表有三个量程，分别为 200 mV，2 V，20 V。当自锁开关不按下时，作为直流电压表使用，这时可用于测量直流电压；当自锁开关按下时，作为交流毫伏级电压表使用。它具有频带宽（10～400 kHz）、精度高（1 kHz 时：±5%）以及真有效值测量的特点，即使测量窄脉冲信号，也能测得其精确的有效值，其适用的波峰因数范围可达到 10。

(7) 通用单元电路。通用单元电路具体有“通用单元 1～通用单元 6”“反相器单元”和“系统能控性与能观性分析”等单元。这些单元主要由运算放大器、电容、电阻、电位器和一些自由布线区等组成。通过不同的接线，可以模拟各种受控对象的数学模型，主要用于比例、积分、微分及惯性等电路环节的构造。一般为反向端输入，其中电阻多为常用阻值 51 kΩ，100 kΩ，200 kΩ 及 510 kΩ；电容多在反馈端，容值为 0.1 μF，1 μF 及 10 μF。

以组建积分环节为例，积分环节的时间常数为 1 s。首先确定带运放的单元，且其前后的元器件分别为 100 kΩ,10 μF(T=100 kΩ×10 μF=1 s),通过观察“通用单元 1”可满足要求，然后将 100 k 和 10 μF 通过实验导线连接起来。

实验前先按下“锁零按钮”对电容放电，然后用 2 号导线将单位阶跃信号输出端接到积分电路的输入端，积分电路的输出端接至反向器单元，保证输入、输出方向的一致性。然后按下“锁零按钮”和阶跃信号输出按钮，用示波器观察输出曲线。

(8) 非线性单元。非线性单元含有两个单向二极管，并且需要外加±15 V 直流电源，可研究非线性环节的静态特性和非线性系统。其中 10 k 电位器由电位器组单元提供。电位器的使用可由 2 号导线将电位器引出端点接入至相应电路中。

但在实验前必须先断开电位器与电路的连线，使用万用表测量好所需 R 的阻值，然后再接入电路中。

(9) 采样保持器。采样保持器采用“采样-保持器”组件 LF398，具有将连续信号离散后再由零阶保持器输出的功能，其采样频率由外接的方波信号频率决定。使用时只要接入外部的方波信号及输入信号即可。

(10) 单片机控制单元。主要用于计算机控制实验部分，其作用为计算机控制算法的执行。主要由单片机(AT89S52)、AD 采集(AD7323，四路 12 位，电压范围：－10～＋10 V)和 DA 输出(LTC1446，两路 12 位，电压范围：－10～＋10 V)三部分组成。发光二极管可显示 AD 转换结果(由具体程序而定)。

(11) 实物实验单元。实物实验单元包括温度控制单元、直流电机单元和步进电机单元，主要用于计算机控制技术相关实验。

(12) 数据采集卡。采用 ADUC7021 和 CY68013 芯片组成，支持 4 路 AD(－10～＋10 V)采集，两路 DA(－10～＋10 V)输出。采样频率为 40 kHz，转换精度为 12 位，配合上位机可进行常规信号采集显示、模拟量输出、频率特性分析等功能。

注意事项：

(1)每次连接线路前要关闭电源总开关。

(2)按照实验指导书连接好线路后，仔细检查线路是否连接正确、电源有无接反。确认无误后方可接通电源开始实验。

※ 虚拟示波器简介

THKKL 型实验箱上位机软件的虚拟示波器是配合 THKKL－6 实验箱使用的，可通过与数据采集设备配合来完成信号的采集和信号的输出功能。虚拟示波器使用方法如下。

(1)应用 USB 接口线将 THKKL 型实验箱与计算机相连接。

(2)安装上位机软件。

(3)点击上位机软件图标“”运行软件。软件启动界面如图 2 所示。由图可知，上位机软件的功能窗口有虚拟示波器、信号发生器和波特图。用鼠标点击图中的指示图标，即可打开这些功能窗口。

(4)点击图 2 中自左至右的第一个功能窗口“”后，即可打开虚拟示波器界面，如图 3 所示。

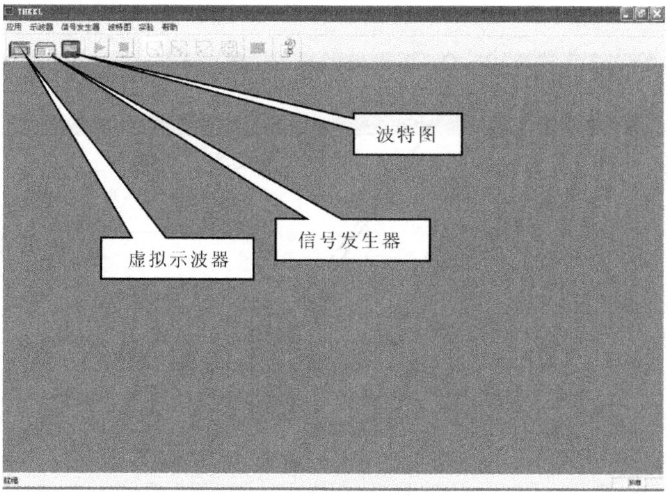

图 2　上位机软件启动界面

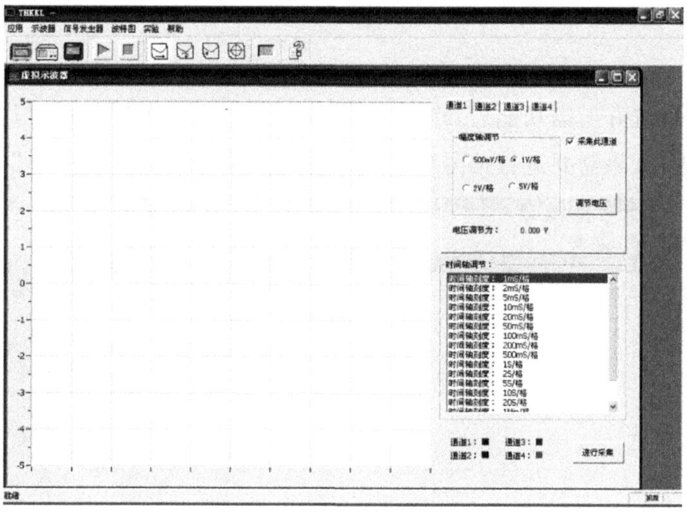

图 3　虚拟示波器窗口界面

虚拟示波器可同时观察四个通道，在观察过程中可以进行“时间轴”和“幅度轴”调节（见图 4）。此外，虚拟示波器有四种观察模式，分别是正常模式、示波器模式、同步模式和李沙育图形模式（见图 5）。

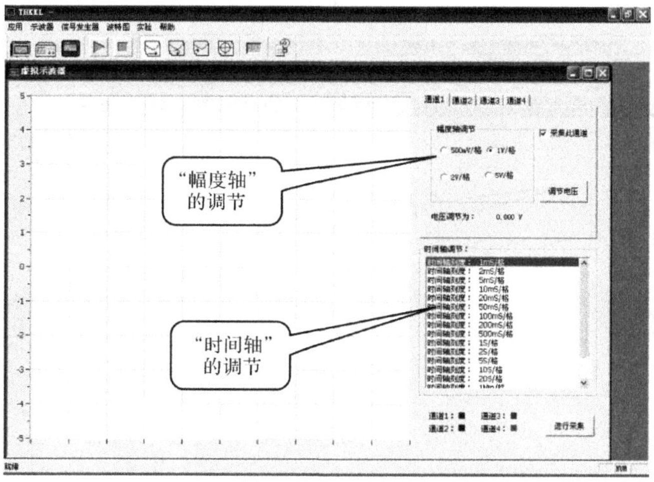

图 4　时间轴和幅度轴调节

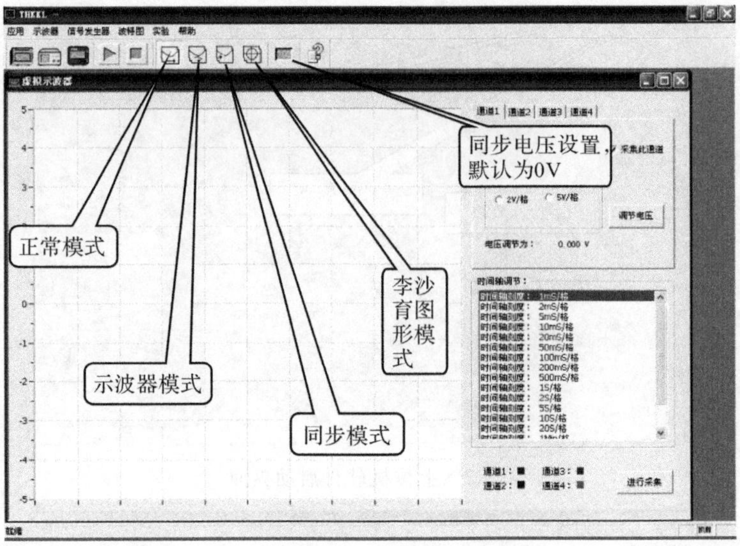

图 5　四种观察模式

(5)根据需要设置好所需功能后，点击“进行采集”按钮，即可进行观察与测量(见图 6 和图 7)。在观察过程中，如果需要进行信号的测量或停止观察，点击“停止采集”按钮。

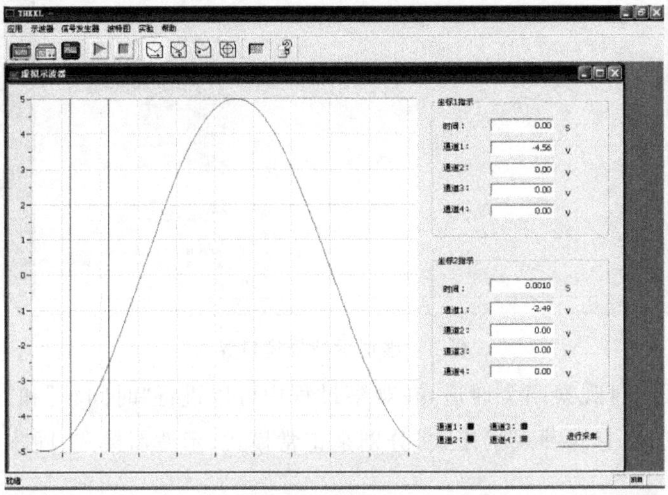

图 6　信号采集

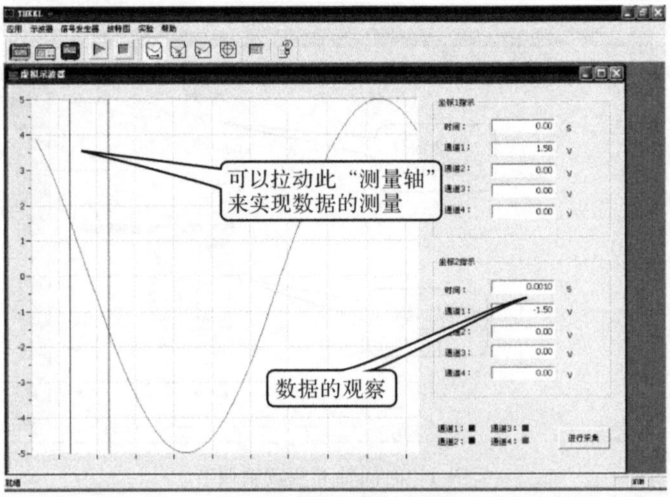

图 7　数据观察测量

实验教程

实验 1　基于状态方程的时间响应测试

一、实验目的

掌握求解基于状态方程的时间响应的方法。

二、实验原理

设单输入-单输出线性定常系统的动态方程为

$$\dot{\boldsymbol{x}}=\boldsymbol{A}\boldsymbol{x}+\boldsymbol{b}u$$

即

$$\dot{\boldsymbol{x}}-\boldsymbol{A}\boldsymbol{x}=\boldsymbol{b}u$$

用 $\mathrm{e}^{-\boldsymbol{A}t}$ 左乘上式两边，得

$$\mathrm{e}^{-\boldsymbol{A}t}[\dot{\boldsymbol{x}}-\boldsymbol{A}\boldsymbol{x}]=\frac{\mathrm{d}}{\mathrm{d}t}[\mathrm{e}^{-\boldsymbol{A}t}\boldsymbol{x}(t)]=\mathrm{e}^{-\boldsymbol{A}t}\boldsymbol{b}u(t)$$

两边同时积分得

$$\mathrm{e}^{-\boldsymbol{A}t}\boldsymbol{x}(t)\Big|_0^t=\int_0^t \mathrm{e}^{-\boldsymbol{A}\tau}\boldsymbol{b}u(\tau)\mathrm{d}\tau$$

可得 $\boldsymbol{x}(t)=\mathrm{e}^{\boldsymbol{A}t}\boldsymbol{x}(0)+\int_0^t \mathrm{e}^{\boldsymbol{A}(t-\tau)}\boldsymbol{b}u(\tau)\mathrm{d}\tau$。

三、实验内容

已知系统初始条件为 $\boldsymbol{X}(0)=\boldsymbol{O}$，求如下闭环系统的时间响应：

$$\dot{\boldsymbol{X}}(t)=\begin{bmatrix}0 & 1\\ -1 & -1\end{bmatrix}\boldsymbol{X}(t)+\begin{bmatrix}0\\ 1\end{bmatrix}\boldsymbol{u}(t)$$

$$\boldsymbol{Y}(t)=[1\quad 1]\boldsymbol{X}(t)$$

四、实验步骤

利用 Simulink 搭建如图 1.1 所示模型。

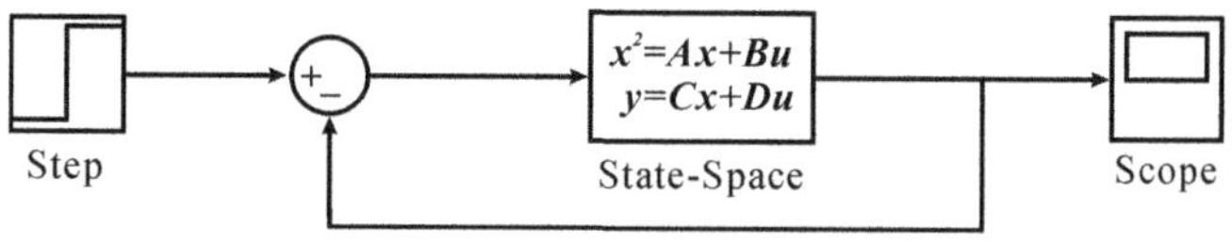

图 1.1　基于状态方程式的时间响应测试界面

双击图 1.1 中的状态方程模块，修改其参数分别为 $\boldsymbol{A}=[0,1;-1,-1]$，$\boldsymbol{B}=[0;1]$，$\boldsymbol{C}=$

[1,1]，$\boldsymbol{D}=[0]$，初始条件为[0,0]，点击 Simulation/Start，然后双击示波器模块，则可得到如图 1.2 所示的波形，点击图标，可使示波器的显示处于最佳状态。仿真曲线如图 1.2 所示。

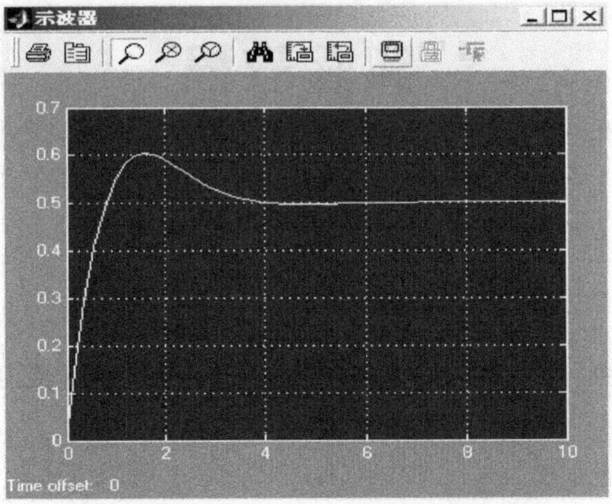

图 1.2　基于状态方程式的时间响应测试曲线

仿真完毕后，可直接关闭窗口结束仿真。

仿真的内容是在 MATLAB/Simulink 环境中改变状态方程的参数，预测、观察系统在单位阶跃信号输入下的响应曲线。

仿真完毕后，可直接关闭窗口结束仿真。

五、总结报告

运用状态空间分析方法，分析系统以状态方程表示时的单位阶跃响应曲线，并与仿真结果相比较。

六、思考题

状态空间分析法与传递函数模型相比，有何优点？

实验 2　多变量解耦控制的仿真

一、实验目的

(1)通过本实验，进一步了解多变量耦合系统的结构与特点；

(2)学会用串联补偿器和前馈补偿器进行解耦的设计方法；

(3)掌握用 Simulink 仿真的实验方法。

二、实验原理

1. 定义

若一个系统的传递矩阵 $\boldsymbol{G}(s)$ 为非奇异对角矩阵，即

$$\boldsymbol{G}(s)=\begin{bmatrix} G_{11}(s) & & & 0 \\ & G_{22}(s) & & \\ & & \ddots & \\ 0 & & & G_{mm}(s) \end{bmatrix}$$

则称系统是解耦的，此时系统的输出为

$$\boldsymbol{Y}(s)=\boldsymbol{G}(s)\boldsymbol{U}(s)=\begin{bmatrix} G_{11}(s) & & & 0 \\ & G_{22}(s) & & \\ & & \ddots & \\ 0 & & & G_{mm}(s) \end{bmatrix}\begin{bmatrix} U_1(s) \\ U_2(s) \\ \vdots \\ U_m(s) \end{bmatrix}$$

由此可见，解耦控制实质上是一对一控制。

2. 解耦方法

(1)串联补偿法。串联补偿的框图如图 2.1 所示

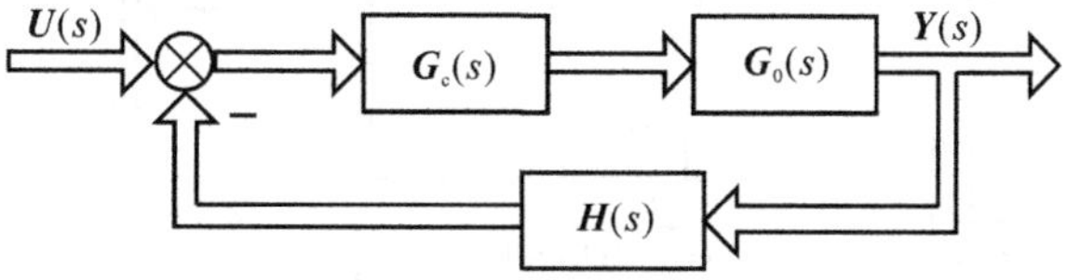

图 2.1　串联补偿方框图

其中，$\boldsymbol{G}_c(s)$为解耦控制器传递函数阵；$\boldsymbol{G}_0(s)$为对象传递函数阵；$\boldsymbol{H}(s)$为控制反馈阵。

令 $\boldsymbol{G}_p(s)=\boldsymbol{G}_0(s)\boldsymbol{G}_c(s)$，则得

$$\boldsymbol{Y}(s)=(\boldsymbol{I}+\boldsymbol{G}_p(s)\boldsymbol{H}(s))^{-1}\boldsymbol{G}_p(s)\boldsymbol{U}(s)$$

其中，$\boldsymbol{\Phi}(s)=[\boldsymbol{I}+\boldsymbol{G}_p(s)\boldsymbol{H}(s)]^{-1}\boldsymbol{G}_p(s)$为闭环传递矩阵。

由上式得

$$\boldsymbol{G}_p(s)=\boldsymbol{\Phi}(s)[\boldsymbol{I}-\boldsymbol{H}(s)\boldsymbol{\Phi}(s)]^{-1}=\boldsymbol{G}_0(s)\boldsymbol{G}_c(s)$$

可得　$$\boldsymbol{G}_c(s)=\boldsymbol{G}_0^{-1}(s)\boldsymbol{\Phi}(s)[\boldsymbol{I}-\boldsymbol{H}(s)\boldsymbol{\Phi}(s)]^{-1}$$

(2)前馈补偿法。前馈补偿方框图如图 2.2 所示

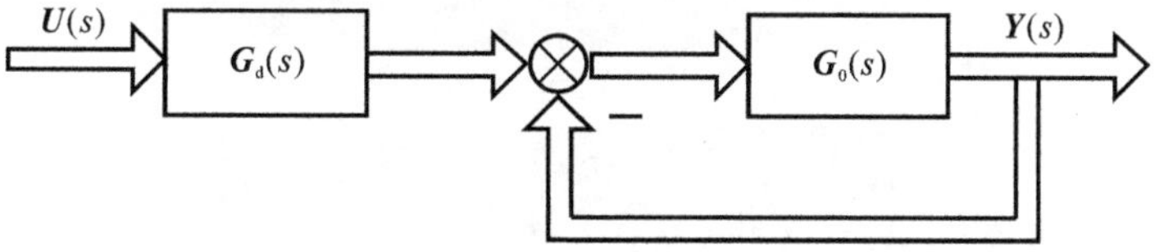

2.2　前馈补偿方框图

其中，$\boldsymbol{G}_d(s)$为前馈补偿器传递函数阵；$\boldsymbol{G}_0(s)$为对象传递函数阵。$\boldsymbol{G}_d(s)$的作用是对输入进行适当变换以实现解耦。未引入 $\boldsymbol{G}_d(s)$时原系统的闭环传递函数阵为

$$\boldsymbol{\Phi}_0(s)=[\boldsymbol{I}+\boldsymbol{G}_0(s)]^{-1}\boldsymbol{G}_0(s)$$

引入 $\boldsymbol{G}_d(s)$后解耦系统的闭环传递函数阵为

$$\boldsymbol{\Phi}(s)=\boldsymbol{\Phi}_0(s)\boldsymbol{G}_d(s)=[\boldsymbol{I}+\boldsymbol{G}_0(s)]^{-1}\boldsymbol{G}_0(s)\boldsymbol{G}_d(s)$$

$\boldsymbol{\Phi}(s)$为所希望的对角阵。则 $\boldsymbol{G}_d(s)=\boldsymbol{G}_0^{-1}(s)[\boldsymbol{I}+\boldsymbol{G}_0(s)]\boldsymbol{\Phi}(s)$

三、实验内容

已知系统的被控对象传递函数阵为

$$\boldsymbol{G}_0(s)=\begin{bmatrix} \dfrac{1}{0.1s+1} & \dfrac{1}{0.01s+1} \\ 0 & \dfrac{2}{0.2s+1} \end{bmatrix}$$

现采用串联补偿的方法实现解耦控制，令希望的开环传递函数阵为对角阵，即

$$\boldsymbol{G}_p(s)=\begin{bmatrix} \dfrac{1}{0.1s+1} & 0 \\ 0 & \dfrac{2}{0.2s+1} \end{bmatrix}$$

则根据串联关系可求得串联补偿器的传递函数阵为

$$G_c(s)=G_0^{-1}(s)G_p(s)=\begin{bmatrix}1 & -\dfrac{0.1s+1}{0.01s+1}\\ 0 & 1\end{bmatrix}$$

四、实验步骤

(1)利用 Simulink 搭建如图 2.3 所示系统解耦前仿真模型,仿真结果如图 2.4 所示。

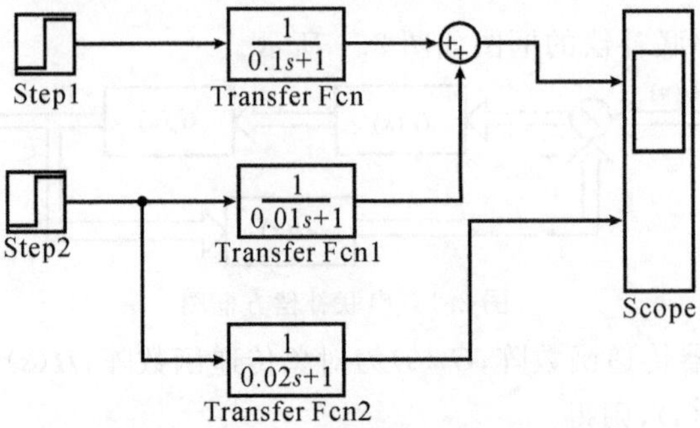

图 2.3　开环系统解耦前仿真模型

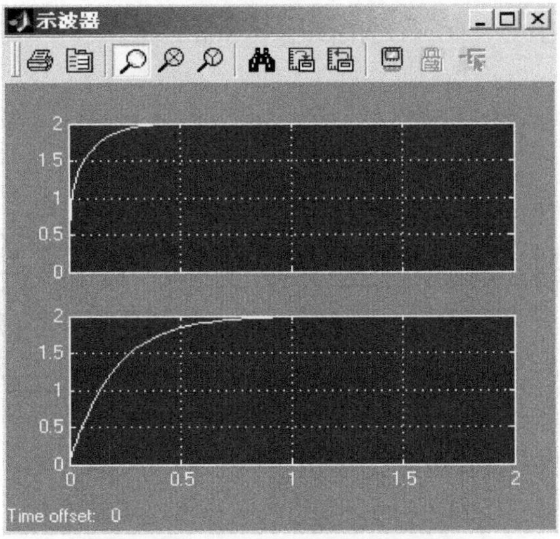

图 2.4　有耦合的系统响应波形

若将其中一路输入设置为零,对应的两组仿真输出响应如图 2.5 和图 2.6 所示。显然,当这两组波形叠加起来时即为耦合效果。

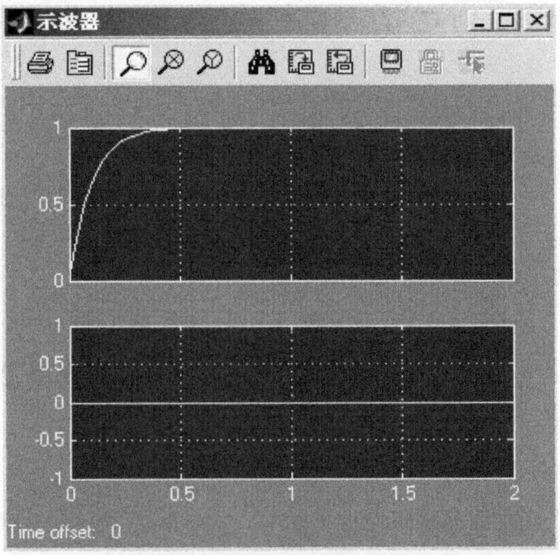

图 2.5　阶跃信号 2 幅值为 0 时的输出波形

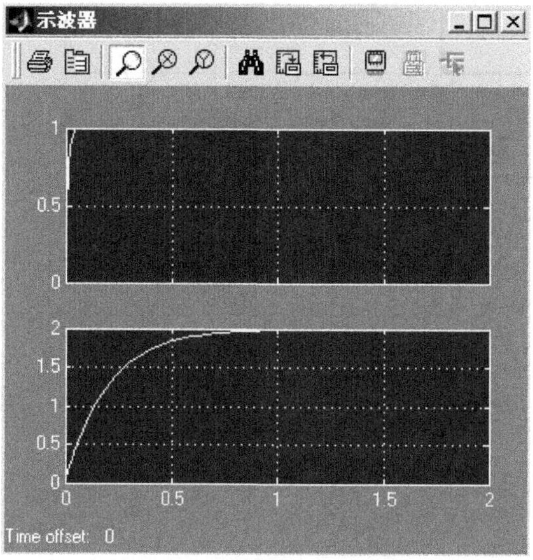

图 2.6　阶跃信号 1 幅值为 0 时的输出波形

(2)利用 Simulink 搭建如图 2.7 所示系统解耦后仿真模型,仿真结果如图 2.8 所示。

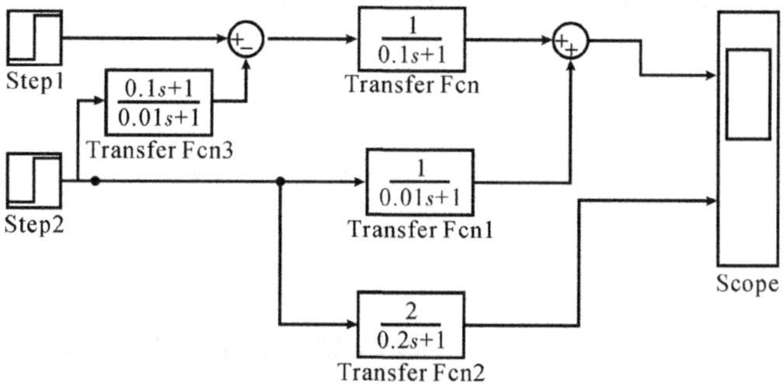

图 2.7　开环系统解耦后仿真模型

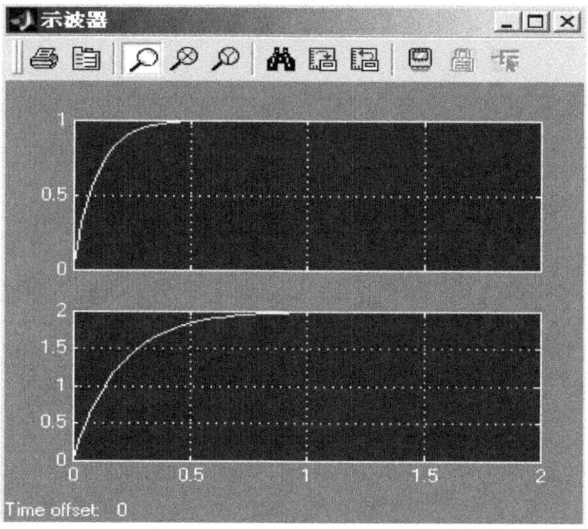

图 2.8　无耦合的系统响应波形

(3)将上述开环系统改成闭环系统,利用 Simulink 搭建系统解耦前(见图 2.9)仿真模型,观察其仿真结果。

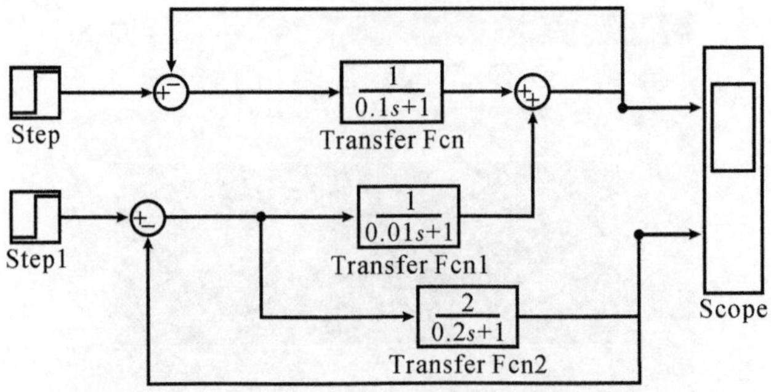

图 2.9　闭环系统解耦前仿真模型

(4)设计如图 2.9 所示系统的前馈补偿器实现解耦控制，使解耦后系统的闭环传递函数阵为

$$\boldsymbol{\Phi}(s)=\begin{bmatrix}\dfrac{1}{s+1} & 0\\ 0 & \dfrac{1}{5s+1}\end{bmatrix}$$

并利用 Simulink 搭建系统解耦后仿真模型，比较其仿真结果(自行完成)。

五、总结报告

(1)整理实验记录波形，比较解耦前后多输入对输出的响应情况。

(2)分析解耦控制的意义，总结串联解耦和前馈解耦的原理。

实验 3　控制系统能控性与能观测性分析

一、实验目的

(1)通过本实验加深对系统状态能控性和能观测性的理解；

(2)验证实验结果所得系统能控能观的条件与由判据求得的结果完全一致。

二、实验设备

(1)THKKL－6 型控制理论及计算机控制技术实验箱；

(2)PC 机一台(含 THKKL－6 软件)；

(3)USB 接口线。

三、实验原理

系统的能控性是指输入信号 $\boldsymbol{u}$ 对各状态变量 $\boldsymbol{x}$ 的控制能力。如果对于系统任意的初始状态，可以找到一个容许的输入量，在有限的时间内把系统所有状态变量转移到状态空间坐标原点，则系统是能控的。

系统的能观性是指由系统的输出量确定系统所有初始状态的能力。如果在有限的时间内，根据系统的输出能唯一地确定系统的初始状态，则称系统能观。

对于如图 3.1 所示的电路系统，设 i_L 和 u_C 分别为系统的两个状态变量，如果电桥中$\dfrac{R_1}{R_2}\neq$

$\dfrac{R_3}{R_4}$，则输入电压 u 能控制 i_L 和 u_C 状态变量的变化，此时，状态是能控的；状态变量 i_L 与 u_C 有耦合关系，输出 u_C 中含有 i_L 的信息，因此对 u_C 的检测能确定 i_L，即系统是能观的。

反之，当 $\dfrac{R_1}{R_2}=\dfrac{R_3}{R_4}$ 时，电桥中的 c 点和 d 点的电位始终相等，u_C 不受输入 u 的控制，u 只能改变 i_L 的大小，故系统不能控；由于输出 u_C 和状态变量 i_L 没有耦合关系，故 u_C 的检测不能确定 i_L，即系统不能观。

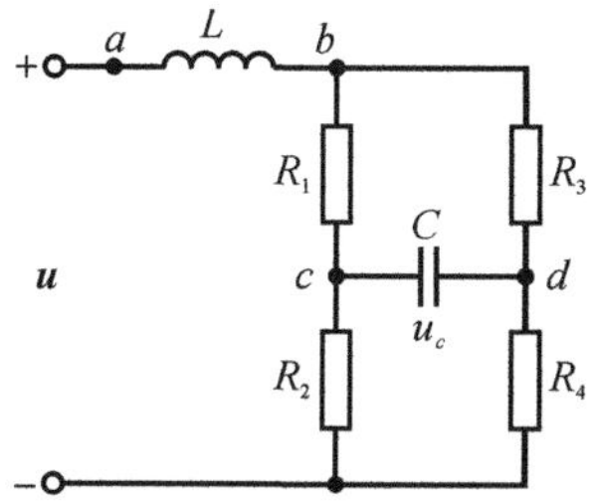

图 3.1　系统能控性与能观性实验电路图

(1) 当 $\dfrac{R_1}{R_2}\neq\dfrac{R_3}{R_4}$ 时，

$$\begin{bmatrix}\dot{i}_L\\ \dot{u}_C\end{bmatrix}=\begin{bmatrix}-\dfrac{1}{L}\left(\dfrac{R_1R_3}{R_1+R_3}+\dfrac{R_2R_4}{R_2+R_4}\right) & -\dfrac{1}{L}\left(\dfrac{R_1}{R_1+R_3}-\dfrac{R_2}{R_2+R_4}\right)\\ -\dfrac{1}{C}\left(\dfrac{R_3}{R_1+R_3}-\dfrac{R_4}{R_2+R_4}\right) & -\dfrac{1}{C}\left(\dfrac{1}{R_1+R_3}-\dfrac{1}{R_2+R_4}\right)\end{bmatrix}\begin{bmatrix}i_L\\ u_C\end{bmatrix}+\begin{bmatrix}\dfrac{1}{L}\\ 0\end{bmatrix}u_R \tag{3.1}$$

$$\boldsymbol{y}=\boldsymbol{u}_C=\begin{bmatrix}0 & 1\end{bmatrix}\begin{bmatrix}i_L\\ u_C\end{bmatrix} \tag{3.2}$$

由上式可简写为 $\dot{\boldsymbol{x}}=\boldsymbol{Ax}+\boldsymbol{bu},\boldsymbol{y}=\boldsymbol{cx}$

式中 $\boldsymbol{x}=[i_L\quad u_C]^{\mathrm{T}}$

$$\boldsymbol{A}=\begin{bmatrix}-\dfrac{1}{L}\left(\dfrac{R_1R_3}{R_1+R_3}+\dfrac{R_2R_4}{R_2+R_4}\right) & -\dfrac{1}{L}\left(\dfrac{R_1}{R_1+R_3}-\dfrac{R_2}{R_2+R_4}\right)\\ -\dfrac{1}{C}\left(\dfrac{R_3}{R_1+R_3}-\dfrac{R_4}{R_2+R_4}\right) & -\dfrac{1}{C}\left(\dfrac{1}{R_1+R_3}-\dfrac{1}{R_2+R_4}\right)\end{bmatrix},\ \boldsymbol{b}=\begin{bmatrix}\dfrac{1}{L}\\ 0\end{bmatrix},\ \boldsymbol{c}=[0\quad 1]$$

由系统能控能观性判据得

$\mathrm{rank}[\boldsymbol{b}\quad \boldsymbol{Ab}]=2,\mathrm{rank}\begin{bmatrix}\boldsymbol{c}\\ \boldsymbol{cA}\end{bmatrix}=2$，故系统既能控又能观。

(2) 当 $\dfrac{R_1}{R_2}=\dfrac{R_3}{R_4}$ 时，式(3.1)变为

$$\begin{bmatrix}\dot{i}_L\\ \dot{u}_C\end{bmatrix}=\begin{bmatrix}-\dfrac{1}{L}\left(\dfrac{R_1R_3}{R_1+R_3}+\dfrac{R_2R_4}{R_2+R_4}\right) & 0\\ 0 & -\dfrac{1}{C}\left(\dfrac{1}{R_1+R_3}-\dfrac{1}{R_2+R_4}\right)\end{bmatrix}\begin{bmatrix}i_L\\ u_C\end{bmatrix}+\begin{bmatrix}\dfrac{1}{L}\\ 0\end{bmatrix}u_R \tag{3.3}$$

$$\boldsymbol{y}=\boldsymbol{u}_C=\begin{bmatrix}0 & 1\end{bmatrix}\begin{bmatrix}i_L\\ u_C\end{bmatrix} \tag{3.4}$$

由系统能控能观性判据得

$$\mathrm{rank}[\boldsymbol{b}\quad \boldsymbol{Ab}]=1<2,\mathrm{rank}\begin{bmatrix}\boldsymbol{c}\\ \boldsymbol{cA}\end{bmatrix}=1<2$$

故系统既不能控又不能观，若把式(3.3)展开则有

$$\dot{i}_L=-\frac{1}{L}\left(\frac{R_1R_3}{R_1+R_3}+\frac{R_2R_4}{R_2+R_4}\right)i_L+\frac{1}{L}u_R \tag{3.5}$$

$$\dot{u}_C=-\frac{1}{C}\left(\frac{1}{R_1+R_3}-\frac{1}{R_2+R_4}\right)u_C \tag{3.6}$$

这是两个独立的方程。第二个方程中的 u_C 既不受输入 $\boldsymbol{u}$ 的控制，也与状态变量 i_L 没有任何耦合关系，故电路的状态为不能控。同时输出 u_C 中不含有 i_L 的信息，因此对 u_C 的检测不能确定 i_L，即系统不能观。

四、实验内容

(1)线性系统能控性实验；

(2)线性系统能观性实验。

五、实验步骤

(1)按图 3.1 连接实验电路(参考实验箱的"系统的能控性和能观性分析"单元)，其中 $R_1=1\ \text{k}\Omega, R_2=1\ \text{k}\Omega, R_3=1\ \text{k}\Omega, R_4=2\ \text{k}\Omega$。

(2)在图 3.1 的 $\boldsymbol{u}$ 输入端输入一个阶跃信号，当阶跃信号的值分别为 1 V，2 V 时，用上位机软件观测并记录电路中电感和电容器两端电压 u_{ab}，u_{cd} 的大小。

(3)当 R_3 取(通过波挡开关切换)2 kΩ，阶跃信号的值分别为 1 V，2 V 时，用上位机软件观测并记录电路中电感和电容器两端电压 u_{ab}，u_{cd} 的大小。

注：为了减小负载对阶跃信号输出电压的影响，建议在阶跃信号输出端接一个跟随器(反向器单元)，输出接系统的能控性和能观性单元的输入端。

六、实验报告

(1)写出如图 3.1 所示电路图的状态空间表达式，并分析系统的能控性和能观性；

(2)将实验所测数据填入表 3.1 中，并分析结果。

表 3.1

类型	u/V	u_{ab}	u_{cd}
$\frac{R_1}{R_2}\neq\frac{R_3}{R_4}$	1		
	2		
$\frac{R_1}{R_2}=\frac{R_3}{R_4}$	1		
	2		

实验 4 基于 MATLAB 的系统能控性与能观测性分析

一、实验目的

(1)巩固系统能控性、能观测性理论知识；

(2)熟悉 MATLAB 用于能控性能观测性分析的方法。

二、实验设备

PC 机一台(含 THKKL－6 软件);

三、实验原理

1. 能控性判别

MATLAB 提供了生成能控性判别矩阵的函数 ctrb( )。

格式:Qc=ctrb(A,B)由系统矩阵 A 和输入矩阵 B 计算能控性判别矩阵 Qc;

Qc=ctrb(sys)计算系统 sys 的能控性判别矩阵 Qc。

说明:(1)Qc 为能控性判别矩阵,即 $Qc=[B \quad AB \quad A^2B \quad \cdots \quad A^{n-1}B]$;

(2)该函数同时适用于连续时间系统和离散时间系统;

(3)若 rank(Qc)=n(n 为状态变量的个数),则系统能控;若 rank(Qc)<n,则系统完全不能控,简称不能控,且能控状态变量的个数等于 rank(Qc)。

2. 系统按照能控性分解

MATLAB 提供了对不能控系统进行能控性分解的函数 ctrbf( )。

格式:[Abar,Bbar,Cbar,T,K]=ctrbf(A,B,C)将系统(A,B,C)按照能控性进行分解。

说明:A,B,C 分别为状态空间模型的矩阵,返回值 Abar,Bbar,Cbar 构成能控性分解的状态空间模型;T 为归一化相线性变换矩阵。矩阵 K 中所有元素的代数和等于能控状态变量的数目。

3. 能观测性判别

MATLAB 提供了构成能观测性判别矩阵的函数 obsv( )。

格式:Qo=obsv(A,C)由系统矩阵 A 和输出矩阵 C 计算能观测性判别矩阵 Qo;

Qo=$obsv$(sys)计算系统 sys 的能观测性判别矩阵 Qo。

说明:(1)Qo 为能观测性判别矩阵,即 $Qo=[C^T \quad A^TC^T \quad \cdots \quad (A^T)^{n-1}C^T]$;

(2)该函数同时适用于连续时间系统和离散时间系统;

(3)若 rank(Qo)=n(n 为状态变量的个数),则系统能观测;若 rank(Qo)<n,则系统不完全能观测,简称不能观测,且能观测状态变量的个数等于 rank(Qc)。

4. 按照能观测性分解

不能观测是指状态不完全能观,可以通过线性变换将系统按照能观测性进行分解,MATLAB 提供了对不能观测系统进行能观测性分解的函数 obsvf( )。

格式:[Abar,Bbar,Cbar,T,K]=obsvf (A,B,C)将系统(A,B,C)按照能观测性进行分解。

说明:A,B,C 分别为状态空间模型的矩阵,返回值 Abar,Bbar,Cbar 构成能观测性分解的状态空间模型;T 为归一化线性变换矩阵;矩阵 K 中所有元素的代数和等于能观测状态变量的数目。

四、实验内容

1. 能控性判别

线性定常系统的状态方程为

$$\begin{bmatrix}\dot{x}_1\\\dot{x}_2\\\dot{x}_3\end{bmatrix}=\begin{bmatrix}1&2&-1\\0&1&0\\1&0&3\end{bmatrix}\begin{bmatrix}x_1\\x_2\\x_3\end{bmatrix}+\begin{bmatrix}1&0\\0&1\\0&0\end{bmatrix}\begin{bmatrix}u_1\\u_2\end{bmatrix}$$

判定系统的能控性。

2. 系统按照能控性分解

已知线性定常系统状态空间模型的$(\boldsymbol{A},\boldsymbol{B},\boldsymbol{C})$分别为

$$\boldsymbol{A}=\begin{bmatrix}1&1&1\\0&1&0\\1&1&1\end{bmatrix},\ \boldsymbol{B}=\begin{bmatrix}0&1\\1&0\\0&1\end{bmatrix},\ \boldsymbol{C}=[1]$$

将其按照能控性分解。

3. 能观测性判别

线性定常系统的状态空间表达式为

$$\begin{bmatrix}\dot{x}_1\\\dot{x}_2\\\dot{x}_3\end{bmatrix}=\begin{bmatrix}1&0&-1\\-1&-2&0\\3&0&1\end{bmatrix}\begin{bmatrix}x_1\\x_2\\x_3\end{bmatrix},\ \boldsymbol{y}=\begin{bmatrix}1&0&0\\0&-1&0\end{bmatrix}\begin{bmatrix}x_1\\x_2\\x_3\end{bmatrix}$$

判定系统的能观测性。

4. 按照能观测性分解

已知系统状态空间模型的$(\boldsymbol{A},\boldsymbol{B},\boldsymbol{C})$矩阵分别为

$$\boldsymbol{A}=\begin{bmatrix}1&2&-1\\0&1&0\\1&-4&3\end{bmatrix},\ \boldsymbol{B}=\begin{bmatrix}0\\0\\1\end{bmatrix},\ \boldsymbol{C}=[1\ \ -1\ \ 1]$$

将其按照能观测性分解。

五、实验步骤

1. 能控性判别实验步骤

(1)求能控性判别矩阵。在 MATLAB 命令窗口输入

```
>> A=[1 2 -1;0 1 0;1 0 3];
>> B=[1 0;0 1;0 0];
>> Qc=ctrb(A,B)
```

(2)求能控性判别矩阵的秩。在 MATLAB 命令窗口输入

```
>> rank(Qc)
```

2. 系统按照能控性分解实验步骤

(1)判定系统的能控性。在 MATLAB 命令窗口输入

```
>> A=[1,1,1;0,1,0;1,1,1]; B=[0,1;1,0;0,1]; C=[1,0,1];
>> rank(ctrb(A,B))
```

(2)将系统按照能控性分解。在 MATLAB 命令窗口输入

```
>> [Abar,Bbar,Cbar,T,K]=ctrbf(A,B,C)
```

【说明】由于 K=2,所以系统有两个状态变量能控,其能控性分解为

$$\begin{bmatrix}\dot{x}_{\bar{c}}\\ \vdots \\ \dot{x}_c\end{bmatrix}=\left[\begin{array}{c:cc}0 & 0 & 0\\ \hdashline 0 & 1 & 0\\ 0 & -1.4142 & 2\end{array}\right]\begin{bmatrix}x_{\bar{c}}\\ \vdots \\ x_c\end{bmatrix}=\left[\begin{array}{cc}0 & 0\\ \hdashline -1 & 0\\ 0 & -1.4142\end{array}\right]\begin{bmatrix}u_1\\ u_2\end{bmatrix}$$

$$\boldsymbol{y}=[0\quad 0\quad 1.4142]\begin{bmatrix}x_{\bar{c}}\\ \vdots \\ x_c\end{bmatrix}$$

线性变换矩阵为

$$\boldsymbol{T}=\begin{bmatrix}-0.7071 & 0 & 0.7071\\ 0 & -1 & 0\\ 0.7071 & 0 & 0.7071\end{bmatrix}$$

3. 能观测性判别实验步骤

在 MATLAB 命令窗口输入

```
>> A=[1 0 -1;-1 -2 0;3 0 1];
>> C=[1 0 0;0 -1 0];
>> Qo=obsv(A,C)
```

4. 按照能观测性分解实验步骤

(1)判定系统的能观测性。在 MATLAB 命令窗口输入

```
>> A=[1,2,-1;0,1,0;1,-4,3]; B=[0;0;1]; C=[1,-1,1];
>> rank(obsv(A,C))
```

(2)将系统按照能观测性分解。在 MATLAB 命令窗口输入

```
>> [Abar,Bbar,Cbar,T,K] = obsvf(A,B,C)
```

【说明】K=2,所以系统有两个状态变量能观测,按照能观测性分解得到的结果为

$$\begin{bmatrix}\dot{x}_{\bar{o}}\\ \vdots \\ \dot{x}_o\end{bmatrix}=\left[\begin{array}{c:cc}2 & -2.3094 & 4.0825\\ \hdashline 0 & 0.6667 & 0.9428\\ 0 & -4714 & 2.3333\end{array}\right]\begin{bmatrix}x_{\bar{o}}\\ \vdots \\ x_o\end{bmatrix}+\left[\begin{array}{c}-0.7071\\ \hdashline -0.4082\\ -0.5774\end{array}\right]\boldsymbol{u}$$

$$\boldsymbol{y}=[0\ \vdots\ 0\quad -1.732]\begin{bmatrix}x_{\bar{o}}\\ \vdots \\ x_o\end{bmatrix}$$

相似变换矩阵为

$$\boldsymbol{T}=\begin{bmatrix}-0.7071 & 0 & -0.7071\\ -0.4082 & -0.8165 & -0.4082\\ -0.5774 & 0.5774 & -0.5774\end{bmatrix}$$

六、思考题

(1)系统经过非奇异变换后其能控性、能观测性是否改变?

(2)线性系统结构可分解为哪几部分?

(3)按能控性分解线性系统有哪些步骤?

七、实验报告

(1)根据实验内容,将理论计算结果和应用 MATLAB 实验结果进行比较,进行验证;

(2)将实验结果整理、归纳。

实验5　倒立摆控制系统实验

一、实验目的

(1)掌握对实际系统进行建模的方法；

(2)熟悉利用MATLAB对系统模型进行仿真，理解并掌握PID控制的原理和方法，并应用于直线一级倒立摆的控制；

(3)通过倒立摆系统实验让学员对“现代控制理论”课程有一个非常直观、简洁的观念，能对所学课程有一个基本的认识。对有能力的学生，鼓励他们在学完本门课程的主要内容后，能利用倒立摆控制系统来验证所学的控制理论和算法，在轻松的实验中对所学课程加深理解。

二、实验设备

(1)固高直线一级倒立摆一台；

(2)PC机一台。

三、实验原理

1. 倒立摆系统简介

倒立摆是进行控制理论研究的典型实验平台。由于倒立摆系统的控制策略和杂技运动员顶杆平衡表演的技巧有异曲同工之处，极富趣味性，而且许多抽象的控制理论概念如系统稳定性、能控性和系统抗干扰能力等，都可以通过倒立摆系统实验直观地表现出来，它已成为必备的控制理论教学实验设备。

倒立摆是机器人技术、控制理论、计算机控制等多个领域、多种技术的有机结合，其被控系统本身又是一个绝对不稳定、高阶次、多变量且强耦合的非线性系统，可以作为一个典型的控制对象对其进行研究。

控制器的设计是倒立摆系统的核心内容，因为倒立摆是一个绝对不稳定的系统，为使其保持稳定并且可以承受一定的干扰，需要给系统设计控制器，目前典型的控制器设计理论有PID控制、根轨迹以及频率响应法、状态空间法、最优控制理论、模糊控制理论、神经网络控制、拟人智能控制、鲁棒控制方法和自适应控制，以及这些控制理论的相互结合组成更加强大的控制算法。

2. 倒立摆分类

倒立摆已经由原来的直线一级倒立摆扩展出很多种类，典型的有直线倒立摆、环形倒立摆、平面倒立摆和复合倒立摆等，倒立摆系统是在运动模块上装有倒立摆装置，由于在相同的运动模块上可以装载不同的倒立摆装置，倒立摆的种类由此而丰富很多，按倒立摆的结构来分，有以下类型的倒立摆。

(1)直线倒立摆系列。直线倒立摆是在直线运动模块上装有摆体组件，直线运动模块有一个自由度，小车可以沿导轨水平运动，在小车上装载不同的摆体组件，可以组成很多类别的倒立摆，直线柔性倒立摆和一般直线倒立摆的不同之处在于，柔性倒立摆有两个可以沿导轨滑动的小车，并且在主动小车和从动小车之间增加了一个弹簧，作为柔性关节。直线倒立摆系列产品如图 5.1 所示。

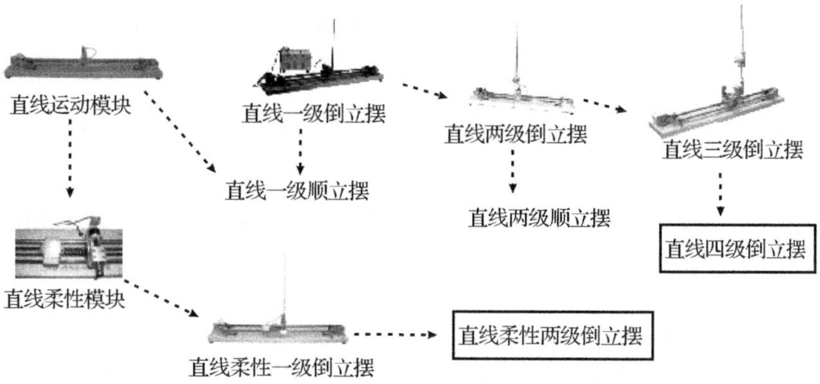

图 5.1　直线倒立摆系列

(2)环形倒立摆系列。环形倒立摆是在圆周运动模块上装有摆体组件,圆周运动模块有一个自由度,可以围绕齿轮中心做圆周运动,在运动手臂末端装有摆体组件,根据摆体组件的级数和串连或并联的方式,可以组成很多形式的倒立摆。如图 5.2 所示。

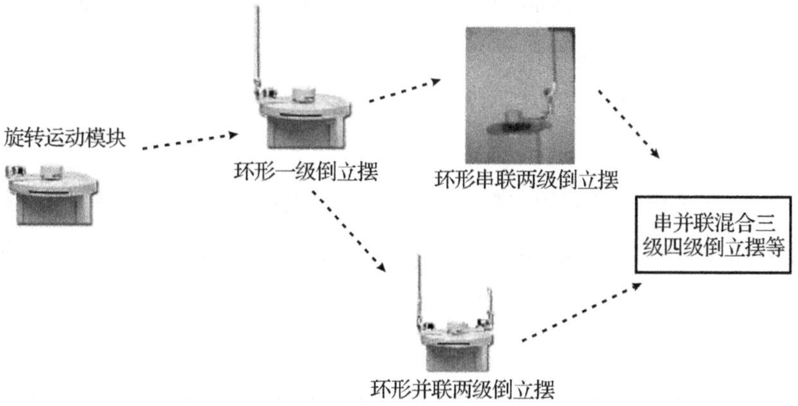

图 5.2　环形倒立摆系列

(3)平面倒立摆系列。平面倒立摆是在可以做平面运动的运动模块上装有摆杆组件,平面运动模块主要有两类:一类是 XY 运动平台;另一类是两自由度 SCARA 机械臂。摆体组件也有一级、二级、三级和四级很多种,如图 5.3 所示。

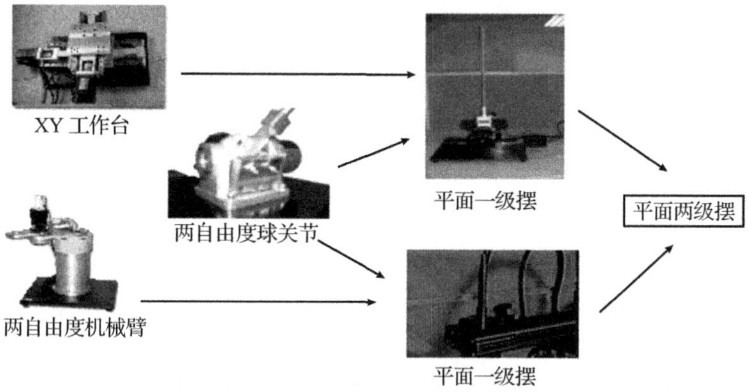

图 5.3　平面倒立摆系列

按倒立摆的级数来分:有一级倒立摆、两级倒立摆、三级倒立摆和四级倒立摆等。一级倒立摆常用于控制理论的基础实验,多级倒立摆常用于控制算法的研究,倒立摆的级数越高,其控制难度越大。

3. 倒立摆的特性

虽然倒立摆的形式和结构各异，但所有的倒立摆都具有以下的特性。

(1)非线性。倒立摆是一个典型的非线性复杂系统，实际中可以通过线性化得到系统的近似模型，线性化处理后再进行控制，也可以利用非线性控制理论对其进行控制。倒立摆的非线性控制正成为一个研究的热点。

(2)不确定性。主要是模型误差以及机械传动间隙、各种阻力等，实际控制中一般通过减少各种误差来降低不确定性，如通过施加预紧力减少皮带或齿轮的传动误差，利用滚珠轴承减少摩擦阻力等不确定因素。

(3)耦合性。倒立摆的各级摆杆之间，以及和运动模块之间都有很强的耦合关系，在倒立摆的控制中一般都在平衡点附近进行解耦计算，忽略一些次要的耦合量。

(4)开环不稳定性。倒立摆的平衡状态只有两个，即垂直向上的状态和垂直向下的状态，其中垂直向上为绝对不稳定的平衡点，垂直向下为稳定的平衡点。

(5)约束限制。由于机构的限制，如运动模块行程限制，电机力矩限制等。为了制造方便和降低成本，倒立摆的结构尺寸和电机功率都尽量要求最小，行程限制对倒立摆的摆起影响尤为突出，容易出现小车的撞边现象。

4. 直线一级倒立摆建模

直线一级倒立摆是最常见的倒立摆之一。它是在直线运动模块上装有摆体组件，直线运动模块有一个自由度，小车可以沿导轨水平运动，在小车上装载不同的摆体组件，可以组成很多类别的倒立摆，直线倒立摆本体图如图 5.4 所示。

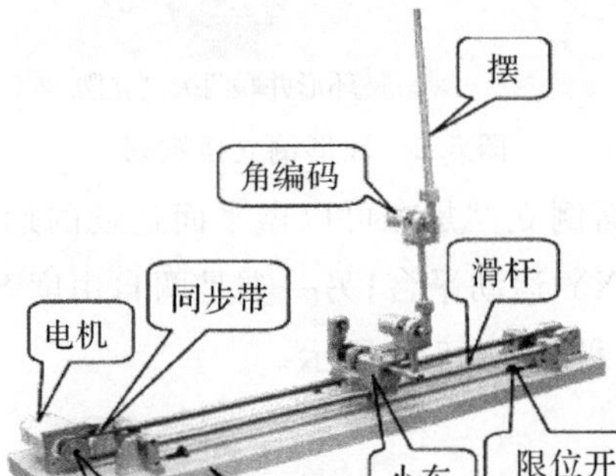

5.4　直线倒立摆本体图

对于倒立摆系统，由于其本身是自不稳定的系统，实验建模存在一定的困难。但是忽略掉一些次要的因素后，倒立摆系统就是一个典型的运动的刚体系统，可以在惯性坐标系内应用经典力学理论建立系统的动力学方程。这里采用其中的牛顿-欧拉方法建立直线型一级倒立摆系统的数学模型。

在忽略了空气阻力和各种摩擦之后，可将直线一级倒立摆系统抽象成小车和匀质杆组成的系统，如图 5.5 所示。

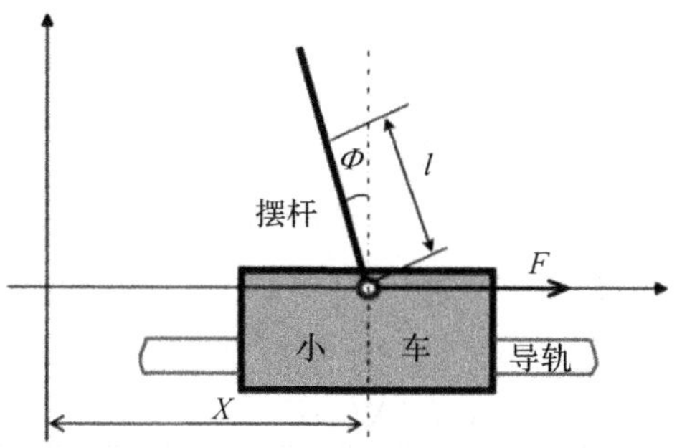

图 5.5　直线一级倒立摆模型

注意:在实际倒立摆系统中检测和执行装置的正负方向已经完全确定,因而矢量方向定义如图 5.6 所示,图示方向为矢量正方向。

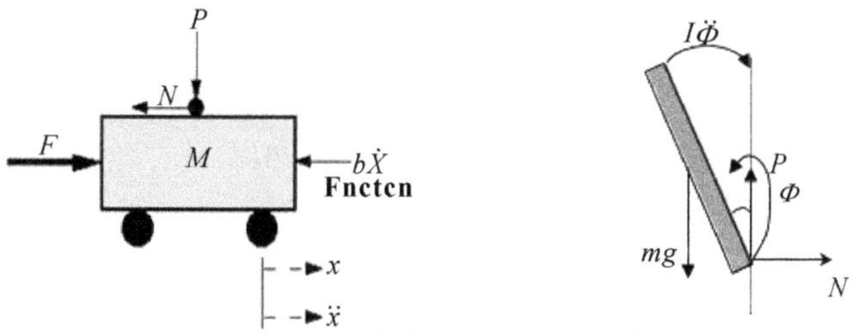

图 5.6　小车及摆杆受力分析

M　小车质量;m　摆杆质量;b　小车摩擦系数;l　摆杆转动轴心到杆质心的长度;I　摆杆惯量;F　加在小车上的力;x　小车位置;φ　摆杆与垂直向上方向的夹角;θ　摆杆与垂直向下方向的夹角(考虑到摆杆初始位置为竖直向下)

分析小车水平方向所受的合力,可以得到以下方程:

$$M\ddot{x}=F-b\dot{x}-N \tag{5.1}$$

由摆杆水平方向的受力进行分析可以得到下面等式:

$$N=m\frac{\mathrm{d}^2}{\mathrm{d}t^2}(x+l\sin\theta) \tag{5.2}$$

即

$$N=m\ddot{x}+ml\ddot{\theta}\cos\theta-ml\dot{\theta}^2\sin\theta \tag{5.3}$$

把这个等式代入式(5.1)中,就得到系统的第一个运动方程:

$$(M+m)\ddot{x}+b\dot{x}+ml\ddot{\theta}\cos\theta-ml\dot{\theta}^2\sin\theta=F \tag{5.4}$$

为了推出系统的第二个运动方程,对摆杆垂直方向上的合力进行分析,可以得到下面方程:

$$P-mg=m\frac{\mathrm{d}^2}{\mathrm{d}t^2}(l\cos\theta) \tag{5.5}$$

$$P-mg=ml\ddot{\theta}\sin\theta-ml\dot{\theta}^2\cos\theta \tag{5.6}$$

力矩平衡方程如下:

$$-Pl\sin\theta-Nl\cos\theta=I\ddot{\theta} \tag{5.7}$$

注意:此方程中力矩的方向,由于 $\theta=\pi+\varphi,\varphi=-\cos\theta,\sin\varphi=-\sin\theta$,故等式前面有负号。

合并这两个方程,约去 P 和 N,得到第二个运动方程:

$$(I+ml)\ddot{\theta}+mgl\sin\theta=-ml\ddot{x}\cos\theta \tag{5.8}$$

设 $\theta=\pi+\varphi$ (φ 是摆杆与垂直向上方向之间的夹角),假设 φ 与 l(单位是弧度)相比很小,

即 $\varphi \ll 1$，则可以进行近似处理：$\cos\theta=-1$，$\sin\theta=-\varphi$，$(\mathrm{d}\theta/\mathrm{d}t)^2=0$。用 u 来代表被控对象的输入力 F，线性化后两个运动方程如下：

$$\left.\begin{aligned}(I+ml^2)\ddot{\varphi}-mgl\varphi=ml\ddot{x}\\(M+m)\ddot{x}+b\dot{x}-ml\ddot{\varphi}=u\end{aligned}\right\}\tag{5.9}$$

对式(5.9)进行拉氏变换，得到

$$\left.\begin{aligned}(I+ml^2)\Phi(s)s^2-mgl\Phi(s)=mlX(s)s^2\\(M+m)X(s)s^2+bX(s)s-ml\Phi(s)s^2=U(s)\end{aligned}\right\}\tag{5.10}$$

注意：推导传递函数时假设初始条件为 0。

由于输出为角度 φ，求解方程组的第一个方程，可以得到：

$$X(s)=\left[\frac{(I+ml^2)}{ml}-\frac{g}{s^2}\right]\Phi(s)\tag{5.11}$$

如果令 $v=x$，则有

$$\frac{\Phi(s)}{V(s)}=\frac{ml}{(I+ml^2)s^2-mgl}\tag{5.12}$$

把式(5,12)代入方程组的第二个方程，得到

$$(M+m)\left[\frac{(I+ml^2)}{ml}-\frac{g}{s}\right]\Phi(s)s^2+b\left[\frac{(I+ml^2)}{ml}+\frac{g}{s^2}\right]\Phi(s)s-ml\Phi(s)s^2=U(s)\tag{5.13}$$

整理后得到传递函数

$$\frac{\Phi(s)}{U(s)}=\frac{\frac{ml}{q}s^2}{s^4+\frac{b(I+ml^2)}{q}s^3-\frac{(M+m)mgl}{q}s^2-\frac{bmgl}{q}s}\tag{5.14}$$

其中，$q=[(M+m)(I+ml^2)-(ml)^2]$。

设系统状态空间方程为：

$$\left.\begin{aligned}\dot{\boldsymbol{X}}=\boldsymbol{AX}+\boldsymbol{B}u\\\boldsymbol{y}=\boldsymbol{CX}+\boldsymbol{D}u\end{aligned}\right\}\tag{5.15}$$

求方程组对 $\ddot{x}$，$\ddot{\varphi}$ 的解，整理后得到系统状态空间方程为

$$\begin{bmatrix}\dot{x}\\\ddot{x}\\\dot{\varphi}\\\ddot{\varphi}\end{bmatrix}=\begin{bmatrix}0&1&0&0\\0&\frac{-(I+ml^2)b}{I(M+m)+Mml^2}&\frac{m^2gl^2}{I(M+m)+Mml^2}&0\\0&0&0&1\\0&\frac{-mlb}{I(M+m)+Mml^2}&\frac{mgl(M+m)}{I(M+m)+Mml^2}&0\end{bmatrix}\begin{bmatrix}x\\\dot{x}\\\varphi\\\dot{\varphi}\end{bmatrix}+\begin{bmatrix}0\\\frac{I+ml^2}{I(M+m)+Mml^2}\\0\\\frac{ml}{I(M+m)+Mml^2}\end{bmatrix}\boldsymbol{u}\tag{5.16}$$

$$\boldsymbol{y}=\begin{bmatrix}x\\\varphi\end{bmatrix}=\begin{bmatrix}1&0&0&0\\0&0&1&0\end{bmatrix}\begin{bmatrix}x\\\dot{x}\\\varphi\\\dot{\varphi}\end{bmatrix}+\begin{bmatrix}0\\0\end{bmatrix}\boldsymbol{u}\tag{5.17}$$

由式(5.9)的第一个方程为

$$(I+ml^2)\ddot{\varphi}-mgl\varphi=ml\ddot{x}\tag{5.18}$$

对于质量均匀分布的摆杆有

$$I=\frac{1}{3}ml^2\tag{5.19}$$

于是可以得到

$$\left[\frac{1}{3}ml^2+ml^2\right]\ddot{\varphi}-mgl\varphi=ml\ddot{x} \tag{5.20}$$

化简得到

$$\ddot{\varphi}=\frac{3g}{4l}\varphi+\frac{3}{4l}\ddot{x} \tag{5.21}$$

设 $\boldsymbol{X}=\{x,\dot{x},\varphi,\dot{\varphi}\}$，$u'=\ddot{x}$，则有

$$\begin{bmatrix}\dot{x}\\ \ddot{x}\\ \dot{\varphi}\\ \ddot{\varphi}\end{bmatrix}=\begin{bmatrix}0&1&0&0\\0&0&0&0\\0&0&0&1\\0&0&\frac{3g}{4l}&0\end{bmatrix}\begin{bmatrix}x\\ \dot{x}\\ \varphi\\ \dot{\varphi}\end{bmatrix}+\begin{bmatrix}0\\1\\0\\ \frac{3}{4l}\end{bmatrix}\boldsymbol{u} \tag{5.22}$$

$$\boldsymbol{y}=\begin{bmatrix}x\\ \varphi\end{bmatrix}=\begin{bmatrix}1&0&0&0\\0&0&1&0\end{bmatrix}\begin{bmatrix}x\\ \dot{x}\\ \varphi\\ \dot{\varphi}\end{bmatrix}+\begin{bmatrix}0\\0\end{bmatrix}\boldsymbol{u} \tag{5.23}$$

另外，也可以利用 MATLAB 中的 tf2ss 命令对式(5.13)进行转化，求得上述状态方程。

5. 倒立摆系统稳定性分析

在现代控制理论中，最通常的方法就是应用李雅普诺夫稳定性定理。

线性定常连续系统 $\dot{\boldsymbol{x}}=\boldsymbol{Ax}$ 在平衡状态 $\boldsymbol{x}_e=0$ 处渐近稳定的充要条件是给定一个正定对称矩阵 $\boldsymbol{Q}$，存在一个正定对称矩阵 $\boldsymbol{P}$，满足 $\boldsymbol{A}^{\mathrm{T}}\boldsymbol{P}+\boldsymbol{PA}=-\boldsymbol{Q}$。标量函数 $V(\boldsymbol{x})=\boldsymbol{x}^{\mathrm{T}}\boldsymbol{Px}$ 是系统的一个李雅普诺夫函数。

线性定常系统的稳定性分析归结为求解 Lyapunov 方程。使用函数 lyap()求解连续时间 Lyapunov 方程，然后根据所求实对称矩阵 $\boldsymbol{P}$ 的定号性判定系统的稳定性。

函数 lyap()

功能：求解连续时间 Lyapunov 矩阵方程。

格式：X=lyap(A,Q)求解 Lyapunov 方程 $AX+XA^{\mathrm{T}}=-Q$；

说明：(1)求解 Lyapunov 方程时，A 和 Q 为相同维数的方阵。若 Q 为对称矩阵则返回值 X 也为对称矩阵。根据返回值 X 的定号性来判定系统在 Lyapunov 意义下的稳定性。

(2)如果 A 的特征值 $\alpha_1,\alpha_2,\cdots,\alpha_n$ 和 B 的特征值 $\beta_1,\beta_2,\cdots,\beta_n$ 满足 $\alpha_i\neq\beta_j$(对所有的(i,j)对)，则连续 Lyapunov 矩阵方程具有唯一解。否则，函数 lyap()会发生以下错误："Solution does not exist or is not unique"。

6. 基于 PID 控制器的倒立摆系统仿真

PID 控制器因其结构简单，容易调节，且不需要对系统建立精确的模型，在控制上应用较广。首先，对于倒立摆系统，输出量为摆杆的角度，它的平衡位置为垂直向上的情况。系统控制结构框图如图 5.7 所示。

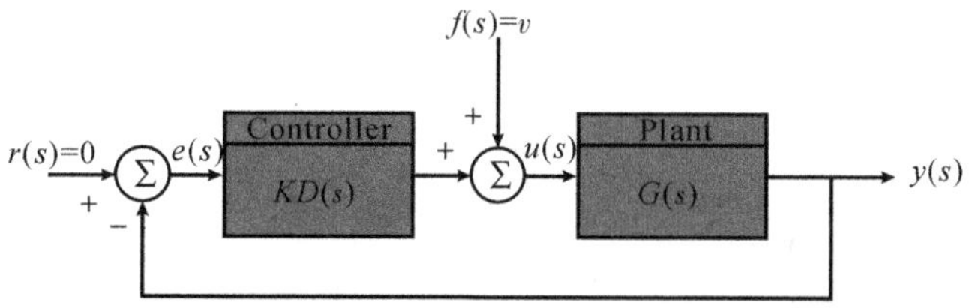

图 5.7　直线一级倒立摆闭环系统图

实际系统的物理模型为
$$\frac{X(s)}{V(s)}=\frac{1}{s^2}$$

$$\frac{\Phi(s)}{V(s)}=\frac{0.027\ 25}{0.010\ 212\ 5s^2-0.267\ 05}$$

在 Simulink 中建立如图 5.8 所示的直线一级倒立摆模型：

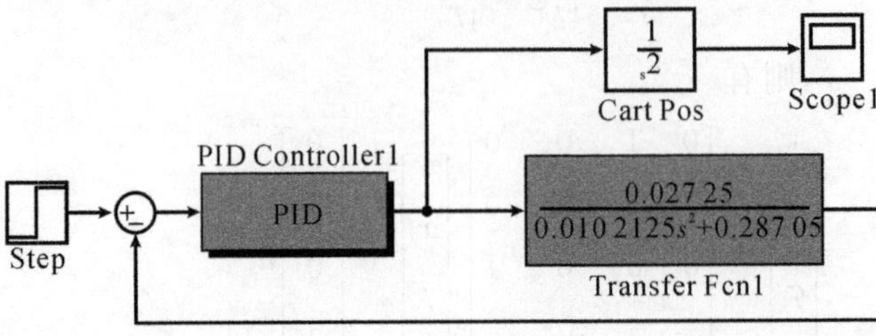

图 5.8　直线一级倒立摆 PID 控制 MATLAB 仿真模型

说明：PID 控制器可采用封装技术实现；或者利用 Simulink 建模实现，如图 5.9 所示。

封装子系统步骤：①选中该子系统，再选择“Edit—Mask Subsystem”。②Icon 选项中，Drawing Commands 栏中(西文状态下)输入：“disp(‘PID\n 控制器’)”。③Parameters 选项中，设置 Prompt 和 Variable 为 kp，ki，kd。

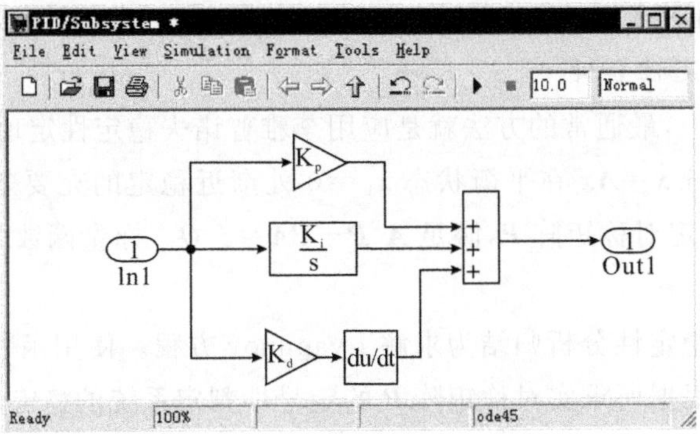

图 5.9　PID 控制器连接框图

7. 实时控制实验

实时控制实验在 MATALB Simulink 环境下进行。

注意：在进行 MATLAB 实时控制实验时，请检查倒立摆系统机械结构和电气接线有无危险因素存在，在保障实验安全的情况下进行实验。

四、实验步骤

1. 稳定性分析实验步骤

以小车加速度作为输入的倒立摆系统状态方程为

$$\begin{bmatrix}\dot{x}\\ \ddot{x}\\ \dot{\varphi}\\ \ddot{\varphi}\end{bmatrix}=\begin{bmatrix}0&1&0&0\\0&0&0&0\\0&0&0&1\\0&0&29.4&0\end{bmatrix}\begin{bmatrix}x\\ \dot{x}\\ \varphi\\ \dot{\varphi}\end{bmatrix}+\begin{bmatrix}0\\1\\0\\3\end{bmatrix}\boldsymbol{u}$$

$$\boldsymbol{y}=\begin{bmatrix}x\\ \varphi\end{bmatrix}=\begin{bmatrix}1&0&0&0\\0&0&1&0\end{bmatrix}\begin{bmatrix}x\\ \dot{x}\\ \varphi\\ \dot{\varphi}\end{bmatrix}+\begin{bmatrix}0\\0\end{bmatrix}\boldsymbol{u}$$

其中：φ 为摆杆与垂直向上方向的夹角；x 为小车位置。应用李雅普诺夫第二法分析系统的稳定性。

在 MATLAB 命令窗口输入

```
>> A=[0 1 0 0;0 0 0 0;0 0 0 1;0 0 29.4 0];B=[ 0 1 0 3]';C=[ 1 0 0 0;0 0 1 0] ;
D=[ 0 0 ]';
>> Q=eye(4);                          %生成 4×4 维单位矩阵 Q
>> X=lyap(A,Q)
```

运行结果为　　Solution does not exist or is not unique

```
>>Uc=ctrb(A,B)
>>Vo=obsv(A,C)
>>rank(Uc)
>>rank(Vo)
```

系统阶跃响应分析

```
>>step(A, B ,C ,D)
```

说明：由阶跃响应曲线（见图 5.10）可以看出系统不稳定。

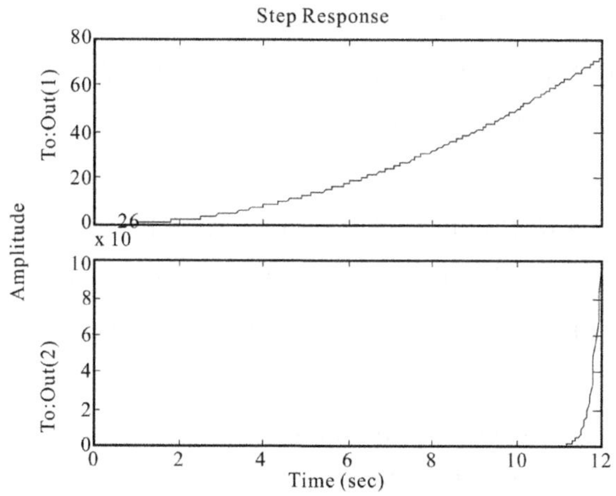

图 5.10　阶跃响应曲线

2. 基于 PID 控制器的倒立摆系统仿真实验步骤

先设置 PID 控制器 PD 控制器，$K_p=40$，$K_i=0$，$K_d=10$，仿真结果如图 5.11 所示。

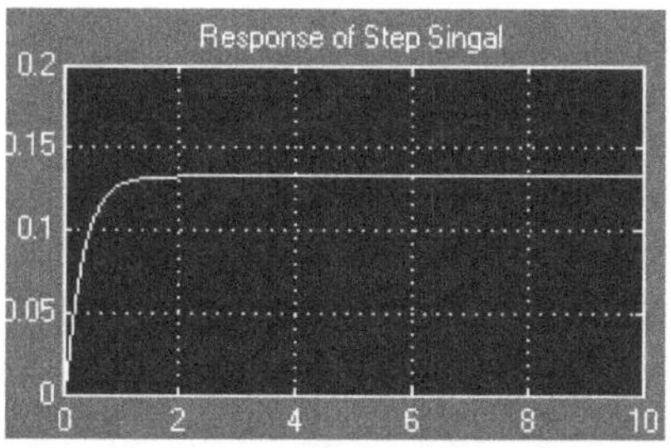

图 5.11　直线一级倒立摆 PD 控制仿真结果图（$K_p=40$，$K_d=10$）

从图 5.11 中可以看出，系统在 1.5 s 后达到平衡，但是存在一定的稳态误差。为消除稳态误差，增加积分参数 K_i，令 $K_p=40$，$K_i=20$，$K_d=10$，仿真结果如图 5.12 所示。

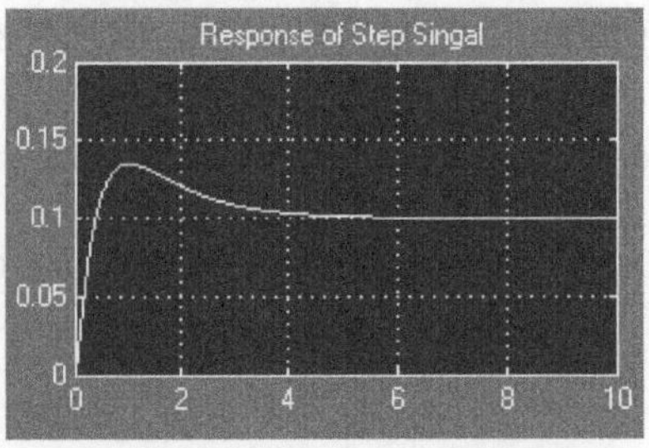

图 5.12　直线一级倒立摆 PID 控制仿真结果图($K_p=40, K_i=20, K_d=10$)

从仿真结果可以看出，系统可以实现较好的稳定性，但由于积分因素的影响，稳定时间明显增大。双击“Scope1”，得到小车的位置输出曲线如图 5.13 所示。

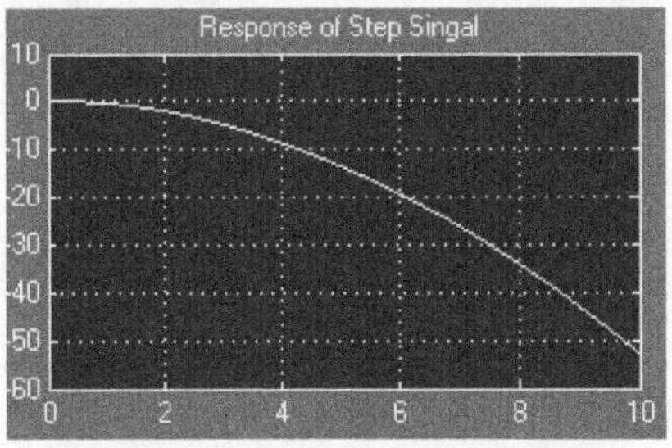

图 5.13　直线一级倒立摆 PD 控制仿真结果图(小车位置曲线)

可以看出，由于 PID 控制器为单输入单输出系统，所以只能控制摆杆的角度，并不能控制小车的位置，所以小车会往一个方向运动。

3. PID 实时控制试验步骤

(1)打开直线一级倒立摆 PID 控制界面：(进入 MATLAB—Simulink—实时控制工具箱“Googol Education Products”打开“Inverted Pendulum\Linear Inverted Pendulum\Linear 1-Stage IP Experiment\PID Experiments”中的“PID Control Demo”)，如图 5.14 所示。

注意：修改当前路径为 C:\Documents and Settings\Administrator\桌面\Googol Tech\Inverted Pendulum\\Linear Inverted Pendulum\Real Time Control。

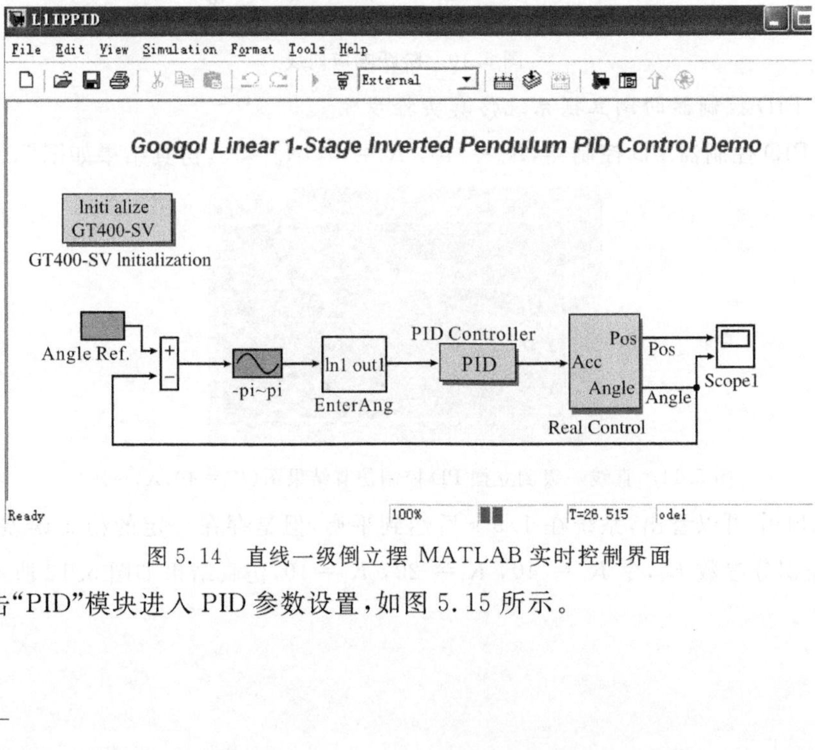

图 5.14　直线一级倒立摆 MATLAB 实时控制界面

(2)双击“PID”模块进入 PID 参数设置，如图 5.15 所示。

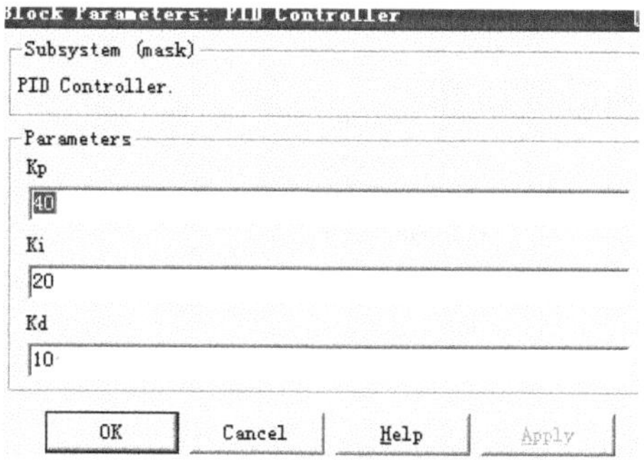

图 5.15　PID 控制器参数界面

把仿真得到的参数输入 PID 控制器，点击"OK"保存参数。

(3)点击编译程序，完成后点击使计算机和倒立摆建立连接。

(4)点击▲运行程序，检查电机是否上伺服，如果没有上伺服，请参见直线倒立摆使用手册相关章节。缓慢提起倒立摆的摆杆到竖直向上的位置，在程序进入自动控制后松开，当小车运动到正负限位的位置时，用工具挡一下摆杆，使小车反向运动。

(5)实验结果如 5.16 图所示。

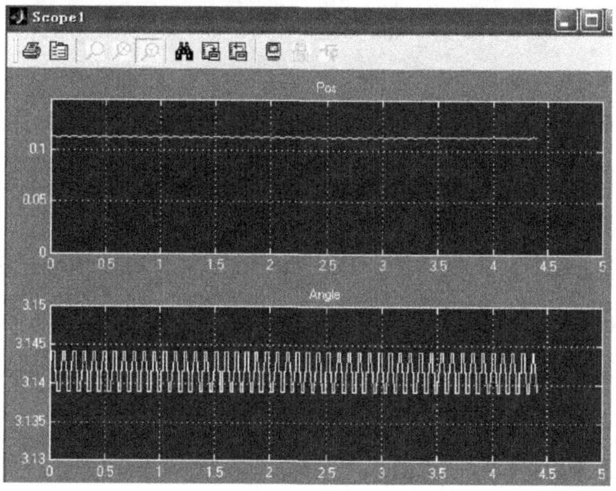

图 5.16　直线一级倒立摆 PID 控制实验结果 1

从图 5.16 中可以看出，倒立摆可以实现较好的稳定性，摆杆的角度在 3.14(弧度)左右。与仿真结果相同，PID 控制器并不能对小车的位置进行控制，小车会沿滑杆有稍微的移动。

在给定干扰的情况下，小车位置和摆杆角度的变化曲线如图 5.17 所示。

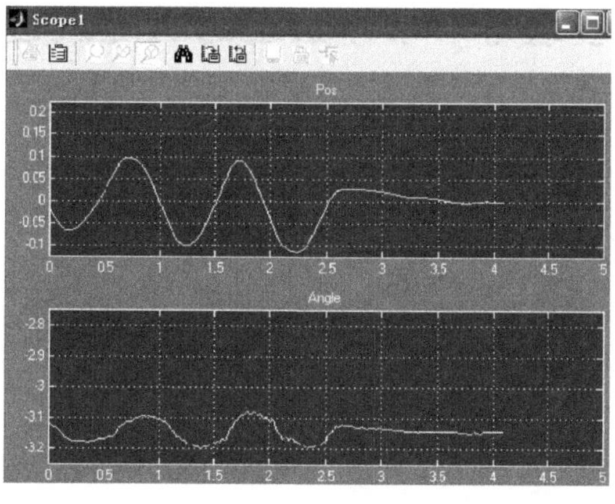

图 5.17　直线一级倒立摆 PID 控制实验结果 2(施加干扰)

从图 5.17 可以看出，系统可以较好地抗外界干扰，在干扰停止作用后，系统能很快回到平衡位置。

若修改 PID 控制参数，如图 5.18 所示。

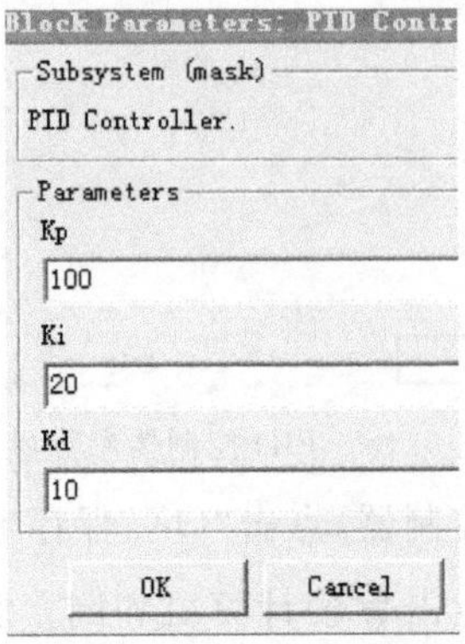

图 5.18　参数设置

观察控制结果的变化，如图 5.19 可以看出，系统的调整时间减少，但是在平衡的时候会出现小幅的振荡。

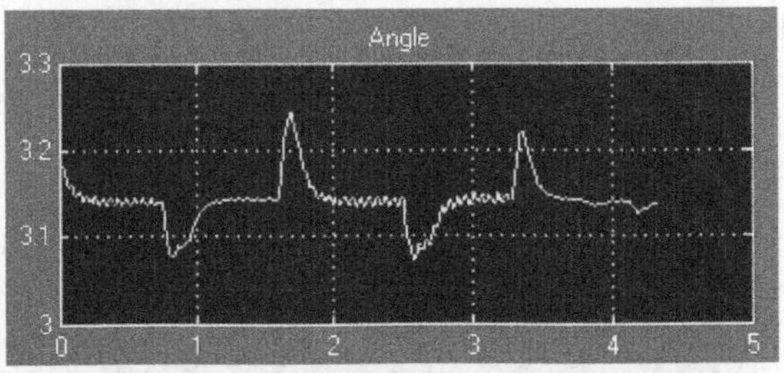

图 5.19　直线一级倒立摆 PID 控制实验结果（改变 PID 控制参数）

4. 其他算法实时控制实验步骤

参照以上步骤，可自行选择根轨迹校正、频率法、状态空间法及 LQR 等控制算法对倒立摆控制系统进行仿真实验。

五、实验报告

(1)请将仿真和实验结果记录并完成实验报告。

(2)对现代控制理论课程的总体框架有一定的了解，体会与经典控制理论的异同。

实验 6　球杆系统的状态反馈

一、实验目的

(1)理解系统状态变量的确定原则；

(2)学会根据实际工程系统需求设计状态反馈矩阵；

(3)巩固所学的现代控制理论知识。

二、实验设备

(1)固高 GBB2004 球杆系统；

(2)计算机、MATLAB 平台。

三、实验内容

(1)设计球杆系统的状态反馈调节器,使系统的动态性能指标满足如下要求:①$\sigma \leqslant 30\%$;②$t_s \leqslant 5$ s。

(2)应用 MATLAB/Simulink 进行球杆系统的数字仿真,测试系统的性能指标;

(3)应用固高 GBB2004 球杆系统进行实时仿真,测试系统的性能指标;

(4)列表对比球杆系统的数字仿真和实时仿真结果。

四、实验原理

1.球杆系统概述

球杆系统是典型的单输入/单输出机电类控制系统。通过改变平衡杆与水平方向的夹角,控制平衡杆上滚动的小球位置。球杆系统实验现象直观、明显,可以表现出很多控制系统的基本概念,如跟随特性、鲁棒性等,是典型的控制理论实验平台。

本实验采用固高科技有限公司开发生产的 GBB2004 型球杆系统,如图 6.1 所示。由图知,球杆系统机械本体包括底座、转盘、支撑杆、平横杆、转盘(减速皮带轮)、小球和直流伺服电机等。

小球可以在平衡杆上自由地来回滚动,平衡杆的一端通过转轴固定,另一端可以上下转动。球杆的基本控制思路是直流伺服电机转动,经皮带带动皮带轮转动,通过传动机构,改变或控制平衡杆的倾斜角,从而实现通过控制直流伺服电机的转动位置控制小球位置的目的。

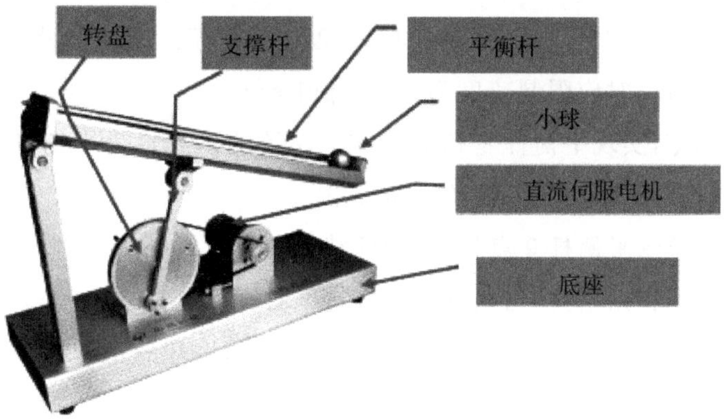

图 6.1　球杆本体图

球杆系统是一个闭环控制系统,其结构如图 6.2 所示。

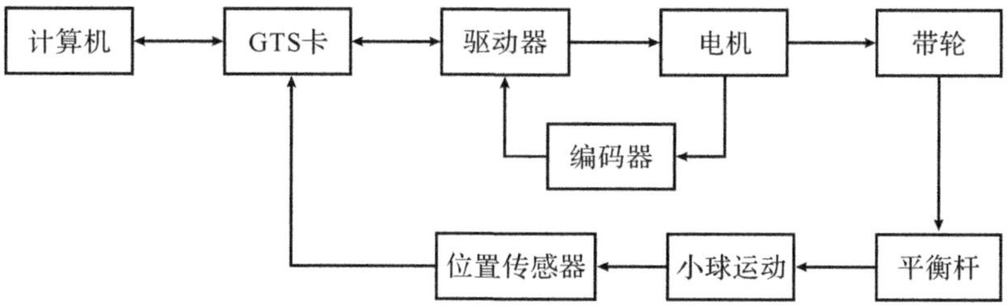

图 6.2　球杆控制系统结构图

2.球杆系统的复杂数学模型

(1)以平衡杆转动角度 α 为输入量的球杆数学模型。若以平衡杆转动角度 α 为输入量，小球在平衡杆上的位置 r 为输出量，则

$$\ddot{r}=-\frac{mg}{\left(\frac{J}{R^2}+m\right)}\alpha=7\alpha \tag{6.1}$$

相应的传递函数为

$$G(s)=\frac{R(s)}{A(s)}=\frac{7}{s^2} \tag{6.2}$$

仍选取状态变量为 $x_1=r, x_2=\dot{r}$，可列写出如下状态方程

$$\left.\begin{aligned}\dot{x}_1&=\dot{r}=x_2\\ \dot{x}_2&=\ddot{r}=7u\end{aligned}\right\} \tag{6.3}$$

式中，$u=\alpha$。可写成如下矩阵形式

$$\begin{bmatrix}\dot{x}_1\\ \dot{x}_2\end{bmatrix}=\begin{bmatrix}0 & 1\\ 0 & 0\end{bmatrix}\begin{bmatrix}x_1\\ x_2\end{bmatrix}+\begin{bmatrix}0\\ 7\end{bmatrix}\boldsymbol{u} \tag{6.4}$$

(2)转盘、联杆的数学模型。转盘、联杆的非线性输入输出关系为

$$\theta=\arcsin\frac{d^2+RL\alpha}{\sqrt{(dR+dLR)^2+d^2}}-\arctan\frac{d}{R+L\alpha} \tag{6.5}$$

(3)电机在指定速度时完成位置控制的数学模型。

指定速度的位置控制，相当于限定了位置输入量的变化速度，可以用 MATLAB/Simulink 中的 Rate Limited 模块代替，其限制数值即为速度值。由于运动控制器指定了位置控制模式的速度为 2.5 pulse/ms，对应限制速度为 2 500 pulse/s。

(4)系统动态标零，实现平衡杆零初始响应。系统的输入量为平衡杆的转角 α，实验中均是测量系统的零初始响应。动态标零的思路如下。

初始情况：小球位于平衡杆 0 点处，平衡杆转角 α 为负值。

调零情况：平衡杆转角增大，当角度缓慢经过 0 时，小球会向另一个方向滚动，此时停止增大平衡杆转角角度，记录电机脉冲位为 P_1；当小球到达另一端静止后，缓慢减小平衡杆转角角度，直至小球开始向 0 位滚动，记录电机脉冲位置为 P_2。

标零情况：待小球滚动到 0 位后，电机转至 $(P_2-P_1)/2$ 位置，完成动态标零。

(5)静摩擦力和电机稳态误差的测量和补偿。当平衡杆处于小角度时需要对静摩擦力作补偿。平衡杆角度从 0 位开始增加时，只有角度增大到一定值，使重力在平衡杆上的分力大于静摩擦力时，球才会滚动；而当小球快到目标位置时，平衡杆转动角度会非常小，如果小于静摩擦力，小球就会停止，造成稳态误差。

电机在反复转动过程中，输入脉冲和实际转动脉冲也会有偏差，如果不补偿，也会产生小球位置的稳态误差。

(6)滤波器设计。通过平衡杆上线性的导电尺测量小球的实际位置，输出电压，经过验证，选用二阶滤波器。

根据式的数学模型，并加入上述六种情况的数学模型，构成了球杆开环系统结构图，如图 6.3 所示。

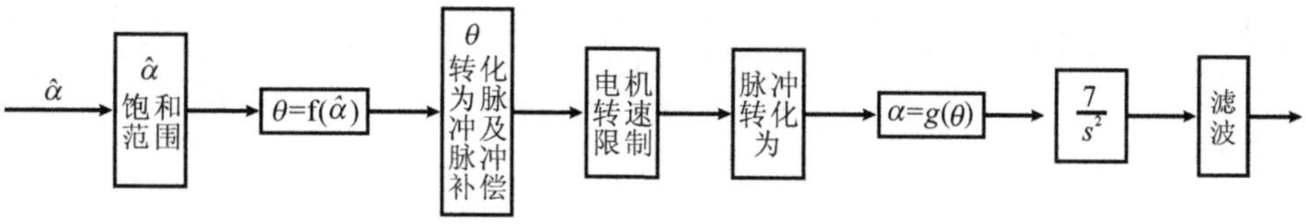

图 6.3 球杆系统改进后的开环结构图

图中，$\hat{\alpha}$ 为球杆系统输入(平衡杆期望角度)，输出为小球位移 r，$\theta=f(\hat{\alpha})$ 和 $\alpha=g(\theta)$ 是反函数。

3. 状态反馈原理

设 n 维线性定常系统

$$\dot{\boldsymbol{x}}=\boldsymbol{A}\boldsymbol{x}+\boldsymbol{B}\boldsymbol{u},\ \boldsymbol{y}=\boldsymbol{C}\boldsymbol{x}$$

式中，$\boldsymbol{x}$，$\boldsymbol{u}$，$\boldsymbol{y}$ 分别是 n 维、p 维、q 维向量；$\boldsymbol{A}$，$\boldsymbol{B}$，$\boldsymbol{C}$ 分别是 $n\times n$，$n\times p$，$q\times n$ 阶实数矩阵。当将系统的控制量 $\boldsymbol{u}$ 取为状态变量的线性函数 $\boldsymbol{u}=\boldsymbol{v}-\boldsymbol{K}\boldsymbol{x}$ 时，称之为状态反馈。上式中，$\boldsymbol{v}$ 为 p 维参考输入向量，$\boldsymbol{K}$ 为 $p\times n$ 维实反馈增益矩阵。

整理上式，可得状态反馈系统动态方程为

$$\dot{\boldsymbol{x}}=(\boldsymbol{A}-\boldsymbol{B}\boldsymbol{K})\boldsymbol{x}+\boldsymbol{B}\boldsymbol{v},\ \boldsymbol{y}=\boldsymbol{C}\boldsymbol{x}$$

加入状态反馈后的系统结构图如图 6.4 所示。

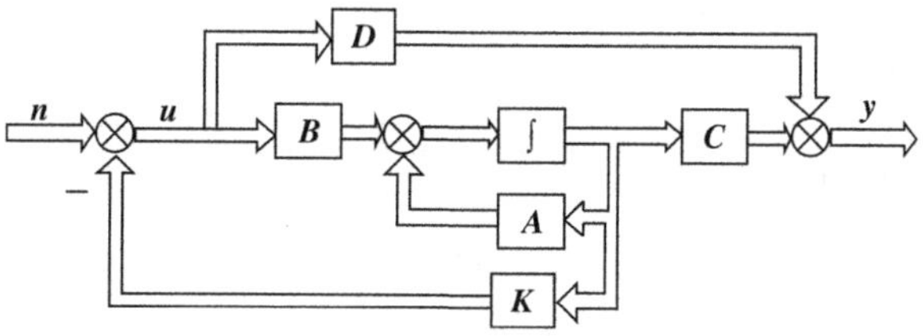

图 6.4 加入状态反馈后的系统结构图

通过极点配置的方法，可求出状态反馈增益矩阵 $\boldsymbol{K}$。极点可配置的充分必要条件是被控系统状态完全能控。

4. 球杆系统的状态反馈设计

由前分析可知

$$\begin{bmatrix}\dot{x}_1\\ \dot{x}_2\end{bmatrix}=\begin{bmatrix}0 & 1\\ 0 & 0\end{bmatrix}\begin{bmatrix}x_1\\ x_2\end{bmatrix}+\begin{bmatrix}0\\ 7\end{bmatrix}\boldsymbol{u}$$

能控性判别矩阵的秩为

$$\mathrm{rank}[\boldsymbol{B}\boldsymbol{A}\boldsymbol{B}]=\mathrm{rank}\begin{bmatrix}0 & 7\\ 7 & 0\end{bmatrix}=2=n$$

表明此情况下球杆本体状态也完全能控，满足极点配置的条件。

仍设状态反馈闭环系统期望极点为 $\lambda_{1,2}=-1.5\pm \mathrm{j}0.5$，可求出状态反馈增益矩阵为

$$\boldsymbol{K}=[0.642\,9\quad 0.428\,6]$$

五、实验步骤

1. 未校正系统数字仿真

建立如图 6.5 所示的 Simulink 模型。

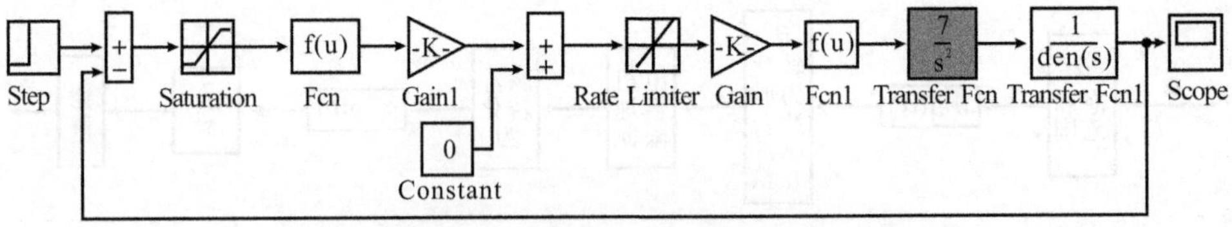

图 6.5 改换模块名称后复杂模型的 Simulink 模型

图 6.5 中，从左到右分别是“Step→Saturation→alpha_theta→Angle_Pulse→Constant→Rate Limner→Pulse_Angle→theta_alpha→Model→Filter→Scope”

选择“Simulation/Model Configuration Parameters”，点击左侧属性树中的“Solver”，将“Type”设置为 Fixed-step，“size”设为 0.005，“Solver”设置为 ode1(Eleur)。

(1)从“Simulink\Source”中拖一个“Step”模块到到模型窗口中，打开参数设置窗口，设置参数如图 6.6 所示。

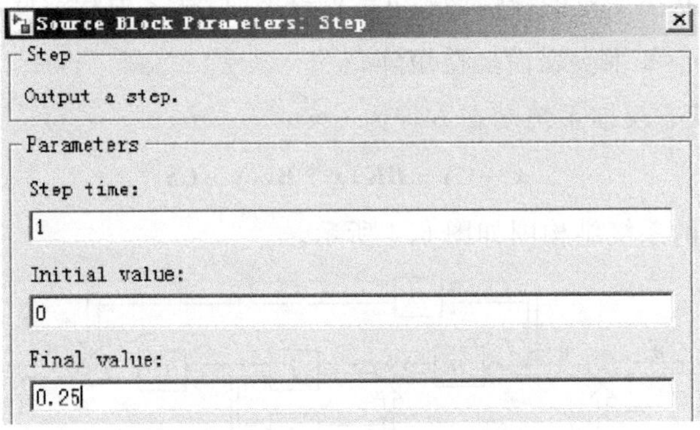

图 6.6 “Step”模块参数设置

(2) 从“Simulink\Commonly Used Blocks”中拖一个“Saturation”模块到模型窗口中，双击“Saturation”模块，打开参数设置窗口，设置参数如图 6.7 所示。

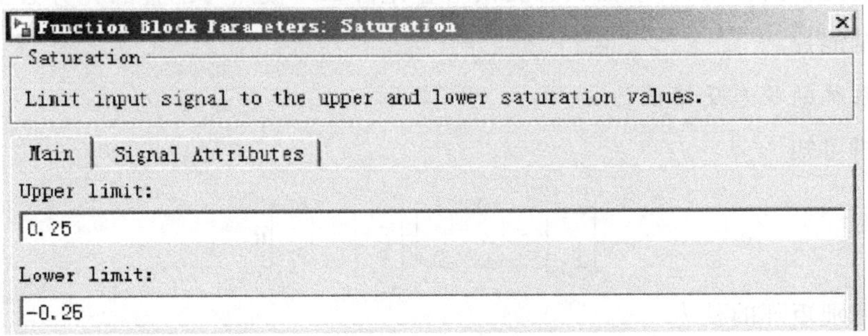

图 6.7 “Saturation”模块参数设置

(3) 从“Simulink\User-Defined Functions”中拖两个“Fcn”模块到模型窗口中(见图 6.8)，双击“Fcn”模块，打开参数设置窗口，设置参数如图 6.8 和图 6.9 所示。图 6.8 中，模块“Fcn”描述的是转盘、联杆的非线性输入输出关系，即式(6.5)。图 6.9 中，模块“Fcn1”描述的是式(6.5)的反函数。

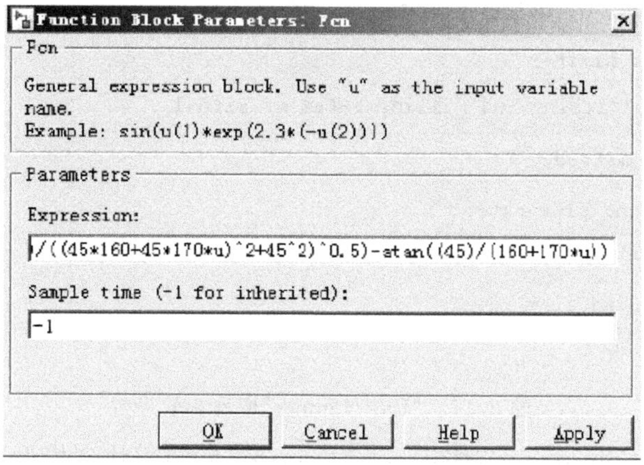

图 6.8 “Fcn”模块参数设置($\alpha \to \theta$)

$\alpha \to \theta$

Expression:asin((45^2+160 * 170 * u)/((45 * 160+45 * 170 * u)^2+45^2)^0.5)−atan((45)/(160+170 * u));

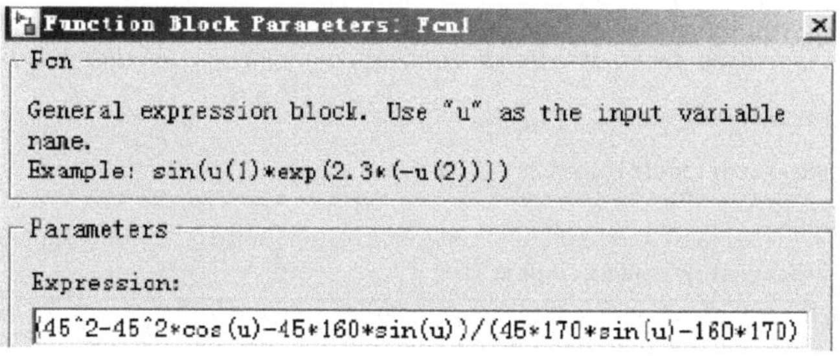

图 6.9 “Fcn”模块参数设置($\theta \to \alpha$)

(4)从“Simulink\Commonly Used Blocks”中拖两个“Gain”模块到到窗口中，打开参数设置窗口，设置参数如图 6.10 所示。

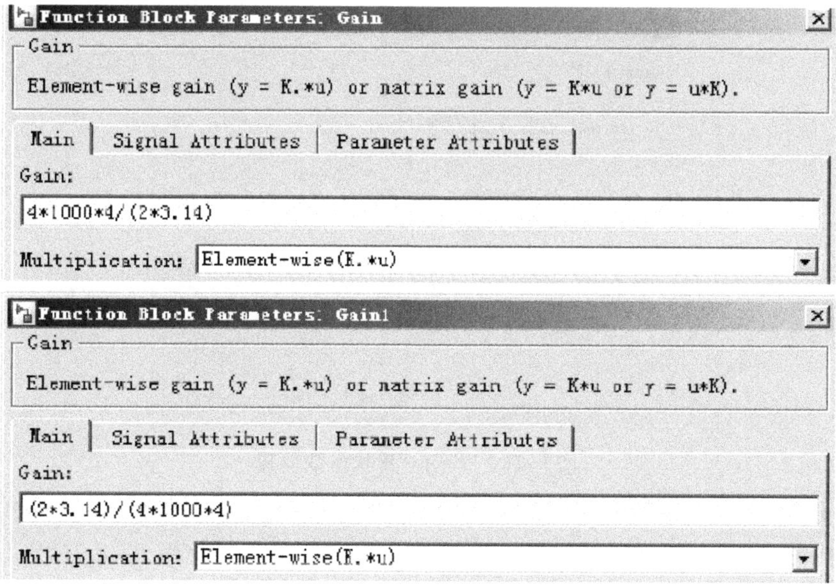

图 6.10 “Gain”模块参数设置

(5)从“Simulink\Discontinuities”中拖一个“Rate Limner”模块到模型窗口中，双击“Rate Limner”模块，打开参数设置窗口，设置参数如图 6.11 所示。

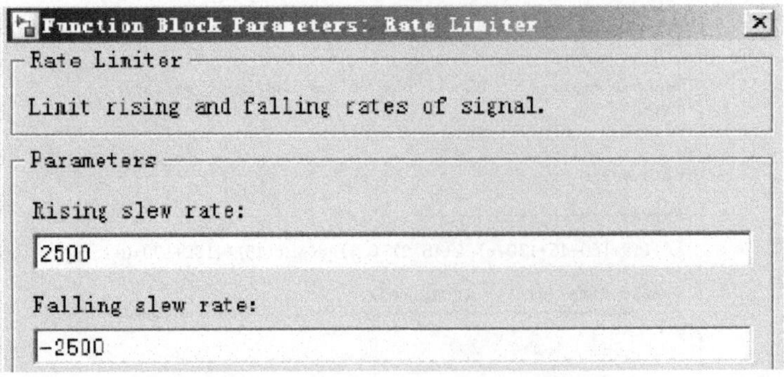

图 6.11 “Rate Limner”模块参数设置

(6)从“Simulink\Continuous”中拖一个“Transfer Fcn”模块到模型窗口中，双击“Transfer Fcn”模块，打开参数设置窗口，设置参数如图 6.12 所示。

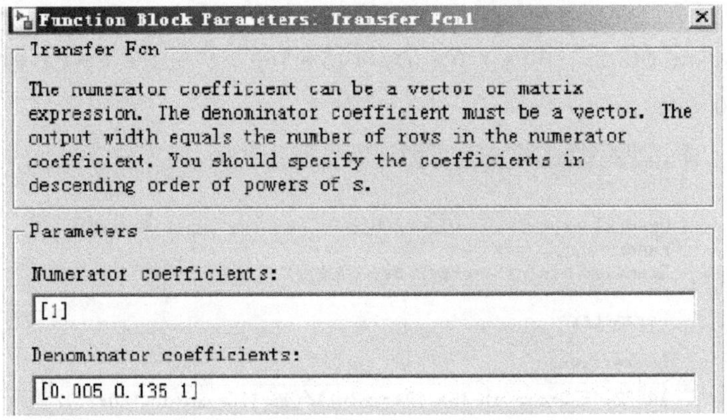

图 6.12 “Transfer Fcn”模块参数设置

(7)从“Simulink\Sink”中拖一个“Scope”模块到模型窗口中，双击“Scope”模块，点击“”，选择“History”，设置参数如图 6.13 所示。

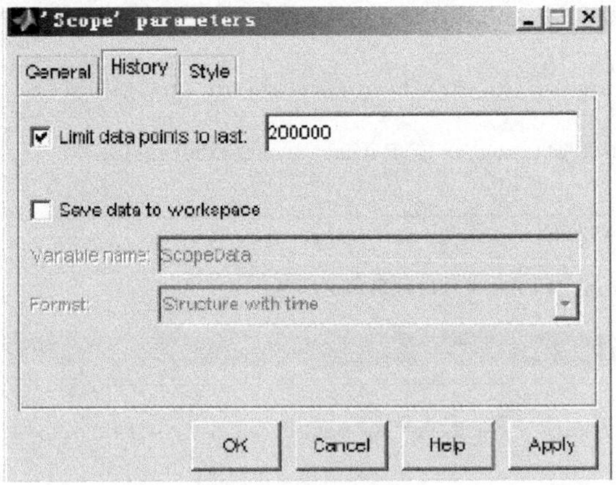

图 6.13 “Scope”模块参数设置

(8) 选择“Simulation\Model Configuration Parameters”，弹出如图 6.14 所示窗口，点击左侧属性树中的“Solver”，将“Type”设置为 Fixed-step，“size”设为 0.005，“Solver”设置为 ode1(Eleur)。

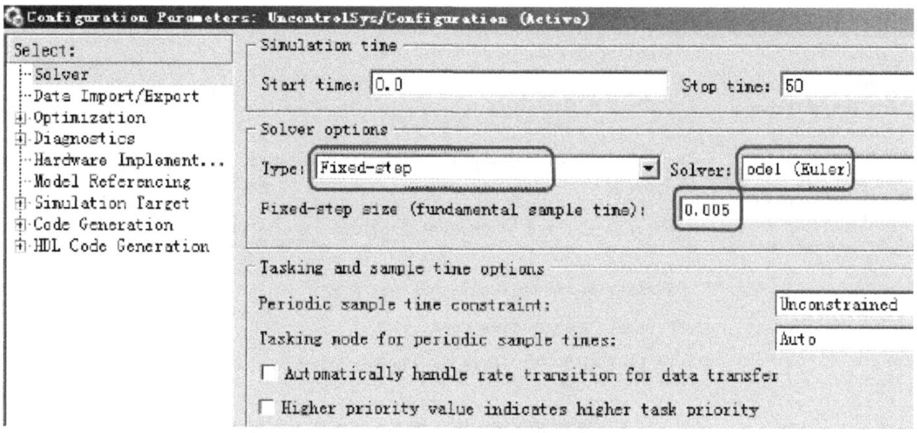

图 6.14　仿真参数设置

(9)点击按钮“ ”,双击 Scope 模块,得到仿真结果曲线如图 6.15 所示。

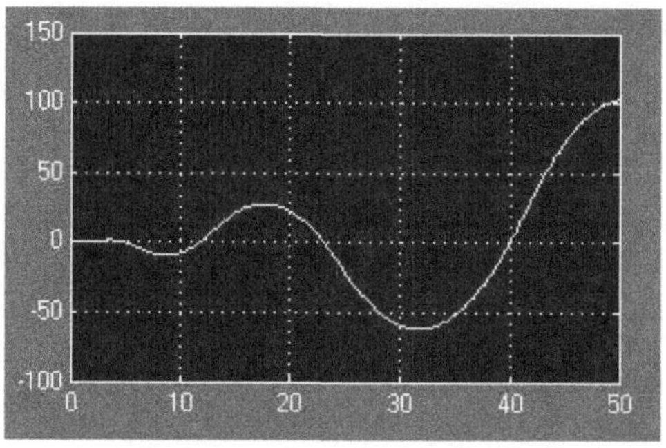

图 6.15　复杂模型无状态反馈校正的数字仿真结果

由图 6.15 可知,闭环系统系统阶跃响应振荡发散,系统不稳定,必须设计控制器使系统稳定。

2. 状态反馈校正数字仿真

(1)连接各个模块,搭建状态反馈校正后 Simulink 模型,如图 6.16 所示。

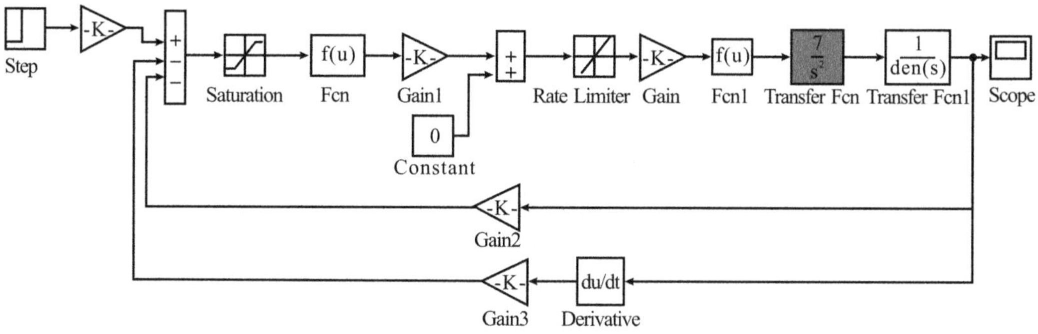

图 6.16　复杂模型状态反馈校正 Sinmulik 模型

注意:

“Gain4”模块“Gain2”模块“Gain3”模块参数分别设置为 0.642 9,0.642 9,0.428 6。

②点击按钮“ ”,双击 Scope 模块,得到仿真结果曲线如图 6.17 所示。

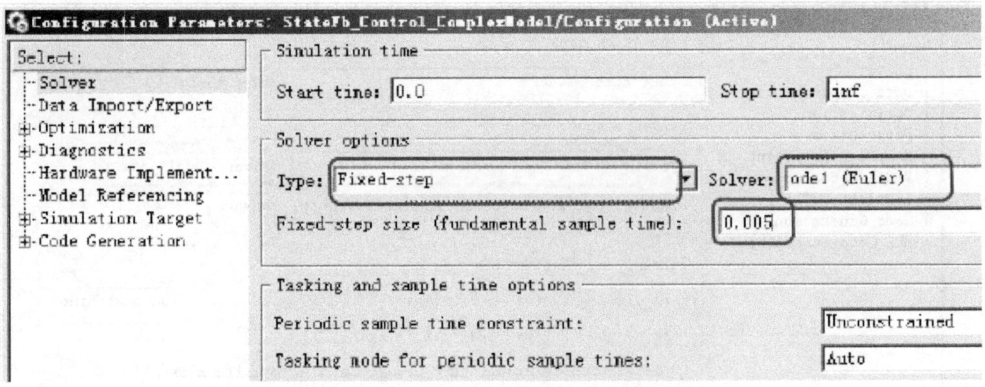

图 6.17　复杂模型状态反馈校正数字仿真结果

3. 状态反馈校正实时控制

(1)打开球杆系统电控箱上的电源按钮。

(2)打开 MATLAB,修改路径为 G:\球杆系统\实验程序\Ballbeam-example\complex-model\exam5,在 Current Folder 中打开文件"StateFb_Control_ComplexModel. slx"(见图 6.18),会弹出如图 6.19 所示的实时控制界面。

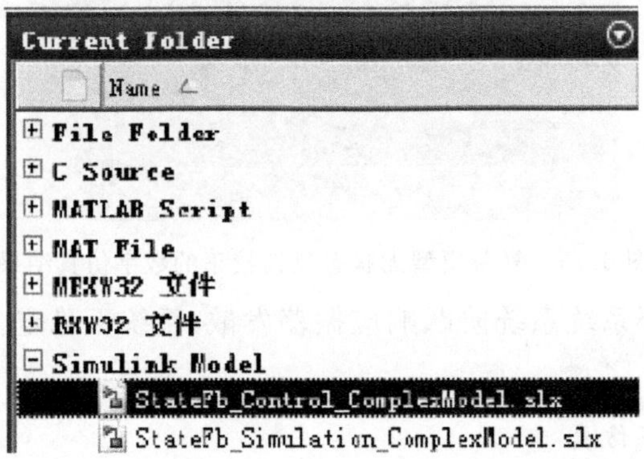

图 6.18　打开 StateFb_Control_ComplexModel. slx 文件

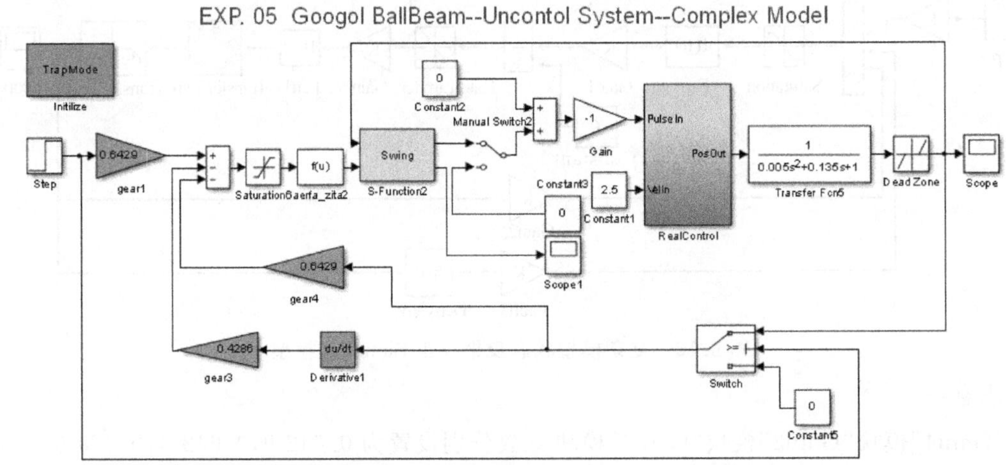

图 6.19　球杆系统复杂模型状态反馈实时控制界面

在图 6.19 中,Swing 模块为动态标零和摩擦补偿模块,RealControl 模块为球杆系统的电机和机械本体,TrapMode 模块为系统初始化模块。

(3)选择"Simulation\Configuration Parameters",会弹出如图 6.20 所示窗口,点击左侧属性树中的"Solver",将"Type"设置为 Fixed－step,"size"设为 0. 005,"Solver"设置为"ode1

(Euler)”。

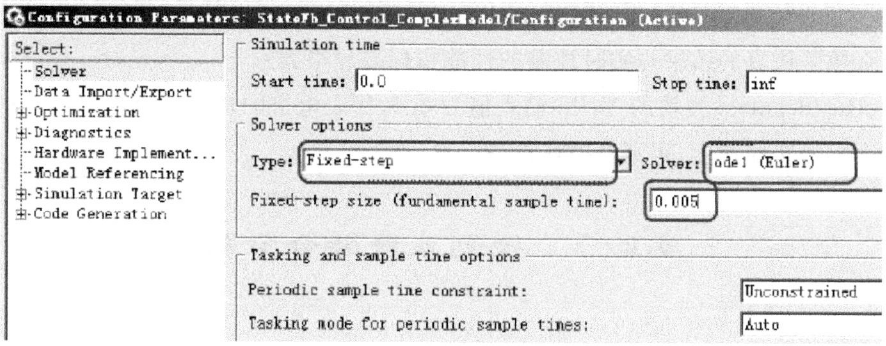

图 6.20　仿真参数设置

(4)点击“ ”编译程序，编译成功后在 MATLAB 命令窗口中有如下提示信息(如果没有修改控制界面结构，在编译一次后，不需再进行此步骤)：

Successful completion of build procedure for model：

f_x>> |

(5)点击“ ”连接程序，此时可听到电机上伺服后发出的蜂鸣声。

(6)点击“ ”运行程序，观察球杆的运动现象。

(7)双击打开示波器“Scope”，观察系统响应情况(见图 6.21)。计算位移响应曲线的超调量和调节时间，并填入实验记录表格。

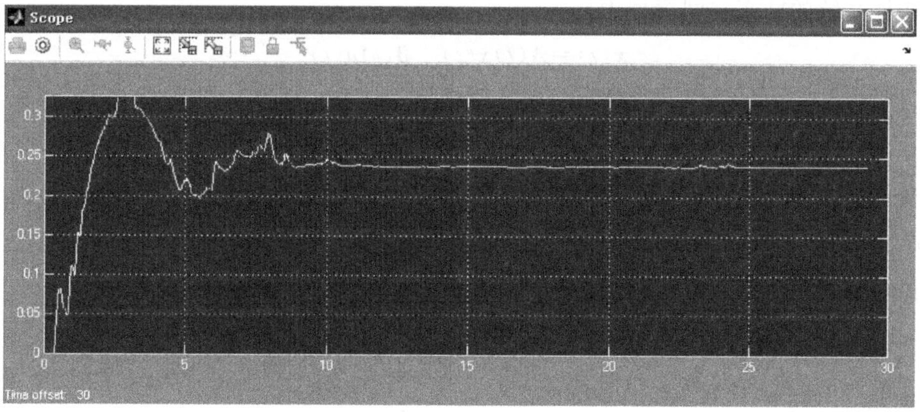

图 6.21　球杆系统复杂模型状态反馈实时控制结果

六、实验报告

列表记录球杆系统的状态反馈校正数字仿真结果与实时控制结果，实验参考值如表 6.1 所示。

表 6.1　复杂模型的状态反馈校正数字仿真结果与实时控制结果

性能指标		控制器参数
未校正系统		发散
状态反馈系统仿真状态 反馈实时控制仿真		

七、思考题

为什么数字仿真的结果与实时控制的性能指标差异很大?

注意:RealIControl 摸块的 Velln 输入值为 2.5,代表电机的转动速度是 2.5 pulse/ms,请勿随意增大电机转动速度,否则易损坏设备。

实验 7　控制系统综合分析

一、实验目的

(1)掌握 MATLAB 用于综合分析控制系统性能的方法;

(2)通过综合实例,使学生能够深刻理解现代控制理论的基本概念和基本原理,并运用现代控制理论分析、解决实际问题,在专业基础知识及综合素质等方面得到全面提高。

二、实验设备

PC 机一台。

三、实验原理

1.状态空间描述

设线性系统的状态空间模型为

$$\left.\begin{aligned}\dot{\boldsymbol{x}}(t)&=\boldsymbol{A}(t)\boldsymbol{x}(t)+\boldsymbol{B}(t)\boldsymbol{u}(t)\\ \boldsymbol{x}(t_0)&=\boldsymbol{x}_0\\ \boldsymbol{y}(t)&=\boldsymbol{C}(t)\boldsymbol{x}(t)\end{aligned}\right\}\tag{7.1}$$

式中,$\boldsymbol{x}(t)$为状态变量(n 阶);$\boldsymbol{u}(t)$为输入矩阵(p 阶);$\boldsymbol{y}(t)$为输出矩阵(q 阶);$\boldsymbol{A}(t)$为 $n\times n$ 阶状态矩阵;$\boldsymbol{B}(t)$为 $n\times p$ 阶输入矩阵;$\boldsymbol{C}(t)$为 $q\times n$ 阶输出矩阵。

2.能控性、能观测性

(1)能控性。对线性系统式(7.1),如果存在一个分段连续输入 $\boldsymbol{u}(t)$,能在$[t_0,t_f]$ $(t_f>t_0)$有限时间区间内使得系统从一非零状态 $\boldsymbol{x}(t_0)=\boldsymbol{x}_0$ 转移到 $\boldsymbol{x}(t_f)=\boldsymbol{0}$,则称状态 $\boldsymbol{x}(t_0)$在时刻 t_0 为能控的。若系统的所有状态在时刻 t_0 都是能控的,则称此系统状态完全能控,或简称系统式(7.1)能控。如果系统存在一个或一些非零状态在时刻 t_0 都是不能控的,则称系统式(7.1)在时刻 t_0 是不完全能控,简称系统不能控。

(2)能观测性。对线性系统式(7.1),若对于初始时刻为 t_0 的一非零初始状态 $\boldsymbol{x}(t_0)=\boldsymbol{x}_0$,存在一个有限时刻 $t_f>t_0$,使得由区间 $t\in[t_0,t_f]$的系统输出 $\boldsymbol{y}(t)$能唯一地确定系统的初始状态 $\boldsymbol{x}_0$,则称此状态 $\boldsymbol{x}_0$ 在时刻 t_0 为能观测。如果状态空间中的所有状态都是时刻 t_0 的能观测状态,则称系统式(7.1)在时刻 t_0 是完全能观测的,简称能观测;如果状态空间中存在一个或一些非零状态在时刻 t_0 是不能观测的,则称系统式(7.1)在时刻 t_0 是不完全能观测的,简称不能观测。

3.线性定常连续系统的李雅普诺夫稳定性

线性定常连续系统 $\dot{\boldsymbol{x}}=\boldsymbol{A}\boldsymbol{x}$ 在平衡状态 $\boldsymbol{x}_e=\boldsymbol{0}$ 处渐近稳定的充要条件是给定一个正定对称矩阵 $\boldsymbol{Q}$,存在一个正定对称矩阵 $\boldsymbol{P}$,满足

$$A^{T}P+PA=-Q \tag{7.2}$$

式(7.2)称为李雅普诺夫(Lyapunov)矩阵代数方程(或李雅普诺夫方程)。且标量函数$V(\boldsymbol{x})=\boldsymbol{x}^{T}\boldsymbol{P}\boldsymbol{x}$是系统的一个李雅普诺夫函数。

4.状态反馈

设单输入系统的状态空间模型为

$$\begin{aligned}\dot{\boldsymbol{x}}&=\boldsymbol{A}\boldsymbol{x}+\boldsymbol{B}u\\ y&=\boldsymbol{C}\boldsymbol{x}\end{aligned} \tag{7.3}$$

其中,$\boldsymbol{x},\boldsymbol{u},\boldsymbol{y}$分别为$n$维、$m$维和$q$维向量;$\boldsymbol{A},\boldsymbol{B}$和$\boldsymbol{C}$阵分别为$n\times n$维,$n\times m$维和$q\times n$维实数矩阵。由期望闭环极点组成的向量为$\boldsymbol{p}$。将状态向量$\boldsymbol{x}$通过状态反馈增益(参数待定)负反馈至系统的参考输入,即$\boldsymbol{u}=\boldsymbol{v}-\boldsymbol{K}\boldsymbol{x}$,便构成了状态反馈系统。

利用状态反馈任意配置闭环极点的充分必要条件是被控系统状态完全能控。

引入状态反馈后系统的状态空间模型为

$$\left.\begin{aligned}\dot{\boldsymbol{x}}&=(\boldsymbol{A}-\boldsymbol{B}\boldsymbol{K})\boldsymbol{x}+\boldsymbol{B}\boldsymbol{v}\\ \boldsymbol{y}&=\boldsymbol{C}\boldsymbol{x}\end{aligned}\right\} \tag{7.4}$$

若系统式(7.3)能控,选择反馈矩阵$\boldsymbol{K}$,引入状态反馈后得到的式(7.4)所示系统的闭环极点可任意位置。

四、实验内容

据某地空导弹自动驾驶仪技术资料得知,导弹(倾斜)稳定回路结构图如图7.1所示。

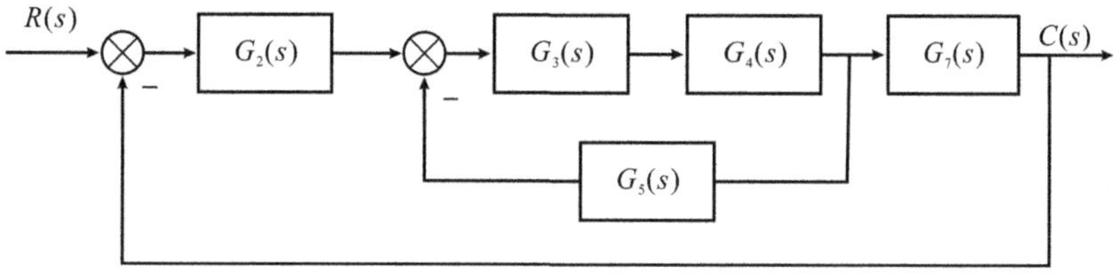

图7.1 稳定回路结构图

其中:

$$G_2(s)=\frac{0.1739(0.09s+1)}{0.0021s+1};G_3(s)=\frac{12.5}{2.5\times10^{-3}s+1};G_4(s)=\frac{4.355}{0.135s+1};$$

$$G_5(s)=0.125;G_7(s)=\frac{44.3}{s(0.266s+1)}$$

试用现代控制理论对系统进行性能分析和综合,内容包括以下几点:

(1)建立系统的状态空间表达式;

(2)判断系统的能控性和能观测性;

(3)用李雅普诺夫第二方法分析系统的稳定性,并求出李雅谱诺夫函数;

(4)若受控对象为$G_7(s)$,设计状态反馈矩阵$\boldsymbol{K}$,使闭环系统期望极点为$-13.7\pm j12.5$。

注意:时间常数在千分之几左右的可忽略。

五、实验步骤

1.状态空间描述

MATLAB使用函数connect()实现多个模型的连接。

功能:根据线性定常系统的结构图得到状态空间模型。

格式:sysc=connect(sys,q,inputs,outputs)

(1)sys是结构图全部模块组成的系统;q为连接矩阵,表示结构图中模块的连接方式;inputs和outputs是复杂系统中包含输入变量和输出变量的模块编号;blkbuild为M-脚本文件,用于根据传递函数或状态空间模块结构图建立对角线型状态空间结构。

(2)q矩阵构成如下,其行数为结构图的全部模块数。每一行第一列元素是模块的编号,该模块输入端与结构图中一些模块的输出端连接(忽略比较点),该行q矩阵其他元素依次为与该模块相连接的其他模块编号;元素符号根据其他模块输出端是加还是减确定;q矩阵中其他元素均为0。

(3)函数blkbuild之前,必须按照下述要求设置输入参数:nblocks为结构图的总模块数;若第i个模块为一传递函数模型,则分别输入该模块分子项和分母项参数ni,di;若第i个模块是状态空间模型,则分别输入该模块各个矩阵参数ai,bi,ci,di。

(4)运行blkbuild后的返回结果为系统状态空间模型(a,b,c,d)。

具体步骤如下:

(1)确定连接矩阵 $\boldsymbol{q}$。

$$\boldsymbol{q}=\begin{bmatrix} 1 & 0 & 0 \\ 2 & 1 & -6 \\ 3 & 2 & -5 \\ 4 & 3 & 0 \\ 5 & 4 & 0 \\ 6 & 7 & 0 \\ 7 & 4 & 0 \end{bmatrix}$$

(2)在MATLAB命令窗口输入

```
>> nblocks=7;          % 共有 7 个模块
>> n1=1;d1=1;          % 第 1 个模块分子项和分母项参数(多项式形式),下同
>> n2=0.1739*[0.09 1];d2=[0.0021 1];
>> n3=12.5;d3=[2.5*10^-3 1];
>> n4=4.355;d4=[0.135 1];
>> n5=0.125;d5=1;
>> n6=1;d6=1;
>> n7=44.3;d7=[0.266 1 0];    % 第 7 个模块分子项和分母项参数(多项式形式)
>> blkbuild;
```

运行结果为

```
State model [a,b,c,d] of the block diagram has 7 inputs and 7 outputs.
>> sys=ss(a,b,c,d);              % 建立状态空间结构
>> q=[1 0 0;2 1 -6;3 2 -5;4 3 0;5 4 0;6 7 0;7 4 0];    %建立连接矩阵
>> inputs=1;          % 输入为 r(t)加至第 1 个模块的输入端
>> outputs=7;      %输出为 y(t),则输出矩阵为 7
>> sysc=connect(sys,q,inputs,outputs)   % 将系统 sys 按照连接矩阵及输入输出矩阵组成复杂系统 sysc
```

运行结果为

```
a =
x1      x2      x3      x4      x5
x1   -476.2     0       0       0      -166.5
x2   -3466    -400   -4.032     0      -1241
x3     0      5000   -7.407     0        0
x4     0        0    32.26   -3.759      0
x5     0        0      0        1        0
b=
      u1
x1    1
x2  7.453
x3    0
x4    0
x5    0
c=
     x1  x2  x3  x4   x5
y1   0   0   0   0   166.5
>> G=tf(sysc)
Transfer function:
                      2.002e008 s + 2.224e009
----------------------------------------------------------------------
s^5 + 887.4 s^4 + 2.205e005 s^3 + 1.183e007 s^2 + 2.416e008 s + 2.224e009
>>step(G)
```

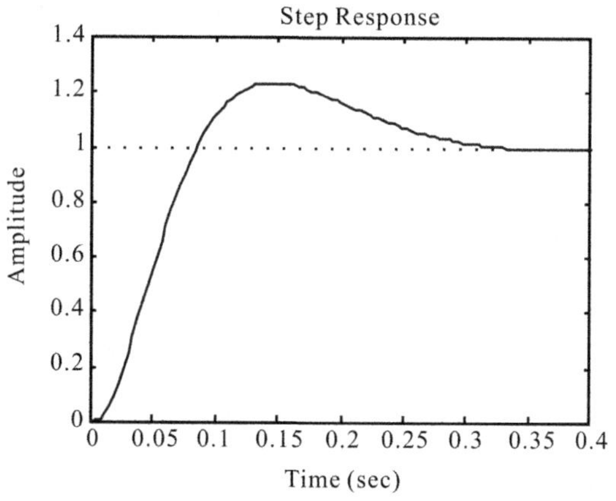

2.能控性、能观测性

(1)首先判定系统的能控性。在 MATLAB 命令窗口输入

```
>> A=[-476.2 0 0 0 -166.5;-3466 -400 -4.032 0 -1241;0 5000 -7.407 0 0;
0 0 32.26 -3.759 0;0 0 0 1 0];
>> b=[1;7.453;0;0;0];
```

```
>> rank(ctrb(A,b))
```

运行结果为

ans=5

显见,系统状态能控。

(2)然后判定系统的能控性。在 MATLAB 命令窗口输入

```
>> c=[0 0 0 0 166.5];
>> rank(obsv(A,c))
```

运行结果为

ans=5

显见,系统状态能观测。

3.线性定常连续系统的李亚普诺夫稳定性

在 MATLAB 命令窗口输入

```
>> Q=eye(5)
>> X=lyap(A,Q)
```

运行结果为 X=

0.0501	−0.0027	0.9567	0.2378	−0.1403
−0.0027	0.0427	0.1425	−0.5978	−0.0063
0.9567	0.1425	96.2862	10.5138	−2.8593
0.2378	−0.5978	10.5138	90.3628	−0.5000
−0.1403	−0.0063	−2.8593	−0.5000	0.4028

显然:$X_{11}>0$, $X_{22}>0$, $X_{33}=0.1644>0$, $X_{44}=13.1935>0$, $\det(X)=0.068>0$, X 正定,因此系统渐近稳定。

4.状态反馈

MATLAB 提供了用于极点配置的函数 acker()。

功能:应用 Ackermann 算法确定单输入系统状态反馈极点配置的反馈增益矩阵 K。

格式:K=acker(A,b,p)根据线性定常系统的系统矩阵 A 和输入矩阵 b 及期望闭环特征向量 p 确定矩阵 K。

说明:

(1)只适用能控的单输入系统;

(2)返回值 K 为反馈增益矩阵;

具体步骤如下:

由于系统状态完全能控,因此可以对其闭环极点进行任意配置。

$$G_7(s)=\frac{44.3}{s(0.266s+1)}=\frac{166.54}{s^2+3.759s}$$

在 MATLAB 命令窗口输入

```
>> a=[0 1;0 -3.759];
>> b=[0;1];
>> rank(ctrb(a,b))
```

运行结果为

ans = 2

```
>> p=[-13.7+12.5j -13.7-12.5j];
>> K=acker(a,b,p)
```

运行结果为

K=343.9400　23.6410

六、实验报告

(1)采用传递函数直接分解法,建立系统的状态空间表达式,并绘出状态变量图;

(2)求出李雅谱诺夫函数;

(3)设计状态反馈矩阵 $\boldsymbol{K}$,使闭环系统期望极点为 $-13.7\pm j12.5$,并绘制出状态反馈系统的状态变量图。

参考文献

[1] 郭亮,王俐.现代控制理论基础[M].北京:北京航空航天大学出版社,2013.

[2] 胡寿松.自动控制原理[M].6版.北京:科学出版社,2013.

[3] 王划一,杨西侠.现代控制理论基础[M].2版.北京:国防工业出版社,2015.

[4] 尤昌德.现代控制理论基础[M].北京:电子工业出版社,1996.

[5] 段广仁.线性系统理论[M].哈尔滨:哈尔滨工业大学出版社,2004.

[6] 胡寿松.自动控制原理习题集[M].北京:国防工业出版社,2000.

[7] 吴晓燕,张双选.MATLAB在自动控制中的应用[M].西安:西安电子科技大学出版社,2006.

[8] 何衍庆,姜捷,江艳君,等.控制系统分析、设计和应用——MATLAB语言的应用[M].北京:化学工业出版社,2003.